高等学校土建类专业应用型本科“十四五”规划教材

土木工程施工技术

主　编　张　丽　高　蕉　付　丽
副主编　戚　玥　李艳娇

武汉理工大学出版社
·武　汉·

内 容 简 介

本书主要介绍土方工程、桩基础工程、砌体工程、钢筋混凝土结构工程、预应力混凝土工程、单层工业结构安装工程、防水工程、装饰装修工程等内容。本书具有综合性强、涉及面广和实践性强等特点，通过学习本书内容，学生能掌握工程施工的基本知识、基本理论，具备解决一般施工技术问题的能力。

本书可作为高等学校土建类专业的教材，也可供相关工程技术人员参考学习。

图书在版编目(CIP)数据

土木工程施工技术 / 张丽，高蕉，付丽主编. -- 武汉 ：武汉理工大学出版社，2024. 6.
ISBN 978-7-5629-7124-5

Ⅰ. TU7

中国国家版本馆 CIP 数据核字第 2024X8730J 号

项目负责人:王利永(027-87290908)
责 任 编 辑:黄玲玲
责 任 校 对:张　晨
版 式 设 计:正风图文
出 版 发 行:武汉理工大学出版社
地　　　址:武汉市洪山区珞狮路 122 号
邮　　　编:430070
网　　　址:http://www.wutp.com.cn
经　　　销:各地新华书店
印　　　刷:湖北金港彩印有限公司
开　　　本:787 mm×1092 mm　1/16
印　　　张:14.25
字　　　数:356 千字
版　　　次:2024 年 6 月第 1 版
印　　　次:2024 年 6 月第 1 次印刷
定　　　价:42.00 元

凡购本书，如有缺页、倒页、脱页等印装质量问题，请向出版社发行部调换。
本社购书热线电话:027-87523148　027-87391631　027-87165708(传真)

前　言

土木工程施工技术是土木工程专业的一门核心课程。土木工程施工技术的主要研究内容有土木工程施工中工种工程的施工方法、施工方案及有关施工机械的选择与应用。

本书主要介绍土方工程、桩基础工程、砌体工程、钢筋混凝土结构工程、预应力混凝土工程、单层工业结构安装工程、防水工程、装饰装修工程等内容。本书具有综合性强、涉及面广和实践性强等特点，通过学习本书内容，学生能掌握工程施工的基本知识、基本理论，具备解决一般施工技术问题的能力。

参与本书编写的各位老师均具有丰富的实践经验和施工类课程的教学经验。本书在编写上，综合土木工程施工的特点，将基本理论与工程实践相结合，满足应用型人才培养要求，注重工程背景和工程案例的引入；图文并茂、条理清楚、层次分明；编写内容以学生为主体，关注学生的思维习惯、学习方式和特点，激发学生的学习兴趣；各章末尾附有练习题，便于教师更好地组织教学并方便学生复习。

本书由沈阳城市建设学院张丽、高蕉、付丽担任主编，戚玥、李艳娇担任副主编，佟舟、汪婷婷、王志博参编。具体编写分工如下：付丽、佟舟编写第 1 章，高蕉、汪婷婷编写第 2、8 章，戚玥编写第 3 章，张丽编写第 4、5、6 章，李艳娇、王志博编写第 7 章。全书由张丽拟定编写大纲和统稿。

本书在编写过程中参考了很多文献资料，在此对各位作者表示衷心的感谢！

由于时间仓促和编者水平有限，本书难免存在一些不足之处，敬请读者提出宝贵意见，给予批评指正。

编　者

2024 年 6 月

目　录

1 土方工程

【本章主要内容】

本章主要内容：土的工程分类及性质；土方工程量计算及场地土方调配；土方填筑与压实；基坑工程；土方机械化施工。

【学习目标】

通过本章的学习，使学生能够复述土的工程分类；了解土的工程性质；理解土的可松性系数的工程应用；掌握场地设计标高的确定方法以及根据泄水坡度调整设计标高；对比人工降低地下水位方法，能够设计轻型井点降水的平面布置和高程布置；掌握流砂的成因和防治方法，认识常用的施工机械。

1.1 土的工程分类及性质

1.1.1 土的工程分类

土的种类繁多，其分类方法也很多，如按土的沉积年代、颗粒级配、密实度、液性指数分类等。在土木工程施工中，土方按照开挖的难易程度分为松软土、普通土、坚土、砂砾坚土、软石、次坚石、坚石、特坚石八类，前四类属一般土，后四类属岩石，各类土的施工方法也各有不同。土的工程分类如表1-1所示。

表1-1 土的工程分类

土的分类	土的名称	密度/(kg/m^3)	开挖方法
一类土 （松软土）	砂土；粉土；冲积砂土层；疏松的种植土；淤泥	600～1500	用锹、锄头挖掘
二类土 （普通土）	粉质黏土；潮湿的黄土；夹有碎石、卵石的砂；粉土混卵（碎）石；种植土；填土	1100～1600	用锹、锄头挖掘，少许用镐翻松

续表1-1

土的分类	土的名称	密度/(kg/m^3)	开挖方法
三类土（坚土）	软及中等密实黏土；重粉质黏土；砾石土；干黄土；含碎（卵）石的黄土；粉质黏土；压实的填土	1750～1900	主要用镐，少数用锹、锄头，部分用撬棍
四类土（砂砾坚土）	密实的黏性土或黄土；中等密实的含碎（卵）石黏性土或黄土；粗卵石；天然级配砂石；软泥灰岩	1900	用镐或撬棍，部分用楔子及大锤
五类土（软石）	硬质黏土；中密的页岩、泥灰岩、白垩土；胶结不紧的砾岩；软石灰岩及贝壳石岩	1100～2700	用镐或撬棍、大锤，部分用爆破
六类土（次坚石）	泥岩；砂岩；砾岩；坚实的页岩、泥灰岩；密实的石灰岩；风化花岗岩、片麻岩	2200～2900	用爆破方法，部分用风镐
七类土（坚石）	大理岩；辉绿岩；粉岩；粗、中粒花岗岩；坚实的白云岩、砂岩、砾岩、片麻岩、石灰岩	2500～3100	用爆破方法
八类土（特坚石）	安山岩；玄武岩；花岗片麻岩；坚实的细粒花岗岩、闪长岩、石英岩、辉长岩、辉绿岩	2700～3300	用爆破方法

1.1.2 土的工程性质

土的主要工程性质有：土的含水量、可松性、渗透性、密实度、抗剪强度和土压力等。

1. 土的含水量

土的含水量是指土中水的质量与固体颗粒质量之比，以百分数表示，即

$$w=\frac{m_w}{m_s}\times100\% \tag{1-1}$$

式中 m_w——土中水的质量，kg；

m_s——土中固体颗粒的质量，kg。

土的含水量表示土的干湿程度，是反映土的湿度的一个重要物理指标。含水量影响土方施工方法的选择、边坡的稳定和回填土的质量。

一般土的干湿程度，用含水量表示。含水量在5%以下的土称为干土，含水量为5%～30%的土称为潮湿土，含水量大于30%的土称为湿土。含水量越大，土就越湿，对施工就越不利。土的含水量大小对挖土的难易、施工时边坡的坡度、回填土的压实等均有影响。

2. 土的天然密度和干密度

土在天然状态下单位体积的质量，称为土的天然密度。土的天然密度用 ρ 表示：

$$\rho=\frac{m}{V} \tag{1-2}$$

式中 m——土的总质量，kg；

V——土的天然体积，m^3。

单位体积中土的固体颗粒的质量称为土的干密度，土的干密度用 ρ_d 表示：

$$\rho_d = \frac{m_s}{V} \tag{1-3}$$

式中 m_s——土中固体颗粒的质量，kg；

V——土的天然体积，m^3。

土的干密度越大，表示土越密实，工程上常把土的干密度作为评定土体密实程度的标准，以控制基坑底及填土工程的压实质量。

3. 土的可松性

自然状态下的土经开挖后，其体积会增加，以后虽经回填压实，仍不能恢复成原来的体积，这种性质称为土的可松性，如图 1-1 所示。土的可松性对土方平衡调配，基坑开挖时留弃土方量及运输工具的选择有直接影响。

土的可松性的大小用可松性系数表示，分为最初可松性系数和最终可松性系数。

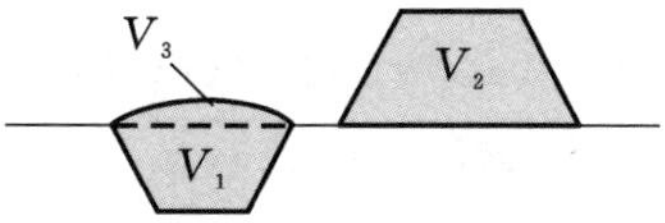

图 1-1 土的可松性

（1）最初可松性系数 K_S

自然状态下的土，经开挖成松散状态后，其体积的增加用最初可松性系数 K_S 表示。

$$K_S = \frac{V_2}{V_1} \tag{1-4}$$

式中 V_1——土在自然状态下的体积，m^3；

V_2——土经开挖成松散状态下的体积，m^3。

土的最初可松性系数 K_S 是计算挖掘机械生产率、运土车辆数量及弃土坑容积的重要参数。

（2）最终可松性系数 K'_S

自然状态下的土，经开挖成松散状态，回填夯实后，仍不能恢复到原自然状态下体积，夯实后的体积与原自然状态下体积之比，用最终可松性系数 K'_S 表示。

$$K'_S = \frac{V_3}{V_1} \tag{1-5}$$

式中 V_1——土在自然状态下的体积，m^3；

V_3——土经回填压实后的体积，m^3。

最终可松性系数 K'_S 是计算场地平整标高及填方所需的挖方体积等的重要参数。

各类土的可松性系数参考值如表 1-2 所示。

表 1-2　土的可松性系数参考值

土的类型	K_S	K'_S
一类土	1.08～1.17	1.01～1.03
二类土	1.14～1.24	1.02～1.05
三类土	1.24～1.30	1.04～1.07
四类土	1.26～1.45	1.06～1.20
五类土	1.30～1.50	1.10～1.30
六类土	1.45～1.50	1.28～1.30

【例 1-1】某工程欲挖一个 48m×56m 的基坑，深 1.2m，地基土为亚黏土。若这部分土方外运，需要运送多少土方？若用所挖出的土填充 50m×50m 基坑，可填深度为多少？（已知：$K_S=1.11$，$K'_S=1.03$）

解：挖方量：$V=48\times56\times1.2=3225.6(\text{m}^3)$

运方量：$V_2=V_1\times K_S=3225.6\times1.11=3580.4(\text{m}^3)$

填方量：$V_3=V_1\times K'_S=3225.6\times1.03=3322.4(\text{m}^3)$

填土深度：$h=V_3/S=3322.4/(50\times50)=1.33(\text{m})$

4. 土的渗透性

土的渗透性指水流通过土中孔隙的难易程度。水在单位时间内穿透土层的能力，称为渗透系数，用 K 表示，单位为 cm/s。水的渗透性大小，取决于不同的土质。地下水的流动以及在土中的渗透速度都与土的渗透性有关。

地下水在土中渗流速度一般可按达西定律公式计算：

$$v=Ki \tag{1-6}$$

式中　v——水在土中的渗透速度，cm/s；

i——水力坡度；

K——土的渗透系数，cm/s。

渗透系数 K 值直接影响降水方案的选择和涌水量计算的准确性，其参考值如表 1-3 所示。

表 1-3　土的渗透系数参考值

土的种类	K/(m/d)	土的种类	K/(m/d)
亚黏土、黏土	<0.1	含黏土的中砂及纯细砂	20～25
亚黏土	0.1～0.5	含黏土的细砂及纯中砂	35～50
含亚黏土的粉砂	0.5～1.0	纯粗砂	50～75
纯粉砂	1.5～5.0	粗砂夹砾石	50～100
含黏土的细砂	10～15	砾石	100～200

1.2　土方工程量计算及场地土方调配

1.2.1　基坑、基槽的土方量计算

在基坑(槽)土石方工程施工之前,必须计算土石方的工程量。基坑土方量可按立方体几何中棱柱体(如图 1-2 所示)体积公式计算,即:

$$V=\frac{H}{6}(A+4A_0+A') \tag{1-7}$$

式中　H——基坑深度,m;

A,A'——基坑上、下两底面面积,m^2;

A_0——基坑中截面面积,m^2。

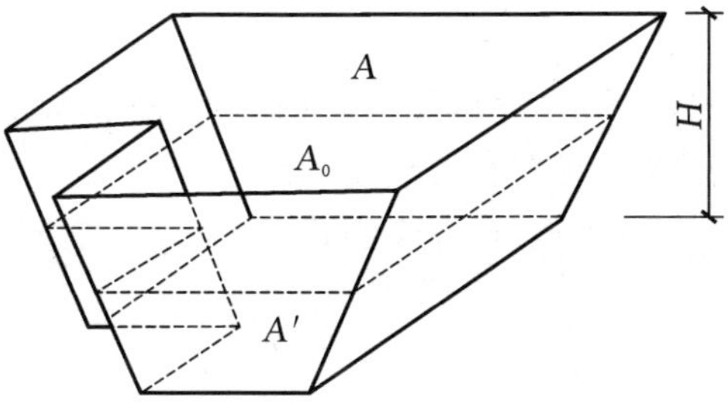

图 1-2　基坑土方量

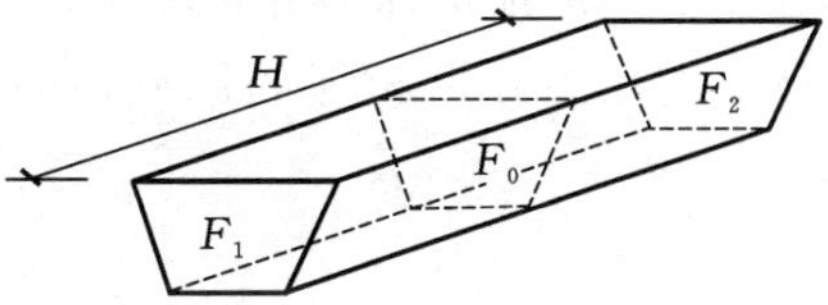

图 1-3　基槽的土方量

基槽和路堤的土方量(如图 1-3 所示)可以沿长度方向分段后,再用同样的方法计算:

$$V_1=\frac{L_1}{6}(A+4A_0+A') \tag{1-8}$$

式中　V_1——第一段的土方量,m^3;

L_1——第一段的长度,m。

将各段土方量相加即得总土方量:

$$V=V_1+V_2+V_3+\cdots+V_n \tag{1-9}$$

式中　$V_1,V_2,V_3,\cdots,V_n$——各分段的土方量,m^3。

1.2.2　场地平整的土方量计算

场地平整就是将自然地面改造成人们所要求的平面。计算场地挖方量和填方量先要确定场地设计标高,由设计地面的标高和天然地面的标高之差,可以得到场地各施工高度(即

填挖高度),由此可计算场地平整的挖方和填方工程量。

1. 场地设计标高确定的原则

场地设计标高是进行场地平整和土方量计算的依据,也是总图规划和竖向设计的依据。合理地确定场地的设计标高,对减少土方量和加快工程进度均具有重要的意义。在确定场地设计标高时,应结合现场的具体条件反复进行技术经济比较,选择其中一个最优的方案,确定场地设计标高的原则如下:

① 应满足总平面设计的要求,并与场外工程设施的标高相协调;

② 充分利用地形,分区或分台阶布置,分别确定不同的设计标高;

③ 使挖填平衡,土方量最少;

④ 要有一定泄水坡度(≥2‰),能满足排水要求;

⑤ 场地设计标高要高出区域最高洪水位,在严寒地区,场地的最高地下水位应在土壤冻结深度以下。

2. 场地设计标高确定的方法

对小型场地平整时,若原地形比较平缓,对场地设计标高无特殊要求,一般可根据平整前后土方量相等的原则,确定场地设计标高。具体步骤如下:

(1) 初步确定场地设计标高(H_0)

首先将拟平整场地划分成边长为10～40m的若干方格网,并将方格网角点的原地形标高标在图上。原地形标高可利用等高线,用插入法求得或在实地测量得到。

按照挖填土方量相等的原则,如图1-4所示,初步确定场地的设计标高可按照下式计算:

$$H_0 na^2 = \sum \left(a^2 \frac{H_{11} + H_{12} + H_{21} + H_{22}}{4} \right) \tag{1-10}$$

式中 n——方格网数;

a——方格边长,m;

$H_{11},\cdots,H_{22}$——任一个方格的4个角点的标高,m。

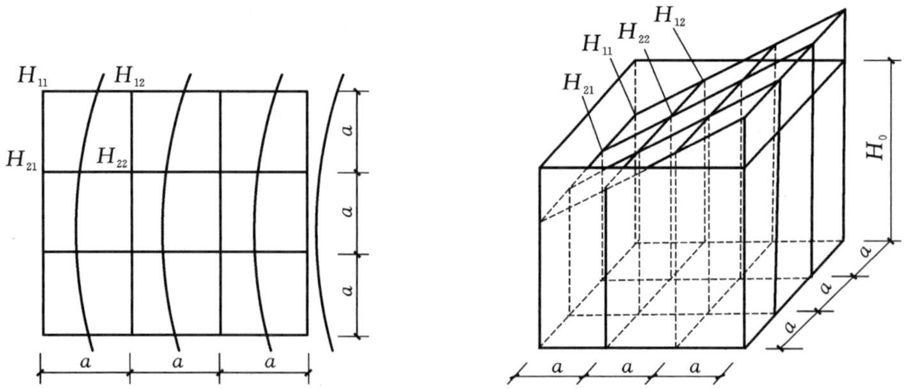

图1-4 场地设计标高计算示意图

由于相邻方格具有公共的角点标高，在一个方格网中，一些角点是四个相邻方格的公共角点，其标高需要累加四次，一些角点则是三个相邻方格的公共角点，其标高需要累加三次，而某些角点标高仅需要累加两次，又如方格网四角的角点标高仅需要加一次，因此式(1-10)可以改写为：

$$H_0=\frac{1}{4n}\left(\sum H_1+2\sum H_2+3\sum H_3+4\sum H_4\right) \tag{1-11}$$

式中 H_1——一个方格共有的角点标高，m；

H_2——两个方格共有的角点标高，m；

H_3——三个方格共有的角点标高，m；

H_4——四个方格共有的角点标高，m；

n——方格网数。

(2) 场地设计标高的调整

初步确定场地设计标高(H_0)仅为一理论值，其得到的场地设计平面为一个水平的挖填土方量相等的场地。实际上，施工中还需要考虑以下因素对初步场地设计标高(H_0)值进行调整。

① 土的可松性影响

由于土体具有可松性，按理论计算的 H_0 进行施工，填土就会有部分剩余，因此需要适当提高设计标高。

② 场内挖方和填方的影响

由于设计标高以上的各种填方工程的用量而引起设计标高的降低，或者由于设计标高以下的各种挖方工程的挖土量而引起设计标高的提高。

③ 场地泄水坡度的影响

由于排水要求，场地表面均有一定的泄水坡度，因此还要根据场地泄水坡度要求，计算出场地内实际施工的设计标高，泄水可分为单向泄水和双向泄水。

当场地向一个方向排水时，称为单向泄水，如图 1-5 所示。计算单向泄水的场地设计标高时，将已调整的设计标高 H_0 作为场地中心线的标高，则场地内任一点设计标高为：

$$H_n=H_0+iL \tag{1-12}$$

式中 H_n——场地内任一点的设计标高，m；

L——该点至场地中心线的距离，m；

i——场地单向泄水坡度。

当场地向两个方向排水时，称为双向泄水，如图 1-6 所示。计算双向泄水的场地设计标高时，将已调整的设计标高 H_0 作为场地的中心点。则场地内任一点的设计标高为：

$$H_n=H_0\pm i_xL_x\pm i_yL_y \tag{1-13}$$

式中 H_n——场地内任一点的设计标高，m；

L_x，L_y——该点沿 $x—x$、$y—y$ 方向至场地中心线的距离，m；

i_x，i_y——该点沿 $x—x$、$y—y$ 方向的泄水坡度。

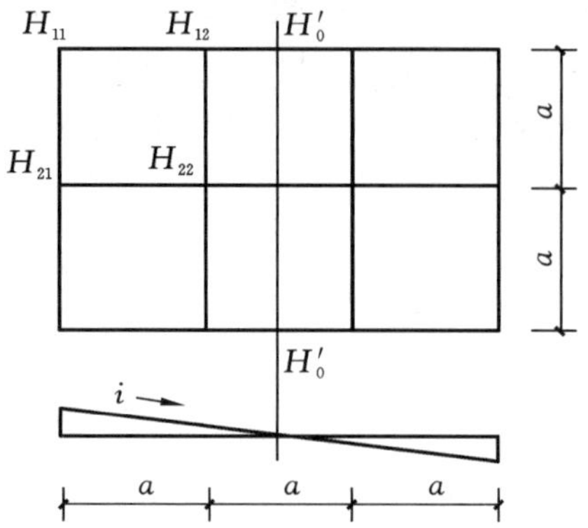

图 1-5　单向泄水示意图

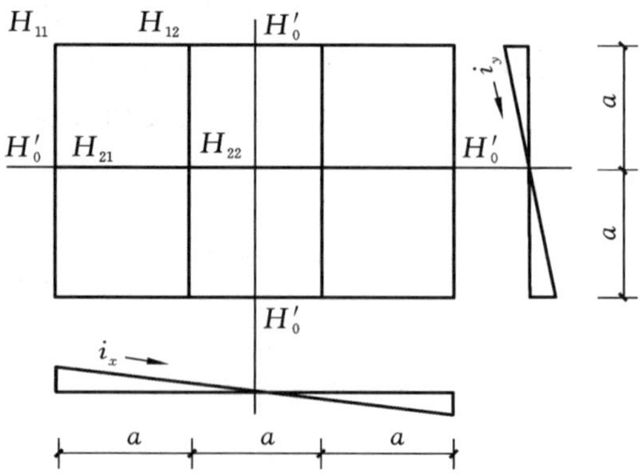

图 1-6　双向泄水示意图

【例 1-2】按填挖平衡法计算场地设计标高，计算如图 1-7 所示场地方格中角点 2、4、7、9 号角点的施工高度(不考虑土的可松性影响)。角点编号与天然地面标高如图 1-7 所示，方格边长为 20m。

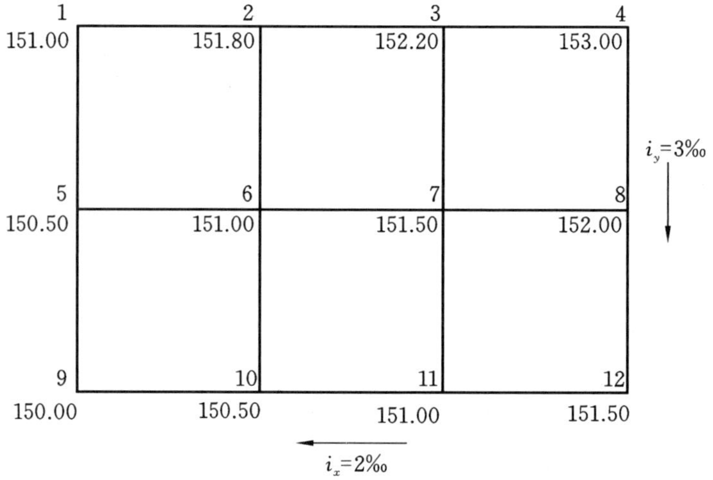

图 1-7　某建筑场地方格网、地面标高

解:(1)初步计算场地的设计标高 H_0

$$H_0=\frac{1}{4n}(\sum H_1+2\sum H_2+3\sum H_3+4\sum H_4)$$

$$=[(151.00+153.00+150.00+151.50)+2\times(151.80+152.20+150.50\times2+151.00+152.00)+4\times(151.00+151.50)]/(4\times6)=151.31\text{m}$$

(2) 按泄水坡度调整设计标高 H'_n

$H'_2=151.31-10\times2‰+20\times3‰=151.35\text{m}$

$H'_4=151.31+30\times2‰+20\times3‰=151.43\text{m}$

$H'_7=151.31+10\times2‰=151.33\text{m}$

$H'_9=151.31-30\times2‰-20\times3‰=151.19\text{m}$

(3) 计算各角点施工高度

$h_2=151.35-151.80=-0.45\text{m}$

$h_4=151.43-153.00=-1.57\text{m}$

$h_7=151.33-151.50=-0.17\text{m}$

$h_9=151.19-150.00=+1.19\text{m}$

3. 场地平整土方工程量的计算

计算土方工程量最常用的方法是方格网法。方格网的画法与前面确定场地标高相同，在确定了场地各个角点的设计标高后，就可求得需平整场地各角点的填挖高度(施工高度)，进而根据每个方格角点的施工高度算出填挖土方量，并求得整个场地的总填挖土方量。其具体步骤如下：

(1) 计算场地各方格角点的施工高度

$$h_n=\text{场地设计标高 } H_n-\text{自然地面标高 } H$$

方格网法的标注形式如图 1-8 所示。

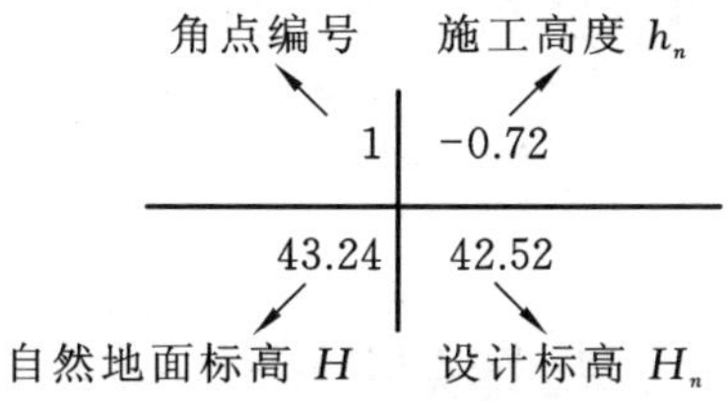

图 1-8 方格网法的标注形式

(2) 确定“零线”

零线即挖方区与填方区的分界线，确定零线时，要先找到方格上的零点，将方格网中的相邻零点连接起来，即成为零线，同时就划分出了场地的挖方区和填方区，如图 1-9 所示。

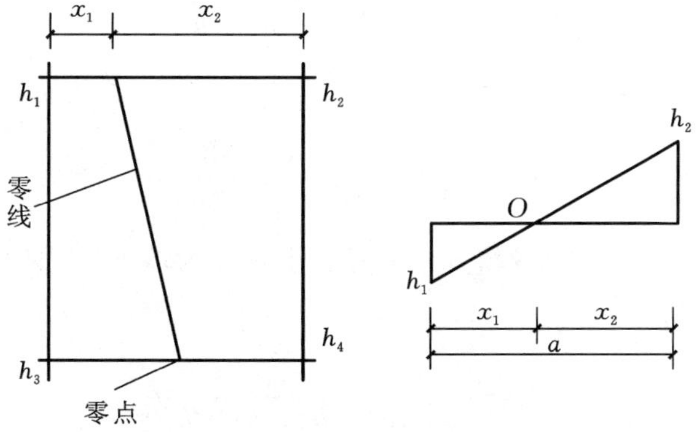

图 1-9 零线位置示意图

零点的位置按下式计算：

$$x_1=\frac{h_1}{h_1+h_2}\times a \tag{1-14}$$

$$x_2=\frac{h_2}{h_1+h_2}\times a \tag{1-15}$$

式中 x_1, x_2——角点至零点的距离，m；

h_1, h_2——相邻两角点的施工高度，均用绝对值，m；

a——方格网的边长，m。

(3) 计算场地方格挖填土方量

① 方格四个角点全部为挖方或填方时[见图 1-10(a)]，其挖方或填方体积为：

$$V=\frac{a^2}{4}(h_1+h_2+h_3+h_4) \tag{1-16}$$

式中 h_1, h_2, h_3, h_4——方格四个角点挖或填的施工高度的绝对值，m；

a——方格边长，m。

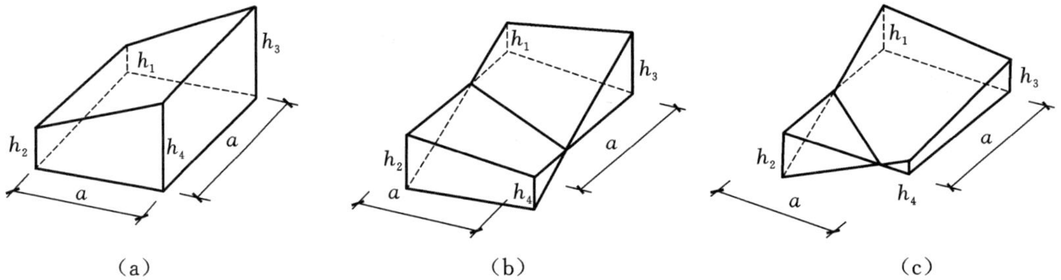

图 1-10 四棱柱体体积计算示意图

(a)角点全填全挖；(b)角点二填二挖；(c)角点一填(挖)三挖(填)

② 方格的相邻两个角点为挖方，另外两个角点为填方时[见图 1-10(b)]，其填方部分的土方量为：

$$V_{ti}=\frac{a^2}{4}\left(\frac{h_1^2}{h_1+h_4}+\frac{h_2^2}{h_2+h_3}\right) \tag{1-17}$$

其挖方部分的土方量为：

$$V_{wi}=\frac{a^2}{4}\left(\frac{h_3^2}{h_2+h_3}+\frac{h_4^2}{h_1+h_4}\right) \tag{1-18}$$

③ 方格的一个角点为挖方(或填方)，另外三个角点为填方(或挖方)时[见图 1-10(c)]，其填方部分的土方量为：

$$V_{ti}=\frac{a^2}{6}\times\frac{h_4^3}{(h_1+h_4)(h_3+h_4)} \tag{1-19}$$

其挖方部分的土方量为：

$$V_{wi}=\frac{a^2}{6}\times(2h_1+h_2+2h_3-h_4)+V_{ti} \tag{1-20}$$

将计算的场地方格中挖方量、填方量分别相加，即得全场地的总挖方量和总填方量。

1.3 土方填筑与压实

1.3.1 土料选择与填筑要求

为了使填土满足强度和稳定性两方面的要求，保证填土工程的质量，必须正确选择土料和填筑方法。

1. 土料要求

土料要求如下：

① 碎石类土、砂土和爆破石渣，可用作表层下的填料。

② 含水量符合压实要求的黏性土，可用作各层填料。

③ 碎块草皮和有机质含量大于8%的土，仅用于无压实要求的填方。

④ 淤泥和淤泥质土，一般不能用作填料，但在软土或沼泽地区，经过处理后含水量符合压实要求的，可用于填方中的次要部位。

2. 填筑要求

填筑要求如下：

① 回填以前，应清除填方区的积水、草皮和杂物，如遇软土、淤泥，则必须进行换土。应对填方基底和已完隐蔽工程进行检查和中间验收，并做好隐蔽工程记录。

② 填土前，应根据工程特点、填料厚度、压实遍数和施工条件等合理选择压实机具，并确定填料含水量控制范围、铺土厚度等施工参数。

③ 填土施工应接近水平地分层填土、压实。压实后测定土的干密度，检验其压实系数和压实范围符合设计要求后，才能填筑上层。填土应尽量采用同类土填筑。若采用不同填料分层填筑时，上层宜填筑透水性较小的填料，下层宜填筑透水性大的填料；填方基土表面应做出适当的排水坡度，边坡不得用透水性较小的填料封闭，以免填方内形成水囊。若因施工条件限制，上层必须填筑透水性较大的填料时，应在下层透水性较小的土层表面做出适当的排水坡度或设置盲沟。

④ 填方应按设计要求预留沉降量。若设计无要求，可根据工程性质、填方高度、填料种类、压实系数和地基情况等，与业主单位共同确定(沉降量一般不超过填方高度的3%)。

⑤ 填方施工应从场地最低处开始，水平分层、整片回填压实。分段填筑时，每层接缝处应做成斜坡形状，碾迹重叠0.5～1.0m。上、下接缝应错开不小于1.0m，且接缝部位不得在基础下、墙角、柱墩等重要部位。

1.3.2 填土压实方法

填方压实后，应达到一定的密实度和含水量要求。填土压实方法有碾压法、夯实法及振动压实法。

(1) 碾压法

碾压法是利用机械滚轮的压力压实土壤,使之达到所需的密实度。碾压机械有平碾、羊足碾及气胎碾等。碾压法主要用于大面积的填土,如场地平整、路基、堤坝等工程。

平碾又称平碾压路机(见图 1-11),是一种以内燃机为动力的自行式压路机。

羊足碾(见图 1-12)只能用来压实黏性土,不适于砂性土,因在砂土中碾压时,土的颗粒受到羊足碾较大的单位压力后会向四面移动而使土的结构破坏。

图 1-11　平碾压路机

图 1-12　羊足碾压路机

图 1-13　轮胎压路机

气胎碾又称轮胎压路机(见图 1-13),适用于压实黏性土料,也适合压实非黏性土料,均能获得较好的压实效果。

用碾压法压实填土时,铺土应均匀一致,碾压遍数要一样,碾压方向应从填土区的两边逐渐压向中心,每次碾压应有 15～20cm 的重叠。松土碾压宜先用轻碾压实,再用重碾压实,这样效果较好。碾压机械压实填方时,行驶速度不宜过快,一般平碾不应超过 2km/h,羊足碾不应超过 3km/h。

(2) 夯实法

夯实法是利用夯锤自由下落的冲击力来夯实土壤,主要用于小面积的回填土或作业面受到限制的场合。

夯实法分人工夯实和机械夯实两种。人工夯实所用的工具有木夯、石夯等;机械夯实常用的有夯锤、内燃夯土机[见图 1-14(a)]、蛙式打夯机[见图 1-14(b)]和利用挖土机或起重机装上夯板后的夯土机等。

(3) 振动压实法

振动压实法是将振动压实机放在土层表面,借助振动机构使压实机振动,使土颗粒发生相对位移而达到紧密状态。采用的机械主要有振动压路机(见图 1-15)、振动平板夯(见图 1-16)等。

(a)　　　　　　(b)

图 1-14　夯实机械

(a)内燃夯土机;(b)蛙式打夯机

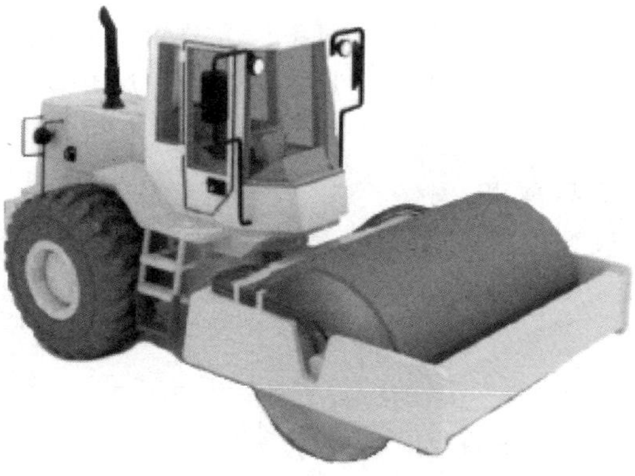

图 1-15　振动压路机

图 1-16　振动平板夯

1.3.3　填土压实的影响因素

影响填土压实的主要因素有土的压实功、含水量、铺土厚度和填土的种类等。

(1) 压实功

填土压实后的重度与压实机械在其上所施加的功有一定的关系。实际施工中,对不同的土应根据选择的压实机械和密实度要求选择合理的压实遍数。

(2) 含水量

在同一压实功条件下,填土的含水量对压实质量有直接影响。较为干燥的土,由于土颗粒之间的摩阻力较大而不易压实。当土具有适当含水量时,水起了润滑作用,土颗粒之间的摩阻力减小,从而易压实。每种土壤都有其最佳含水量,土在这种含水量的条件下,使用同样的压实功压实,所得到的重度最大。施工中,土的含水量与最佳含水量之差可控制在$-4\%\sim2\%$范围内。

(3) 铺土厚度

土在压实功的作用下,土压应力随深度增加而逐渐减小,其影响深度与压实机械、土的性质和含水量等有关。铺土厚度应小于压实机械压土时的有效作用深度,而且还应考虑最优土层厚度。最优的铺土厚度应能使土方压实而机械的功耗最少。

1.4 基 坑 工 程

1.4.1 边坡支护

在土方工程施工中,基坑(槽)的土壁必须保证稳定。否则,土体在外力作用下失去平衡,土壁会产生塌方,影响工程施工,甚至会造成人员伤亡,危及附近建筑物、道路及地下设施的安全,产生严重的后果。

土方施工中为了保持土壁稳定、防止塌方,在地质条件和周围条件允许时,将挖方和填方的边缘做出一定的坡度,即为边坡。合理地选择和留设土方边坡,是保证土方边坡稳定和减少土方量的有效措施。

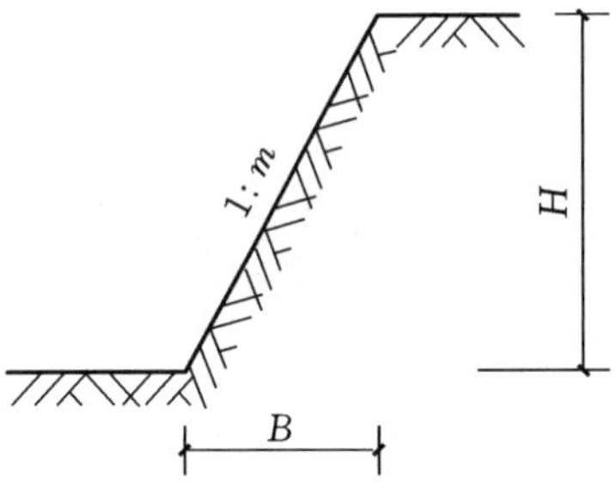

图 1-17 边坡坡度示意图

1. 土方边坡坡度

土方边坡坡度用挖方深度 H 与边坡底宽 B 之比来表示,如图 1-17 所示。其计算公式为:

$$i=\frac{H}{B}=\frac{1}{B/H}=1:m \tag{1-21}$$

式中 m——坡度系数,$m=B/H$。

土方边坡应根据使用时间(临时或永久性)、土的种类、物理力学性质(如内摩擦角、黏聚力、密度、湿度)、水文情况等确定。

2. 土壁支护

土壁支护要根据施工现场的条件和施工要求的不同,选取相应的支护方式。

(1) 横撑式支护

横撑式支护可分为水平挡土板支撑和垂直挡土板支撑,如图 1-18 所示。横撑式支护常用于开挖较窄的沟槽。

(2) 水泥土桩墙支护

水泥土桩墙按施工工艺不同分为深层水泥土搅拌桩和高压旋喷桩。搅拌桩成桩工艺可采用"一次喷浆、二次搅拌"工艺,其施工工艺流程如图 1-19 所示。

(3) 钢板桩支护

钢板桩支护施工速度快,可重复使用,但价格昂贵,一次性投资高,适用于柔软地基及地下水位较高的深基坑支护。

根据不同的需要选取不同的钢板桩打设方式,其中围檩插桩法需用围檩支架作为板桩打设导向装置。施工中可以采用封闭打入法和分段复打法，其中分段复打法如图 1-20 所示。

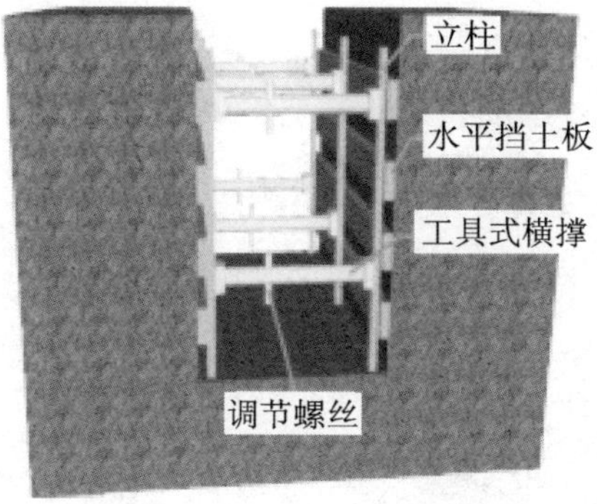

(a)

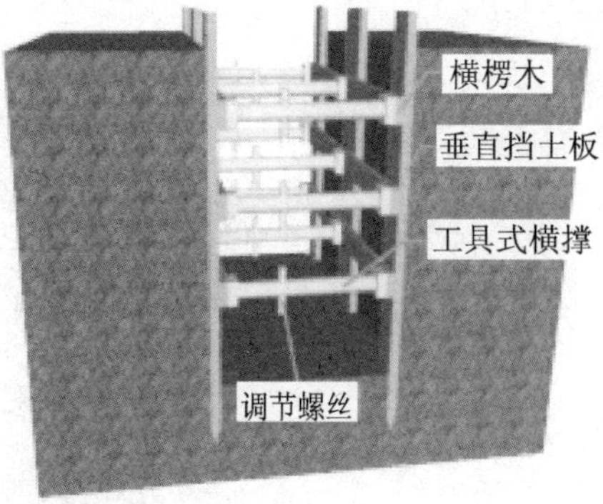

(b)

图 1-18 横撑式支护

(a)水平挡土板支撑；(b)垂直挡土板支撑

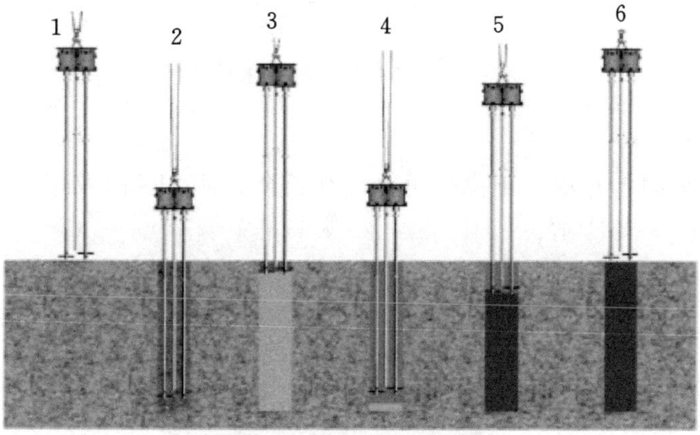

图 1-19 搅拌桩施工工艺流程

1—定位；2—预埋下沉；3—提升喷浆搅拌；4—重复下沉搅拌；5—重复提升搅拌；6—成桩结束

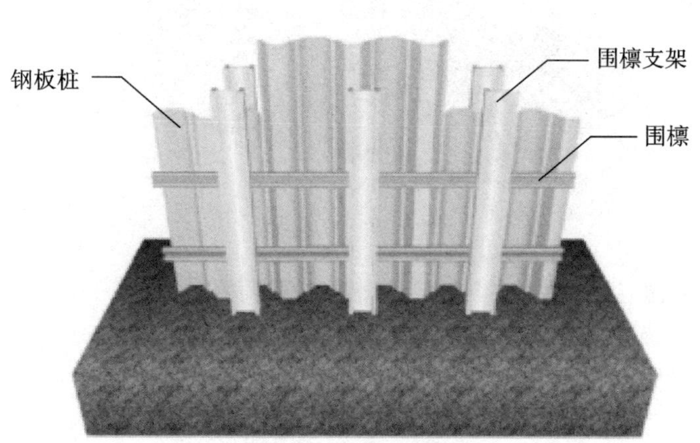

图 1-20 分段复打法

(4) 钢筋混凝土灌注桩支护结构

灌注桩按施工工艺有钻孔灌注桩和人工挖孔灌注桩两种,图 1-21 所示为钻孔灌注桩排围护墙。

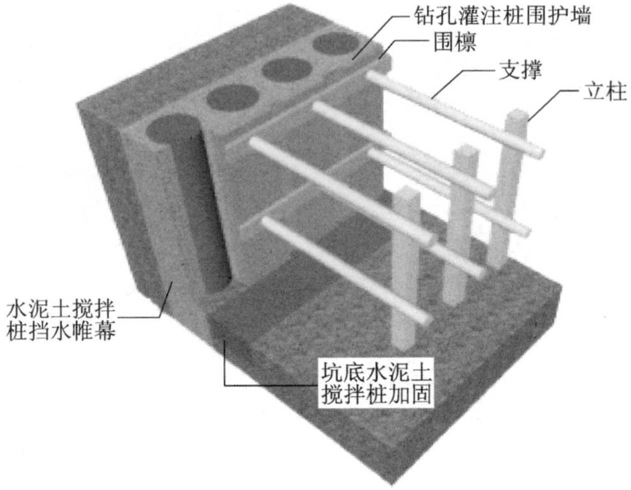

图 1-21　钻孔灌注桩排围护墙

(5) 土钉墙支护结构

土钉墙是由被加固土和放置于原位土体中细长金属件(土钉)及附着于坡面的混凝土面板组成,其构造如图 1-22 所示。

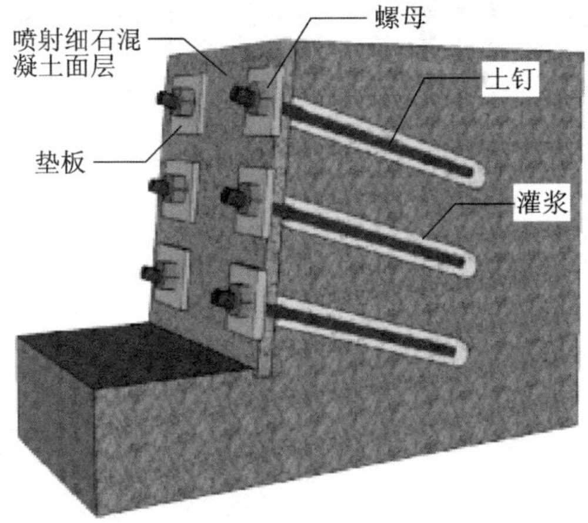

图 1-22　土钉墙

(6) 锚杆支护结构

土层锚杆又称拉锚,一端与支护结构连接,另一端锚固在土体中,将支护结构所受荷载通过拉杆传递到土层中,如图 1-23 所示。

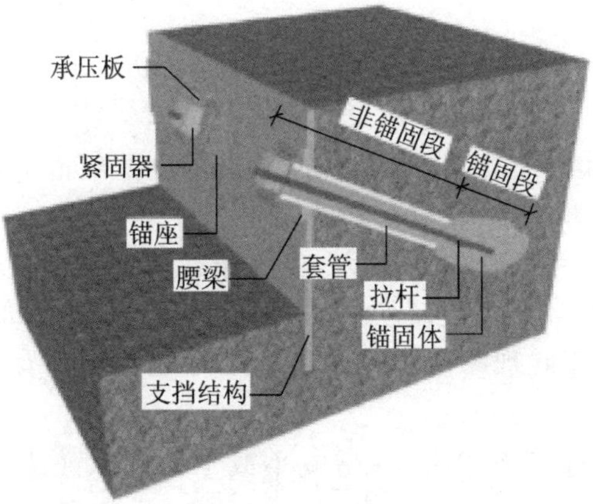

图 1-23 土层锚杆

1.4.2 地下水及对基坑工程的影响

在土方开挖过程中，当开挖底面标高低于地下水位的基坑（或沟槽）时，由于土的含水层被切断，地下水会不断渗入坑内。雨季施工时，地面水也会流入坑内。因此，在基坑土方开挖前和开挖过程中，必须采取措施做好排水和降水工作，以降低基坑内的水位，保持基坑土体干燥是十分重要的。

地下水的控制方法有多种，如人工降低地下水位、截水等，应根据土层情况、降水深度、支护结构种类等综合考虑。

土方工程中最常采用的就是集水井降水和井点降水。

1. 动水压力

流动中的地下水对土颗粒产生的压力叫动水压力，动水压力原理图如图 1-24 所示。

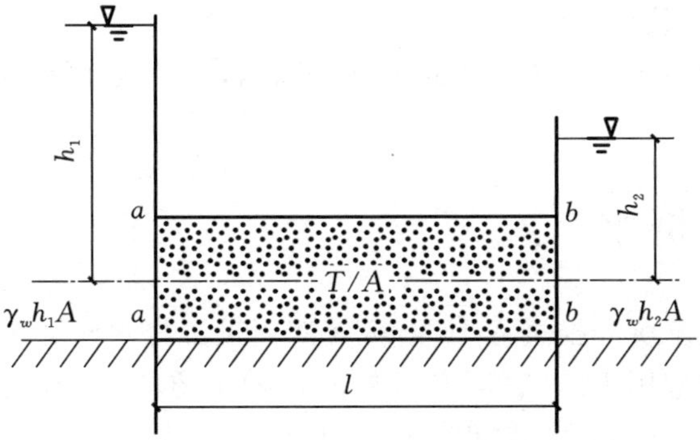

图 1-24 动水压力原理图

$$G_D = \gamma_w \cdot \frac{h_1 - h_2}{l} \tag{1-22}$$

式中 G_D——动水压力，Pa；

$h_1 - h_2$——水位差，m；

l——渗透路程，m；

γ_w——水的重度，N/m^3。

2. 流砂现象

采用集水井排水时，如果土质为细砂或粉砂，当基坑挖到地下水位0.5m以下时，坑底的土粒形成流动状态随地下水渗流入基坑，称为流砂。

发生流砂现象时，土壤完全丧失承载力，工人难以立足，施工条件恶化；土边挖边冒，很难达到设计深度；流砂严重时会引起基坑边坡塌方，若附近有建筑物，会因地基被掏空而下沉、倾斜甚至倒塌。因此，流砂现象对土方施工和附近建筑物都有很大危害。

3. 流砂的防治

防治流砂的途径主要有三个方面：一是减小或平衡动水压力；二是截住地下水流；三是改变动水压力的方向。

流砂的防治措施有：

① 在枯水期施工。因地下水位低，坑内外水位差小，动水压力小，此时不易发生流砂、管涌现象。

② 抛大石块。往基坑底抛大石块，增加土的压重，以平衡动水压力。采用此法时，应组织人力分段抢挖，使挖土速度超过冒砂速度，挖至标高后立即铺设芦席，并抛大石块把流砂压住。

③ 设止水帷幕法。将连续的止水支护结构（如连续板桩、深层搅拌桩密排灌注桩、地下连续墙等）设置于基坑底面以下一定深度，形成封闭的止水帷幕，从而使地下水只能从支护结构下端向基坑渗流，增加地下水从坑外流入基坑内的渗流路径，减小水力坡度，降低动水压力，防止流砂发生。

④ 水下挖土。即采用不排水施工，使基坑内水压与外水压相平衡，防止流砂现象的发生。

⑤ 井点降低地下水位。如采用轻型井点或管井井点等降水方法，使地下水的渗流向下，动水压力的方向也朝下，增大了土粒间的压力，从而可有效地防止流砂现象的发生。这个方法采用较广泛，并比较可靠。

⑥ 冻结法。将出现流砂、管涌区域的土进行冻结，阻止地下水的渗流，以防止流砂管涌发生。

1.4.3 集水井降水

集水井降水法是在基坑开挖过程中，沿坑底四周设置排水沟和集水坑，使水流入集水井中，然后用水泵抽走，可应用于除细砂、淤泥外的各种土质的场合，主要适用于面积较小、降水深度不大的基坑开挖工程，其装置如图1-25所示。

集水井应设置在基础范围以外、地下水走向的上游。根据地下水量大小、基坑形状及水泵能力，集水井每隔20～40m设置一个。集水井的直径或宽度，一般为0.8m。集水井井底深度随着挖土的加深而加深，要经常低于挖土面0.7～1.0m，井壁用竹、木等加固。当基坑挖至设计标高后，井底铺设碎石滤水层，防止在长时间抽水时将泥砂抽出，避免井底的土被搅动。

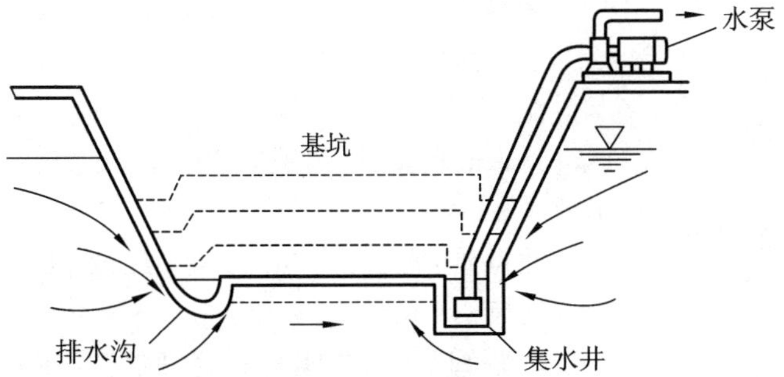

图 1-25 集水井降水法

集水井降水法适用于土质情况较好(土层为粗粒土或水量小的黏性土)、降水深度较小或地下水量不大的基坑排水,不适用于粉砂土和细砂土,因为在这类土中易形成流砂。集水井降水法应视水量多少连续或间断抽水,直至基础施工完毕、回填土。

1.4.4 井点降水

井点降水是在基坑开挖前,预先在基坑四周埋设一定数量的井管,利用抽水设备不断抽出地下水,使地下水位降低到坑底以下,直至基础工程施工完毕。

井点降水能防止坑底管涌和流砂现象的出现,稳定基坑边坡,加速土的固结,增加地基土承载能力。按系统的设置、吸水方法和原理不同,井点降水方法有轻型井点、管井井点、喷射井点、电渗井点、深井井点等。

1. 轻型井点

(1) 轻型井点设备组成

轻型井点是沿基坑四周,将井管埋入地下蓄水层内,井点管上端经弯联管与总管相连接,利用抽水设备将地下水从井点管内抽出,使原有地下水位降至开挖基坑坑底以下,如图 1-26 所示。

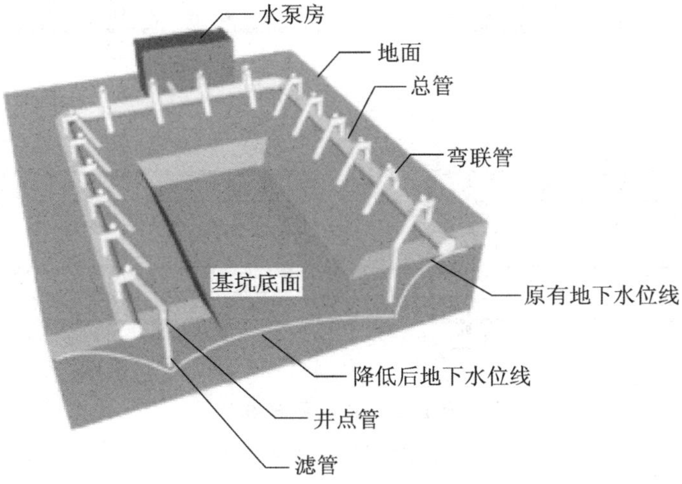

图 1-26 轻型井点

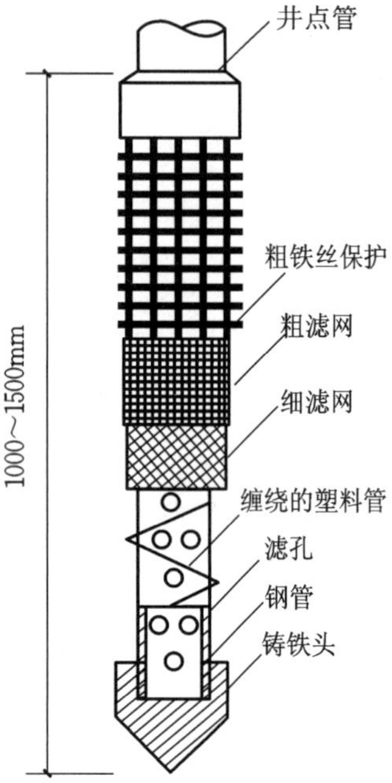

图 1-27　滤管构造图

轻型井点设备由管路系统和抽水设备组成。

① 管路系统包括滤管、井点管、弯联管及总管等。

滤管：长 1.0～1.5m，直径为 38mm 或 51mm，管壁钻有 12～19mm 的滤孔，开孔率为 20%～25%，滤管构造如图 1-27 所示。

井点管：直径为 38mm 或 51mm，长 5～7m，为无缝钢管，连接滤管。

弯联管：使用透明塑料管、胶管或钢管，宜有阀门。

总管：直径为 100～127mm 无缝钢管，每节 4m，每隔 0.8m或 1.2m 有一短接口。

② 抽水系统抽水原理：地下水(气)在真空的作用下，进入水气分离器，然后水由抽水机抽出，气由真空泵抽出，不断循环，从而降低地下水位。

抽水设备有真空泵、抽水机、水气分离器等。

(2) 平面布置

① 单排布置：当基坑(槽)宽度小于 6m、降水深度不大于 6m 时可采用单排布置。井点管应布置在地下水的上游一侧，两端的延伸长度不宜小于坑槽的宽度 B，其布置如图 1-28(a)所示。

② 双排布置：当基坑(槽)宽度大于 6m 或出水量大时应采用双排布置，其布置如图 1-28(b)所示。

③ 环形或 U 形布置：当基坑面积较大时，应采用环形布置，考虑施工机械进出基坑时宜采用 U 形布置，其布置如图 1-28(c)、(d)所示。

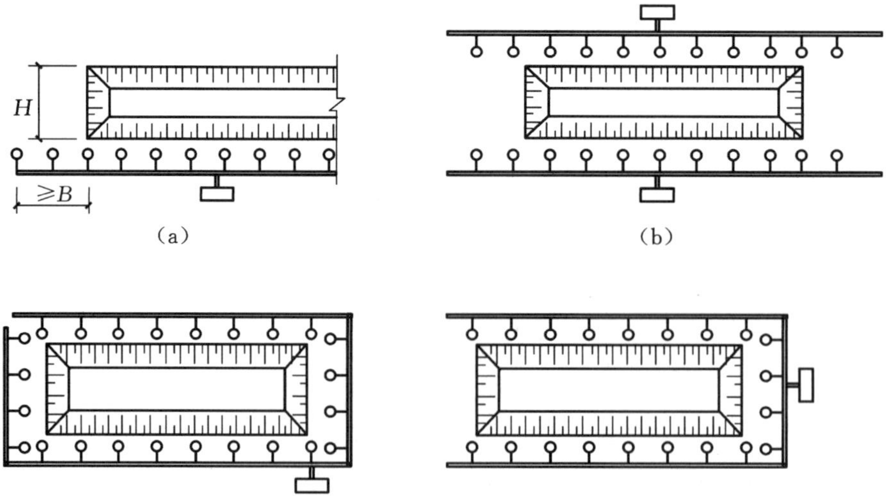

图 1-28　井点平面布置

(a)单排布置；(b)双排布置；(c)环形布置；(d)U 形布置

(3) 高程布置

高程布置就是确定井点管埋深,即滤管上口至总管埋设面的距离,主要考虑降低后的水位应控制在基坑底面标高以下,保证坑底干燥。高程布置的计算公式:

$$H \geqslant H_1 + h + iL \tag{1-23}$$

式中　H——井点管埋深,m;

H_1——总管平台面至基坑底面的距离,m;

h——基坑中心线底面至降低后的地下水位线的距离,一般取 0.5～1.0m;

i——水力坡度,环形井点为 1/10,双排布置井点为 1/7,单排线状井点为 1/4;

L——井点管至基坑中心的水平距离,当井点管为单排布置时,L 为井点管至对面坡角的水平距离,m。

(4) 轻型井点的施工

轻型井点系统的施工主要包括施工准备、井点系统安装与使用。

① 施工准备包括准备和检查井点设备、施工机具、砂滤料规格和数量,水源、电源等准备情况。挖好排水沟,以便于泥浆水的排放。为了检查降水效果,必须选择有代表性的地点设置水位观测孔。在附近建筑物设沉降监测点,并制订防止附近建筑物沉降的措施等。

② 井点系统的安装顺序为:根据降水方案放线、挖井点沟槽、铺设集水总管、冲孔、沉设井点管、灌填砂滤料、用弯联管将井点管与集水总管连接、安装抽水设备、试抽。其中,沉设井点管是关键工作。

③ 井点管的沉设方法常用的有下列两种:a.用冲水管冲孔后,沉设井点管;b.直接利用井点管水冲下沉。

采用冲水管冲孔法沉设井点管时,可分为冲孔与埋管两个过程。冲孔时,冲管采用直径为 50～70mm 的钢管,长度比井点管长 1.5m 左右,冲管下端装有圆锥形冲嘴。用起重设备将冲管吊起并插在井点位置上,然后开动高压水泵,将土冲松,冲管则边冲边沉。冲孔所需的水压,根据土质不同而定,一般为 0.6～1.2MPa。冲孔孔径不应小于 300mm,并保持垂直,上下一致,使滤管有一定厚度的砂滤层。冲孔深度应比滤管底部低 0.5m 以上,以保证滤管的埋设深度,并防止被井孔中沉淀的泥砂所淤塞。井孔冲成后,应立即拔出冲水管,插入井点管,并在井点管与孔壁之间,填干净粗砂砂滤层。砂滤层厚度一般为 60～100mm,填灌高度至少达到滤管顶以上 1m,以保证水流畅通。

直接用井点管水冲下沉的方法,是在井点管的底端,装上冲水装置来进行冲孔沉设井点管。每根井点管沉设后应检查渗水性能。检查方法是:在正常情况下,当填砂砂滤层时,井点管口应有泥浆水冒出,否则,应从井点管口向管内清水,测定管内水位下渗快慢情况,如果下渗很快,则表明滤管质量良好。

④ 井点系统施工时,各部件连接接头均应安装严密,以防止接头漏气,影响降水效果。弯联管宜采用软管,以便于井点安装,减少可能漏气的部位,避免因井点管沉陷而造成管件损坏。南方地区可用透明的塑料软管,便于直接观察井点的抽水状况;北方寒冷地区宜采用橡胶软管。

在第一组轻型井点系统安装完毕后,应立即进行抽水试验,检查管路接头质量、井点出水状况和抽水机的运转情况等，若发现气、水现象应及时处理。若发现滤管被泥砂堵塞，则属于“死井”，特别是在同一范围内有连续数根“死井”时，将严重影响降水效果。在这种情况下，应对“死井”逐根用高压水反向冲洗或拔出重新沉设。

轻型井点的正常出水规律是“先大后小，先混后清”。否则，应立即检查、纠正。在降水过程中，应按时观测流量并做好记录。

轻型井点系统使用时，应连续抽水，若时抽时停，滤管易堵塞，也容易抽出土粒使出水混浊，严重时会由于土粒流失而引起附近建筑物沉降开裂；同时由于中途停抽地下水回升，也会引起土方边坡坍塌或在建的地下结构(如地下室底板等)上浮等事故。

⑤ 降水对周围建筑物的影响及防治措施。采用轻型井点降水时，由于土层水分排出后，土壤会产生固结，在抽水影响半径范围内引起地面沉降，这往往会给周围已有的建筑物带来一定的危害。因此，在进行降低地下水位施工时，为避免引起周围建筑物产生过大的沉降，应尽可能采用止水帷幕，或采取回灌井点措施。

2. 管井井点

管井井点是沿基坑每隔一定距离设置一个管井，每个管井单独用一台水泵不断地抽水，以降低地下水位。当土层的地下水丰富，渗透系数很大(如 $K=20\sim200\text{m/d}$)时，一般采用管井井点的方法进行降水。

管井的间距一般为 20～50m，深度为 8～15m，管井井点的水位降低值一般为 3～5m，井内可达 6～10m。管井井点的设计计算，参照轻型井点进行。管井井点的设备主要是由管井、吸水管及水泵组成。管井可分为钢管管井和混凝土管管井等。钢管管井的管身采用直径为 150～250mm 的钢管，其过滤部分采用钢筋焊接骨架外缠镀锌铁丝并包滤网(孔眼为 1～2mm)，长度为 2～3m。混凝土管管井的内径为 400mm，分实管与过滤管两种，过滤管的孔隙率为 20%～25%，吸水管可采用直径为 50～100mm 的钢管或胶管，其下端应沉入管井抽吸时的最低水位以下，为了启动水泵和防止在水泵运转中突然停泵发生水倒灌，在吸水管底要装逆止阀。管井井点的水泵可采用潜水泵或单级离心泵。

滤水井管的埋设，可采用泥浆护壁钻孔法成孔。孔径应比井管直径大 200mm 以上，井管下沉前要进行清孔，并保持滤网的畅通，然后沉设井管，并随即用粗砂或小砾石填充井管周围作为过滤层。

3. 喷射井点

当遇到要求降水深度大于 6m，且土的渗透系数较小($K=0.1\sim2.0\text{m/d}$)的透水层时，适宜采用喷射井点的方法进行降水，其降水深度可达 8～20m。此时若采用轻型井点的方法，就必须采用多层井点，不仅增加井点设备，而且增大基坑的挖土量，延长工期等，往往不经济。喷射井点的设备主要由喷射井管、高水泵和管路系统组成。喷射井点的平面布置：当基坑宽度小于或等于 10m 时，可采用单排布置；基坑宽度大于 10m 时，可采用双排或环形布置。井点间距一般为 2～3m，每一套喷射井点设备可带动 30 根左右的喷射井管。

4. 电渗井点

对于渗透系数很小的土($K<0.1\text{m/d}$)，单靠采用真空吸力的井点降水方法效果不好，这种情况需采用电渗井点法降水。

电渗井点是指将井点管作为阴极，在井点内侧相应地插入钢筋或钢管作阳极，通入直流电流后，在电场作用下，使土中的水加速向阴极渗透，流向井点管。这种利用电渗现象与井点相结合的方法，称为电渗井点法。这种方法因耗电较多，只有在特殊情况下使用。

1.5 土方机械化施工

由于土方开挖与填筑工程量巨大，因此尽量采用机械化施工，以减轻繁重的体力劳动、提高劳动生产率。常用的施工机械有：推土机、铲运机、平土机、松土机、单斗挖土机及多斗挖土机和各种碾压、夯实机械等。

1.5.1 推土机

工作特点：推土机操作灵活，运转方便，所需工作面较小、行驶速度快、易于转移，能爬30°左右的缓坡。推土机如图1-29所示。

图1-29 推土机

适用范围：主要用于场地清理和平整，开挖深度1.5m以内的基坑，填平沟坑，配合铲运机、挖土机工作等。此外，在推土机后面可安装松土装置，破松硬土和冻土；也可拖挂羊足辗进行土方压实工作。

施工方法：推土机作业以切土和推运土为主，切土时应根据土质情况，尽量采用最大切土深度在最短距离（6～10m）内完成，以便缩短低速行进的时间，然后直接推运到预定地点。上下坡度不得超过35°，横坡不得超过10°。几台推土机同时作业时，前后距离应大于8m。

推土机经济运距在100m以内，效率最高的运距为60m，可采用槽形推土、下坡推土、并列推土，以及分批集中、一次推送等方法提高推土机的生产率，如图1-30所示。

（1）槽形推土

如图1-30(a)所示，推土机重复多次在一条作业线上切土和推土，使地面逐渐形成一条浅槽，以减少土从铲刀两侧流散，可以增加推土量10%～30%。

（2）下坡推土

如图1-30(b)所示，推土机顺地面坡度沿下坡方向切土与推土，以借机械本身的重力作用，增加推土能力，缩短推土时间。一般可提高生产效率30%～40%，但推土坡度应在15°以内。

（3）并列推土

如图1-30(c)所示，平整场地的面积较大时，可用2～3台推土机并列作业。铲刀相距15～30cm。一般两机并列推土可增大推土量15%～30%，但平均运距不宜超过50～70m。

（4）分批集中、一次推送

如图1-30(d)所示，在推硬质土时，切土深度不大，可以采用多次铲土、分批集中、一次推送的方法，以便有效地利用推土机的功率，缩短运土时间。

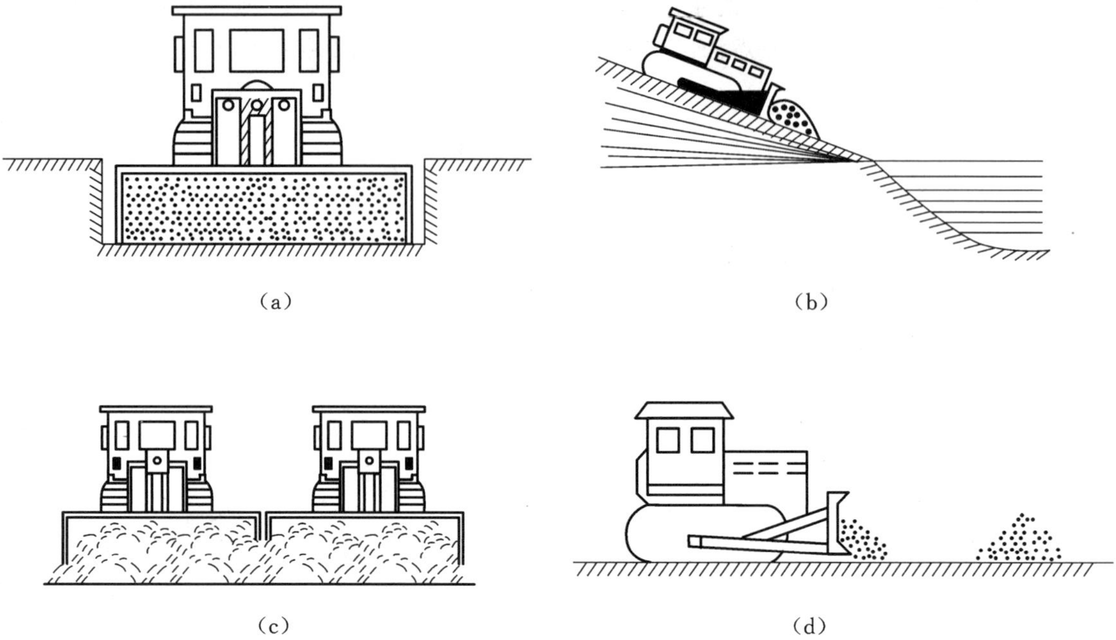

图 1-30　推土机提高生产率的方法

(a)槽形推土;(b)下坡推土;(c)并列推土;(d)分批集中、一次推送

1.5.2　铲运机

铲运机(如图 1-31 所示)是一种能独立完成铲土、运土、卸土、填筑、整平的土方机械,对行驶道路要求较低,且费用低。其斗容量一般为 3～12m^3,铲土厚度为 30～150mm,卸土厚度为 200mm 左右。常应用于大面积场地平整、开挖大型基坑、填筑堤坝和路基等。最宜于开挖含水量不超过 27%的一至三类土。对于硬土,需用松土机预松后才能开挖。

铲运机的工作装置是铲斗,铲斗前方有一个能开启的斗门,铲斗前设有切土刀片。切土时,铲斗门打开,铲斗下降,刀片切入土中。铲运机前进时,被切下的土挤入铲斗,铲斗装满后,提起铲斗,放下斗门,将土运至卸土地点。

为了提高铲运机的生产率,除了规划合理的开行路线外,还可根据不同的施工条件选择施工方法,常见的施工方法有:

(1) 下坡铲土

铲运机铲土应尽量利用有利地形进行下坡铲土,一般地面坡度以 5°～7°为宜。这样可以利用铲运机的重力来增大牵引力,使铲斗切土加深,缩短装土时间,从而提高生产率。如果自然条件不允许,可在施工中逐步创造一个下坡铲土地形。

(2) 跨铲法

跨铲法就是预留土埂、间隔铲土的方法,可使铲运机在挖两边土槽时减少向外的撒土量,挖土埂时增加了两个自由面,阻力减小,铲土容易。土埂高度应不大于 300mm,宽度以不大于铲运机两履带间净距为宜。

（a）

（b）

图 1-31 铲运机

（a）自行式铲运机；（b）拖式铲运机

（3）助铲法

在地势平坦、土质较坚硬时，可采用推土机助铲，以缩短铲土时间。一般每 3～4 台铲运机配 1 台推土机助铲。推土机在助铲的空隙时间，可做松土或其他零星的平整工作，为铲运机施工创造条件。

（4）双联铲运法

当拖式铲运机的动力有富余时，可在铲运机后串联两个铲斗进行双联铲运。对坚硬土层，可先铲满一个斗，再铲另一个斗，即"双联单铲"；对松软土层，则可两个斗同时铲土，即"双联双铲"。

1.5.3 挖掘机

挖掘机主要用于挖掘基坑、沟槽，清理和平整场地，更换工作装置后可进行装卸、起重、打桩等作业，能一机多用，工效高、经济效果好，是工程建设中的常用机械。

挖掘机按行走方式分为履带式和轮胎式；按工作装置分为正铲、反铲、抓铲、拉铲，斗容量为 0.1～2.5m^3；按其传动方式的不同，分为机械和液压传动两种。常用的挖掘机有正铲挖掘机和反铲挖掘机。

1. 正铲挖掘机

正铲挖掘机如图 1-32 所示，其挖土特点是"前进向上，强制切土"。

正铲挖掘机的挖掘力大，能挖掘坚硬土层，易控制开挖尺寸，装车轻便、灵活，回转速度快，移位方便。其挖土强度大，装车效率高，易与汽车配合，适用于开挖停机面以上的一至四类土。开挖大型基坑时需设坡道，挖土机在坑内作业，因此，适宜在土质较好、无地下水的地区工作。

图 1-32　正铲挖掘机

根据挖掘机的开挖路线与汽车的相对位置不同，其卸土方式有“正向挖土，侧向卸土”和“正向挖土，后方卸土”两种。

① 正向挖土，侧向卸土。即挖掘机沿前进方向挖土，运输车辆停在侧面装土。此法挖掘机卸土时动臂转角小，运输车辆行驶方便，循环时间短，故生产效率高。此法常用于开挖工作面较大，深度不大的边坡、基坑、管沟和路等。

② 正向挖土，后方卸土。即挖掘机沿前进方向挖土，运输车辆停在挖土机后方装土。此法挖掘机开挖工作面较大，卸土时动转角大、生产效率低，运输车辆要倒车进入。一般用于窄而深的基坑（槽）、管沟和路等。

2. 反铲挖掘机

反铲挖掘机如图 1-33 所示，其挖土特点是“后退向下，强制切土”。

图 1-33　反铲挖掘机

适用范围:其挖掘力比正铲挖掘机小,能开挖停机面以下的一至三类土,适用于挖基坑、基槽和管沟,有地下水的土壤或泥泞土壤。

根据反铲挖掘机的开挖路线与运输汽车的相对位置不同,一般有以下两种开挖方式。

① 沟端开挖。挖掘机停在基坑(槽)的端部,向后倒退挖土,汽车停在基槽两侧装土。其优点是挖掘机停放平稳,装土或甩土时回转角度小,挖土效率高,开挖的深度和宽度也较大。基坑较宽时,可多次开行开挖。沟端开挖适用于一次成沟后退挖土,挖出土方随即运走,或就地取土填筑路基或修筑堤坝。

② 沟侧开挖。挖掘机沿基槽的一侧移动挖土,汽车停在挖掘机旁装土或往沟一侧卸土,本法挖铲回转角度小,能将土弃于距基槽较远处。沟侧开挖时开挖方向与挖掘机移动方向相垂直,同时机身靠沟边停放,所以稳定性较差。挖土宽度比挖掘半径小,边坡不好控制,而且挖的深度和宽度均较小,因此本法一般只在无法采用沟端开挖或挖土不需运走时采用。

3. 拉铲挖掘机

拉铲挖掘机如图 1-34 所示,其挖土特点是"后退向下,自重切土"。

适用范围:用于开挖停机面以下的一至二类土,开挖大而深的基坑或水下挖土。

挖土布置方式:可沟侧开挖,也可沟端开挖。

图 1-34　拉铲挖掘机

4. 抓铲挖掘机

抓铲挖掘机如图 1-35 所示,其挖土特点是"直上直下,自重切土"。

适用范围:挖掘力较小,适用于开挖停机面以下的一至二类土,如挖窄而深的基坑、疏通旧有渠道以及挖取水中淤泥等,或用于装卸碎石、矿渣等松散材料。在软土地基的地区,抓铲挖掘机常用于开挖基坑等。

图 1-35　抓铲挖掘机

1.5.4　土方机械的选择及施工要点

土方机械的选择，通常应根据工程特点和技术条件提出几种可行方案，然后进行技术经济分析比较，选择效率高、综合费用低的机械进行施工，一般选用土方施工单价最小的机械。在大型建设项目中，土方工程量很大，而现有的施工机械的类型及数量有一定的限制，此时必须将现有的机械进行统筹分配，以使施工费用最小。

当挖掘机挖出的土方需用运土车辆运走时，挖掘机的生产率不仅取决于本身的技术性能，而且取决于所选的运输机具能否与之协调。由于施工现场工作面限制、机械台班费用等，一般应以挖土机械为主导机械，运输车辆应根据挖土机械性能配套选用。

为了使主导机械挖掘机充分发挥生产能力，应使运土车辆的载重量与挖掘机的斗容量保持一定的倍数关系，需有足够数量的车辆以保证挖掘机连续工作。从挖掘机方面考虑，运土车辆的载重量越大越好，可以减少等车待装时间，运土量大。从运土车辆方面考虑，载重量小，台班费便宜，然而参运车辆数量多；载重量大，台班费贵，但参运车辆数量少。一般情况下车辆载重量为挖掘机每斗土重的 3～5 倍。

总之，土方工程综合机械化施工，就是根据土方工程中工期要求，选取适量完成该施工过程的土方机械，合理配备完成其他辅助施工过程的机械，做到土方工程的各施工过程均为机械化施工。主导机械与辅助机械的配备数量及生产率，应尽可能协调一致，以充分发挥施工机械的效能。

1. 土方机械的选择

(1) 平整场地。平整场地一般需要经过土方的开挖、运输、填筑和压实等工序。地势较平坦、含水量适中的大面积平整场地，选用铲运机较适宜。地形起伏较大，挖方、填方量大且集中的平整场地，运距在 1000m 以上时，可选择正铲挖土机配合自卸车进行挖土、运土，在填方区配备推土机平整及压路机碾压施工。挖、填方高度均不大，运距在100m以内时，采用推土机施工，较为灵活、经济。

(2) 地面上的坑式开挖。单个基坑和中小型基础基坑开挖，在地面上作业时，多采用抓铲挖掘机和反铲挖掘机。抓铲挖掘机适用于一、二类土质和较深的基坑；反铲挖掘机适用于四类以下土质，深度在4m以内的基坑。

(3) 长槽式开挖。在地面上开挖具有一定截面、长度的基槽或沟槽，如挖大型厂房的柱列基础和管沟，宜采用反铲挖掘机；若为水中取土或土质为淤泥，且坑底较深，则可选择抓铲挖掘机挖土；若土质干燥，槽底开挖不深，基槽长30m以上，可采用推土机或铲运机施工。

(4) 整片开挖。大型浅基坑且基坑土干燥时，可采用正铲挖掘机开挖；若基坑内土潮湿，则采用拉铲挖掘机或反铲挖掘机，可在坑上作业。

(5) 对于独立柱基础的基坑及小截面条形基础基槽的开挖，则采用小型液压轮胎式反铲挖掘机配以翻斗车来完成浅基坑(槽)的挖掘和运土。

2. 土方机械施工要点

(1) 土方开挖应绘制土方开挖图，确定开挖路线、顺序、范围、基底标高、边坡坡度排水沟、集水井位置，以及挖出的土方堆放地点等。绘制土方开挖图应尽可能考虑使机械多挖，减少人工挖方。

(2) 大面积基础群基坑底标高不一，机械开挖次序一般采取先整片挖至平均标高，然后再挖个别较深部位。当一次开挖深度超过挖掘机最大挖掘高度(5m以上)时，宜分2～3层开挖，并修筑10%～15%的坡道，以便挖掘机及运输车辆进出。

(3) 基坑边角部位，机械开挖不到之处，应用少量人工配合清坡，将松土清至机械作业半径范围内，再用机械掏取运走。人工清土所占比例一般为1.5%～4%。大基坑宜另配一台推土机清土、送土、运土。

(4) 挖掘机、运土车辆进出基坑的道路，应尽量利用基础一侧或两侧相邻的基础(以后需开挖的)部位，使它互相贯通作为车道，或利用提前挖除土方后的地下设施部位作为相邻的几个基坑开挖地下运输通道，以减少挖土量。

(5) 机械开挖应由深及浅，基底及边坡应预留一层150～300mm厚的土层，用人工清底、修坡、找平，以保证基底标高和边坡坡度正确，避免超挖和土层遭受扰动。

(6) 做好机械的表面清洁和运输道路的清理工作，以提高挖土和运输效率。

(7) 基坑土方开挖可能影响邻近建筑物、管线的安全使用时，必须有可靠的保护措施。

(8) 机械开挖施工时，应保护井点、支撑等不受碰撞或损坏，同时应对平面控制桩、水准点、基坑平面位置、水平标高、边坡坡度等定期进行复测检查。

(9) 雨季开挖土方，工作面不宜过大，应逐段分期完成。如为软土地基，人进入基坑行走时需铺垫钢板或铺路基箱垫道。坑面、坑底排水系统应保持完好，汛期应有防洪措施防止雨水浸入基坑。冬期开挖基坑，如挖完土隔一段时间，施工基础需预留适当厚度的松土，以防基土冻结。

练 习 题

一、单选题

1. 普通土、坚土、砂砾坚土、软石等是根据(　　)来划分的。

A.颗粒级配　　B.塑性指数　　C.抗剪强度　　D.开挖难易程度

2. 土的含水量是指(　　)。

A.水与湿土的质量之比的百分数　　B.水与干土的质量之比的百分数

C.水重与孔隙体积之比的百分数　　D.水与干土的体积之比的百分数

3. 土的最初可松性系数(　　)。

A.一定小于1　　B.一定大于1　　C.等于1　　D.可大于1也可小于1

4. 场地平整前,必须先确定(　　)。

A.挖填方工程量　　B.选择土方机械　　C.场地的设计标高　　D.拟定施工方案

5. 在场地平整的方格网上,各方格角点的施工高度为该角点的(　　)。

A.自然地面标高与设计标高的差值　　B.挖方高度与设计标高的差值

C.设计标高与自然地面标高的差值　　D.自然地面标高与填方高度的差值

6. 下列防止流砂的途径中不可行的是(　　)。

A.减少或平衡动水压力　　B.设法使动水压力方向向下

C.截断地下水流　　D.提高基坑土的抗渗能力

7. 当沟槽宽大于6m或土质不良时,轻型井点降水平面可采用(　　)布置。

A.U形　　B.双排　　C.环形　　D.单排

8. 可进行场地平整、基坑开挖、土方压实、松土的机械是(　　)。

A.推土机　　B.铲运机　　C.平地机　　D.摊铺机

9. 下列土料中,一般不能作填土的是(　　)。

A.黏性土　　B.碎石类土　　C.淤泥　　D.碎块草皮

10. 正铲挖掘机的挖土特点是(　　)。

A.前进向上,强制切土　　B.后退向下,强制切土

C.后退向下,自重切土　　D.直上直下,自重切土

二、问答题

1. 进行土方规划时应考虑什么原则?
2. 简述流砂现象产生的原因及防治流砂的途径和方法。
3. 试述按挖、填平衡确定场地设计标高的步骤和方法。
4. 影响填土压实质量的主要因素是什么?
5. 常用的土方机械有哪些?试述其工作特点及适用范围。

三、计算题

1. 某基坑底长85m,宽60m,深8m,四边放坡,边坡坡度1∶0.5。$K_S=1.14$;$K'_S=1.05$。

(1) 试计算土方开挖量是多少?

(2) 若混凝土基础和地下室占有体积为21000m^3,则应预留多少回填土?

(3) 若多余土方外运，问外运土方为多少？

(4) 如果用斗容量为 3.5m³ 的汽车外运，需运多少车？

2. 按填挖平衡法计算场地设计标高，计算如图 1-36 所示场地方格中角点 1、3、6、12 号角点的施工高度（不考虑土的可松性影响）。角点编号与天然地面标高如图 1-36 所示，方格边长为 30m，$i_x = 2‰$，$i_y = 3‰$。

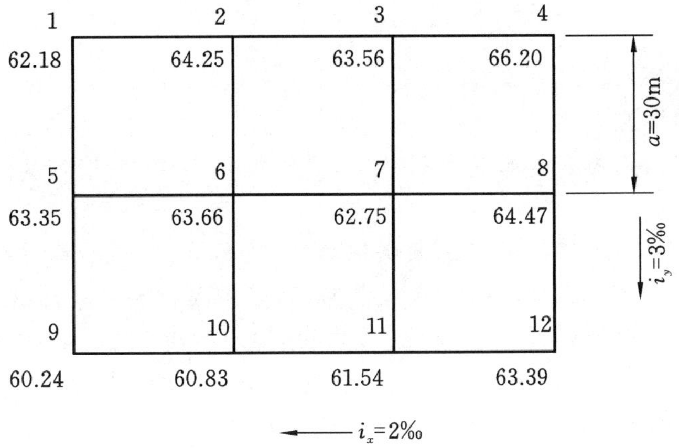

图 1-36

2 桩基础工程

【本章主要内容】

本章主要内容：钢筋混凝土预制桩施工；灌注桩施工；人工挖孔桩施工。

【学习目标】

通过本章学习，了解钢筋混凝土预制桩的制作、起吊、运输和堆放要求，了解锤击沉桩的设备，了解打桩对周围环境的影响及其防治，了解预制桩施工常见的质量问题及处理方法；熟悉锤击沉桩的打桩顺序、打桩工艺、接桩和质量控制，熟悉静力压桩的施工；掌握泥浆护壁成孔灌注桩的施工工艺流程和施工要点，掌握套管成孔灌注桩中锤击沉管法和振动沉管法的施工，并熟悉以上两类灌注桩常见质量问题及处理；了解干作业成孔灌注桩施工和爆扩成孔灌注桩施工，了解人工挖孔桩施工，了解桩孔扩底常用方法。

当地基较好时，一般多层建筑物及较低的构筑物，多采用天然浅基础。浅基础是指埋置深度小于基础宽度，或埋置深度小于 5m，该类基础造价低，施工简便。如果天然浅土层较软，可采用机械压实、强夯、堆载预压、深层搅拌、化学加固等方法进行地基加固，形成人工地基。如深部土层也较弱，建（构）筑物的上部荷载较大或对沉降有严格要求的高层建筑、地下建筑以及桥梁等基础，则需采用深基础。深基础是指埋深较大，以下部坚实土层或岩层作为持力层的基础。

土木工程中，深基础有桩基础、地下连续墙、沉井（沉箱）基础等。其中桩基础承载力强、沉降小、施工技术特点突出且经济效果好，成为最常用的深基础形式。桩基础是由设置于岩土中的桩和连接于桩顶端的承台组成的基础，简称桩基。其作用是将上部结构的荷载，通过较弱土层或水传递到深部较坚硬的、压缩性小的土层或岩层。在一般房屋基础工程中，桩主要承受垂直的轴向荷载，但在河港、桥梁、高耸塔形建筑、近海钻采平台、支挡建筑以及抗震工程中，桩还要承受侧向的风力、波浪力、土压力和地震力等水平荷载。桩基础通过桩端的地层阻力和桩周土层的摩阻力来支承轴向荷载，依靠桩侧土的侧阻力支承水平荷载。

桩的材料可用混凝土、钢或组合材料。

按照承载性质的不同，桩可分为端承型桩、摩擦型桩、摩擦-端承型桩和端承-摩擦型桩四类。端承型桩的桩端嵌入坚硬土层，在极限承载力状态下，上部结构荷载通过桩传至桩端土层；摩擦型桩则是利用桩侧的土与桩的摩擦力来支承上部荷载；摩擦-端承型桩在极限承载力状态下，桩顶荷载主要由桩端阻力承受，小部分由摩擦力承担；端承-摩擦型桩在极限承载力状态下，桩顶荷载主要由桩侧阻力承受，小部分由桩端阻力承担。

按照使用的功能分类，桩可分为竖向抗压桩、竖向抗拔桩、水平受荷桩及复合受荷桩等。

按桩制作工艺分类，桩可分为预制桩和灌注桩两大类。预制桩是在工厂或施工现场制成的各种形式的桩，然后运至桩位处，经锤击、静压、振动或水冲等方法沉桩入土。灌注桩则直接在设计桩位成孔，而后在钻孔中放置钢筋笼、灌注混凝土成桩。工程中一般根据土层情况、周边环境状况及上部荷载大小等确定桩型与施工方法。

根据在沉桩过程中是否挤土，分为非挤土桩，如干作业钻(挖)孔灌注桩、泥浆护壁或套管护壁钻(挖)孔灌注桩等；部分挤土桩，如敞口预应力混凝土空心桩、H型钢桩、长螺旋压灌灌注桩、冲孔灌注桩、预钻孔打入(静压)实心预制桩、打入(静压)敞口钢管桩等；挤土桩，如打入(静压)实心预制桩、闭口预应力混凝土空心桩、闭口钢管桩、沉管灌注桩、夯(挤)扩灌注桩等。

根据桩的直径大小分类，桩的直径(边长)$d\leqslant 250$mm的称为小直径桩；250mm$<d<$800mm的桩称为中等直径桩；$d\geqslant 800$mm的桩称为大直径桩。

2.1 预制桩施工

预制桩施工是指将在工厂或施工现场制成的各种材料、各种形式的桩，按桩位布置图定位后用沉桩设备将桩打入、压入或振入土中，并到达设计深度的施工方法。

2.1.1 预制桩的特点和分类

1. 预制桩的特点

与其他深基础施工相比较，预制桩施工具有以下特点：

① 桩在工厂预制成型，故桩身质量稳定、施工速度快。

② 不易穿透较厚的砂土等硬夹层(除非采用预钻孔、射水等辅助沉桩措施)。

③ 桩的贯入能力受多种因素制约，常出现因桩打不到设计标高而截桩的现象，造成浪费。

④ 沉桩过程产生挤土效应，特别是在饱和软黏土地区沉桩可能导致周围建筑物、道路、管线等损伤。

⑤ 预制桩由于承受运输、起吊、打击应力，需要配置较多钢筋，混凝土强度也要相应提高，其造价往往高于灌注桩。

⑥ 锤击沉桩时，产生的噪声污染较大。

预制桩在工程中应用较为广泛，但由于噪声大，不适于在人员密集区域使用，多在空旷的野外施工地点应用。

2. 预制桩的分类

预制桩按材料可分为木桩、钢筋混凝土预制桩与钢桩三种。

其中，木桩承载力低，耐久性差，因此很少使用。

钢筋混凝土预制桩是工程中广泛应用的桩型之一，它能承受较大的荷载，沉降变形小，施工速度快。常用的有混凝土实心方桩和预应力混凝土空心管桩。实心方桩截面边长一般为250～600mm，普通混凝土方桩截面边长不应小于200mm，预应力混凝土实心桩的截面边长不宜小于350mm，单根桩的最大长度根据打桩架的高度而定，一般在27m以内，如需打入30m以上的桩，则要将桩预制成几段，在打桩过程中逐段接长。混凝土方桩多在工厂加工，也可在施工现场制作。如在工厂制作，长度不宜超过12m；如在现场预制，长度不宜超过30m。桩的接头不宜超过两个。预应力混凝土空心管桩则在工厂加工，采用成套钢管胎膜用离心法生产，可大大减轻桩的自重，桩外径多为400～500mm，壁厚为80～100mm，每节桩长度为8m、10m、12m不等，桩段之间可用焊接或法兰螺栓连接，首节桩底端可设桩尖，亦可开口。

钢桩有钢管桩、H型钢桩及其他异型钢桩，其制作一般均在工厂进行。钢管桩一般采用Q235钢桩进行制作，常见直径为ϕ406mm、ϕ609mm和ϕ914mm等几种，壁厚9～18mm，H型钢桩常采用Q235钢或Q345钢制作，常见截面为300mm×300mm～900mm×900mm，翼缘厚度12～35mm，腹板厚度12～20mm，每节长度不宜超过12～20m。钢管桩的桩端可采用敞口或闭口的形式，即带加强箍或不带加强箍的敞口形式以及平底或锥底的闭口形式。H型钢桩则可采用带端板和不带端板的两种形式，不带端板的桩端可做成锥底或平底。钢桩的桩端形式根据桩所穿越的土层、桩端持力层性质、桩的尺寸、挤土效应等因素综合考虑确定。

2.1.2 预制桩的制作、起吊、运输和堆放

1. 预制桩的制作

较短的钢筋混凝土桩（不宜超过12m）一般在工厂预制；较长的在现场预制，长度不宜超过30m。桩身混凝土强度等级不低于C30，桩的接头不宜超过两个。桩身配筋与沉桩方法有关：锤击沉桩的纵向钢筋配筋率不宜小于0.8%；静力压入法施工的桩身配筋率不宜小于0.6%。当桩的纵向钢筋直径不小于14mm，桩身宽度或直径不小于350mm时，纵向钢筋不应少于8根。纵向钢筋的保护层厚度不小于30mm，若采用锤击法沉桩还应在桩顶设置钢筋网片。

预应力混凝土管桩是在工厂用离心法，通过先张法工艺施加预应力而制成的，混凝土强度等级通常采用C60、C80，每节长度4～12m，接头不宜超过4个。桩身最小配筋率不小于0.4%，且预应力钢筋数量不少于6根，预应力钢筋应沿桩身圆周均匀配置。主筋连接宜采用对焊，且接头位置应错开。

为保证桩身质量，预制桩制作场地应平整、坚实，具有足够的强度，不得产生不均匀沉降。预制桩的混凝土浇筑，应由桩顶向桩尖连续进行，严禁中断，且充分振捣密实，及时覆盖，洒水养护，养护时间不少于7d。桩的表面应平整密实，无裂缝。应做好相应记录，包括混凝土浇筑日期、混凝土强度等级、外观检查、质量鉴定记录，以供验收查用。

现场多采用叠浇法预制，重叠层数不宜超过4层。水平方向可采用间隔法施工，桩与桩、桩与底模间应涂刷隔离剂，防止黏结。上层桩或邻桩的浇筑，必须在下层桩或邻桩的混凝土强度达到设计强度的30%以后再进行。

2. 预制桩的起吊

规范规定：混凝土预制桩须在混凝土强度达到设计强度的75%再起吊。如要提前起吊，必须经过验算合格并采取措施后再进行。

由于混凝土桩的主筋一般为均匀对称配置的，钢桩的截面通常也为等截面的，因此，吊点设置应遵照起吊后桩的正、负弯矩基本相等的原则，如图2-1所示。桩起吊时应设置吊环或其他保护起吊点局部安全完好的措施，起吊过程应平稳，确保桩身完好。

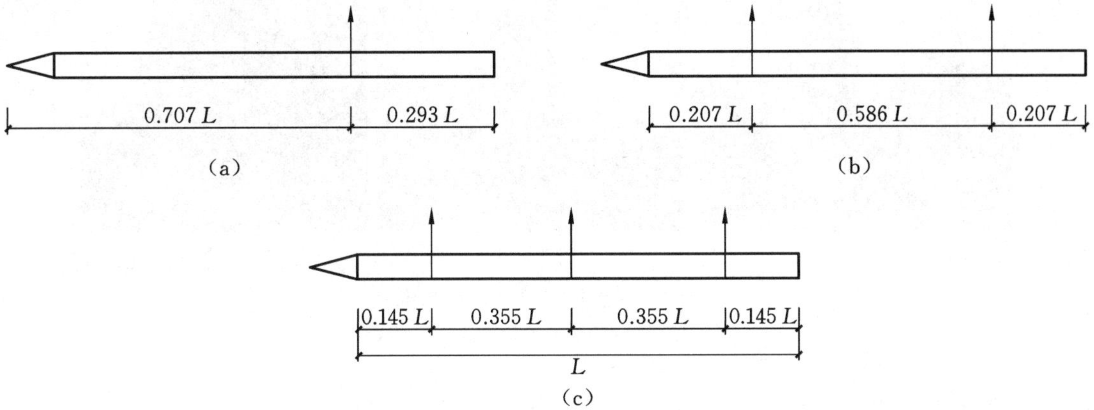

图2-1　桩的合理吊点

(a)一点起吊；(b)两点起吊；(c)三点起吊

3. 预制桩的运输

打桩前，桩应运输到现场或桩架处，宜随打随运，避免二次搬运。规范规定：预制桩应达到100%设计强度值时方可运输。桩的运输距离比较短时，可直接用起重机吊运或桩下垫滚筒拖运，严禁在场地直接拖拉桩体；运输距离比较长时，可采用大平板车或轻便轨道平台车运输。运输时，支垫点应与吊点位置一致，将桩放置平稳、垫实并固定，避免较大振动。

桩在运输中应对桩体，特别是两端加以保护，防止因撞击造成桩体、桩端损坏。

4. 预制桩的堆放

为保证不影响桩身质量，避免出现堆放场地不均匀沉降导致桩身开裂问题，预制桩的堆放场地应进行硬化处理且保持排水畅通。桩身下应设置垫木，其支承点位置应与吊点位置相同。对混凝土空心桩，当场地条件许可时宜采用单层堆放，叠层堆放时不宜超过4层。当桩叠层堆放超过2层时，应用吊机取桩，严禁拖拉。此外，不同规格、不同材质的桩应分别堆放，以便于施工。

预制桩运到打桩位置堆放时，应布置在桩架附设的起重钩工作半径范围内，并考虑起重方向，避免空中转向。

2.1.3　预制桩沉桩

预制桩沉桩施工方法有锤击法、静力压桩法、振动法、射水沉桩等，如图2-2所示。

(a)

(b)

(c)

图 2-2　预制桩沉桩施工方法

(a)锤击法;(b)静力压桩法;(c)振动法

1. 锤击法

锤击法是指利用锤击的方法把桩打入地下的沉桩施工方法,因此又叫打入法,它是预制桩最常用的沉桩方法。

(1) 打桩设备

打桩设备主要包括桩锤、桩架和动力装置三部分。

① 桩锤

桩锤有落锤、汽锤、柴油锤、液压锤等类型。

A. 落锤

落锤一般由生铁铸成,其构造简单、施工方便,锤重为 0.5～1.5t,用卷扬机拉升施打,可随意调整落锤高度。但打桩速度慢、效率低、对桩身损伤大。落锤适用于普通黏性土和含砾石较多的土层的沉桩施工。

图 2-3　国内最大的 D180 筒式柴油锤

B. 汽锤

汽锤是以蒸汽或压缩空气为动力进行锤击,有单动和双动之分。单动式汽锤锤重 3～15t,锤击频率 40～60 次/min,落距短、速度快、效率高,适合打各类桩;双动式汽锤锤重0.6～3.5t,锤击频率 100～135 次/min,具有活塞冲程短、冲击力大、打桩速度快、工作效率高等优点,可打斜桩、水下打桩和拔桩。汽锤目前已较少使用。

C. 柴油锤

柴油锤(如图 2-3 所示)是以柴油为燃料,利用柴油点燃爆炸时膨胀产生的压力,将锤抬起,然后自由落下冲击桩顶,同时汽缸中空气压缩,温度骤增,喷嘴喷油,柴油在汽缸内自行燃烧爆发,使汽缸上抛,落下时又击桩进入下一循环。其构造简单、施工方便、打桩效率高、移动灵活，有导杆式、活塞式和管式三大类，锤重 2～7.2t。由于噪声、振动和空气污染等危害较大，柴油锤在城市施工中逐渐受限，且不适用于硬土和软土的打桩。

D. 液压锤

液压锤(如图 2-4 所示)是由液压推动密闭在锤壳体内的芯锤活塞柱，令其往返实现夯击作用，将桩沉入土中。它具有无噪声、冲击频率高的特点，并适合水下打桩，是理想的冲击式打桩设备，但构造复杂、造价较高。

锤击法沉桩施工，桩锤选择是关键。首先应根据施工条件选择桩锤的类型，然后决定锤重，一般锤重为桩重的 1.5～2 倍时效果较为理想。

图 2-4　HHP 系列液压锤

② 桩架

桩架是支持桩身和桩锤，在打桩过程中引导桩的方向的设备。选择桩架时，应考虑桩锤的类型、桩的长度和施工条件等因素。桩架的高度由桩的长度、桩锤高度、桩帽厚度及滑轮组的高度来确定，此外，还应留 1～3m 的高度作为桩锤的伸缩余地。常用的桩架有多功能桩架和履带式桩架，如图 2-5 所示。

多功能桩架的底座下装有铁轮，底盘在轨道上行走。优点：机动性和适应性较大，水平方向可作 360°回转，立柱可倾斜，可适应各种预制桩和灌注桩；缺点：机构庞大，组装拆迁较麻烦。

履带式桩架以履带起重机为底盘，增加导杆和斜撑用以打桩。特点：移动方便，比多功能桩架更灵活，可适应各类预制桩或灌注桩的施工。

③ 动力装置

动力装置包括驱动桩锤用的动力设施，如卷扬机、锅炉、空气压缩机及附属管道、绳索和滑轮等。

打桩机的动力装置主要根据所选的桩锤性质而定。选用蒸汽锤则需配备蒸汽锅炉；用压缩空气来驱动则需考虑电动机的或内燃机的空气压缩机；用电源作动力则应考虑变压器容量和位置、电缆规格及长度、现场供电情况等。

(2) 打桩施工

① 打桩前的准备

打桩前的准备是正式开始沉桩施工前的一系列准备工作，通常包括以下内容：

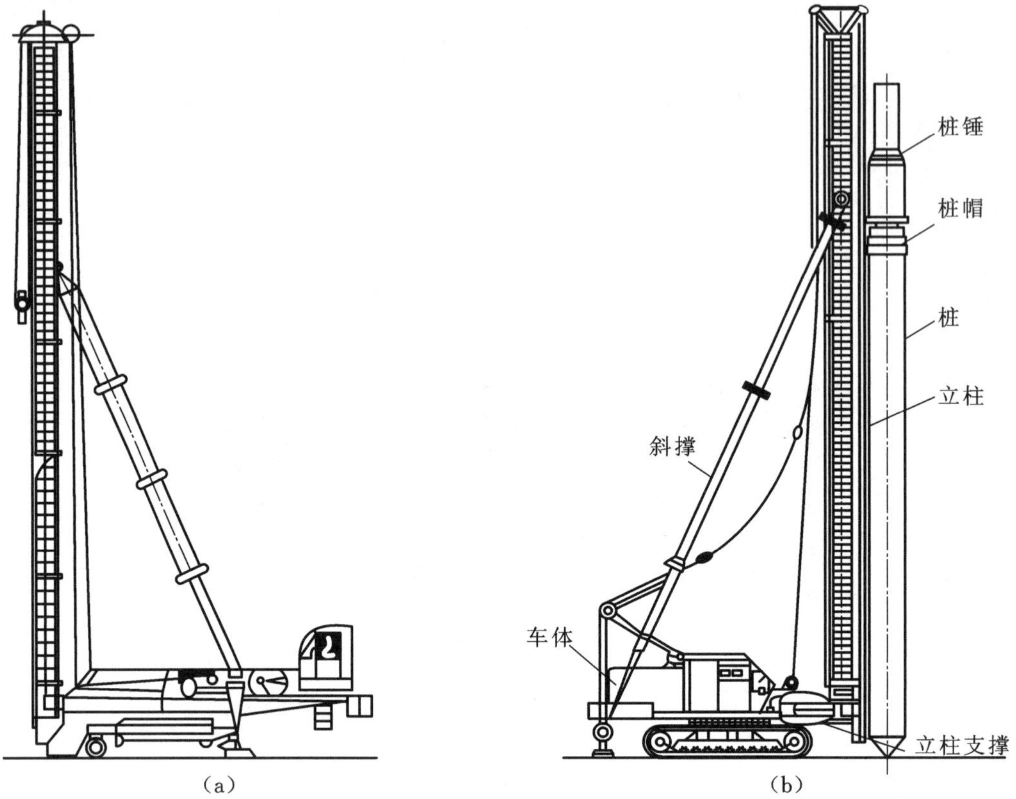

图 2-5 桩架

(a)多功能桩架;(b)履带式桩架

a. 施工现场地质状况、附近建筑物及附近地下管线等相关资料的调查和搜集。

b. 清除妨碍沉桩施工的地上、地下障碍物,进行场地平整必要的硬化处理并做好防、排水工作以及确保现场施工道路畅通和水源、电源和网络接好。

c. 图纸会审,及时与设计单位和业主单位沟通,充分理解设计意图,按设计桩位进行放线、测量;桩基轴线的定位点及水准点应设置在不受沉桩影响的地点,水准点设置不少于2个。

d. 安装打桩机进行试打,以检验设备和工艺是否符合要求。按照规范的规定,试桩不得少于2根。

e. 确定合理的沉桩顺序。

打桩时,由于桩对土体不可避免地会产生“挤土效应”,先打入的桩会被后打入的桩水平挤推而造成偏移和变位,或被垂直挤拔造成浮桩;而后打入的桩难以达到设计标高,从而造成土体隆起和挤压,截桩过大。所以,群桩施工时,为了保证质量和进度,防止周围建筑物被破坏,打桩前应根据桩的密集程度、桩的规格、长短及桩架移动是否方便等因素来选择正确的打桩顺序。

常用的三种沉桩顺序为:由一侧向单一方向进行;自中间向两个方向对称进行;自中间向四周进行。如图2-6所示。

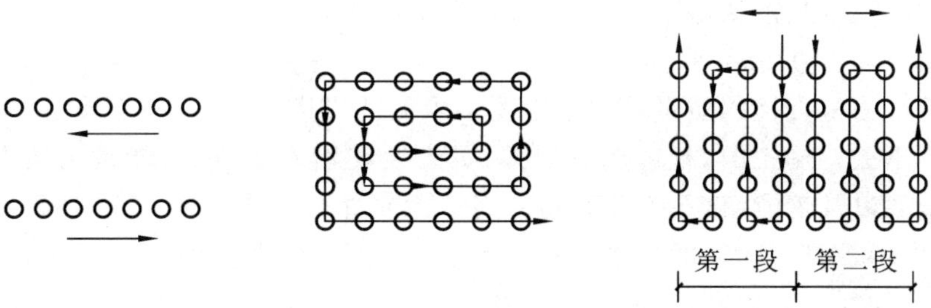

图 2-6 打桩顺序

(a)逐排打设;(b)自中部向四周打设;(c)由中间向两侧打设

在实际施工时,还常遇到如下情况:(a)桩埋置深度不同,宜先深后浅;(b)在斜坡地带,应先沉坡顶处桩,后沉坡脚处桩;(c)若桩长、桩径等规格不同,则应先长后短、先大后小;(d)毗邻建筑物时,应先施工邻近建筑物的桩,再施工远离建筑物的桩。

② 施工方法

打桩过程包括:桩架移动和定位、吊桩和定桩、打桩、截桩和接桩等。

桩机就位时桩架应垂直,导杆中心线与打桩方向一致,校核无误后将其固定。然后,将桩锤和桩帽吊升起来,其高度超过桩顶,再吊起桩身,送至导杆内,对准桩位调整垂直偏差,合格后,将桩帽或桩箍在桩顶固定,并将桩锤缓落到桩顶上,在桩锤的重力作用下,桩沉入土中一定深度达稳定位置,再校正桩位及垂直度,此谓定桩。然后才能进行打桩。打桩开始时,用短落距轻击数锤至桩入土一定深度后,观察桩身与桩架、桩锤是否在同一垂直线上,然后再以全落距施打,这样可以保证桩位准确、桩身垂直。桩的施打原则是"重锤低击",这样可使桩锤对桩头的冲击小,回弹也小,桩头不易损坏,大部分能量都能用于沉桩。

打桩是隐蔽工程,应做好打桩记录。开始打桩时,若采用落锤、单动汽锤或柴油锤,应测量记录桩身每沉落 1m 所需锤击的次数及桩锤落距的平均高度,当桩下沉接近设计标高时,则应实测 10 击的桩入土深度,该贯入度适逢停锤时称为最后贯入度。当采用双动汽锤或振动桩锤时,开始应记录桩每沉入 1m 的工作时间(每分钟锤击次数记入备注栏),当桩下沉接近设计标高时,应记录每分钟的沉入量。设计和施工中所控制的贯入度是以合格的试桩数据为准,如无试桩资料,可按类似桩沉入类似土的贯入度作为参考。桩端位于一般土层时,控制桩的入土深度应以设计标高为主,而以贯入度为辅;桩端位于坚硬、硬塑的黏性土,中密以上的粉土、砂土、碎石类土、风化岩时,控制桩的入土深度,则以贯入度为主,而以设计标高为辅;贯入度已达到而设计标高未达到时,应继续锤击 3 阵,按每阵 10 击的贯入度不大于设计值加以确认。

各种预制桩打桩完毕后,为使桩顶符合设计高程,应将桩头或无法打入的桩身截去。

③ 打桩施工常见问题的分析

由于桩要穿过构造复杂的土层,所以在打桩过程中要随时注意观察,凡发生贯入度突变,桩身突然倾斜、移位或有严重回弹,桩顶或桩身出现严重裂缝或破碎等应暂停施工,及时与有关单位研究处理。

施工中常遇到的问题如下:

a. 桩顶、桩身被打坏。这与桩头钢筋设置不合理、桩顶与桩轴线不垂直、混凝土强度不足、桩尖接触过硬土层、锤的落距过大、桩锤过轻等有关。

b. 桩位偏斜。当桩顶不平、桩尖偏心、接桩不正、土中有障碍物时都容易发生桩位偏斜，因此施工时应严格检查桩的质量并按施工要求采取适当措施，保证施工质量。

c. 桩打不下去。施工时，桩锤严重回弹，贯入度突然变小，则可能是土层中夹有较厚砂层或其他硬土层以及钢渣、孤石等障碍物。当桩顶或桩身已被打坏，锤的冲击能不能有效传给桩时，也会发生桩打不下去的现象。有时因特殊原因，停歇一段时间后再打桩，由于土的固结作用，桩也往往不能顺利地被打入土中。

d. 一桩打下邻桩上升。桩贯入土中，使土体受到急剧挤压和扰动，其靠近地面的部分将在地表隆起和水平移动，当桩较密，打桩顺序又欠合理时，土体被压缩到极限，就会发生一桩打下，周围土体带动邻桩上升的现象。

2. 静力压桩法

静力压桩法是指利用桩机本身的自重平衡沉桩阻力，在沉桩压力的作用下，克服压桩过程中的桩侧摩阻力及桩端阻力而将桩压入土中的沉桩施工方法。静力压桩机如图 2-7 所示。

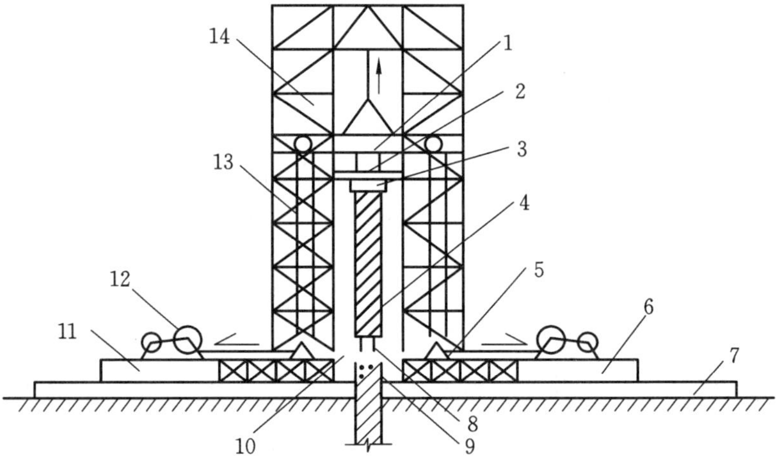

图 2-7 静力压桩机示意图

1—活动压梁；2—油压表；3—桩帽；4—上段桩；5—加重物仓；6—底盘；7—轨道；8—上段接桩锚筋；9—下段接桩锚筋；10—导笼口；11—操作平台；12—卷扬机；13—加压钢丝绳滑轮组；14—桩架导向笼

静力压桩法完全避免了桩锤的冲击运动，故在施工中无振动、噪声，无空气污染，同时对桩身产生的应力也大大减小。因此，它广泛应用于闹市中心建筑较密集的地区，但它对土层的适应性有一定局限，一般适用于较软弱土层，当存在坚硬黏土层或厚度大于 2m 的中密以上砂夹层时不宜采用此法。

静力压桩的施工顺序为：施工准备→桩机就位调整→压第一节桩→接桩→继续沉桩→送桩→沉桩到位→拔出送桩。

桩机应根据土质设置平衡配重，防止阻力过大而桩机自重不足。为保证桩能顺利压入，压桩机的最大压桩力应取其机架质量与配重之和的 90%，该值不得小于设计的单桩竖向极限承载力标准值，必要时由现场试验确定。

当第一节桩压入土中，其上端距地面 2m 左右时，接第二节桩，继续压入，压同一根桩应连续施工，减少停顿时间，以免产生过大的启动阻力。压桩中应随时测量桩身的垂直度，当偏差大于 1%时，应找出原因并设法纠正。施工中，应由专人或开启自动记录设备做好施工记录。如遇到初压，桩身发生较大移位、倾斜，压入过程中桩身突然下沉或倾斜，压桩阻力剧变，遇到与勘察报告中的土层性质明显不符、难以穿越的硬层，出现异常响声或压桩机工作状态异常时，应暂停压桩，及时分析原因，研究处理。

按设计要求终压值及试桩标准确定终止压桩控制：一般摩擦桩以桩端标高控制；端承桩则以桩端标高控制为主，并参照终压值控制。

3. 振动法

振动法是指利用振动锤沉桩，通过夹钳将桩与振动锤连接在一起，利用高频振动激振桩身，使桩身周围的土体产生液化而减小沉桩阻力，并靠桩锤及桩体的自重将桩沉入土中的沉桩施工方法。它适用于钢管桩、H 型钢桩及长度不大的混凝土预制桩，还常用于沉管灌注桩施工。振动法可适用于软土、粉土、松砂等土层，不宜用于密实的粉性土、砾石及岩石。

振动沉桩停振标准应以通过试桩验证的桩尖高程控制为主，以控制贯入度为校核。

振动法使用方便、施工速度快、费用低、结构简单、维修方便，但其耗电量大、噪声大，在硬质土层中不易贯入。

4. 射水沉桩

射水沉桩是锤击沉桩的一种辅助方法。它利用高压水流从桩侧面或从空心桩内部的射水管中（见图 2-8）冲击桩尖附近土层，以减少沉桩阻力。施工时一般是边冲边打，在沉入至最后 1～2m 时停止射水，用锤击沉桩至设计标高，以保证桩的承载力。此法适于砂土和碎石土。

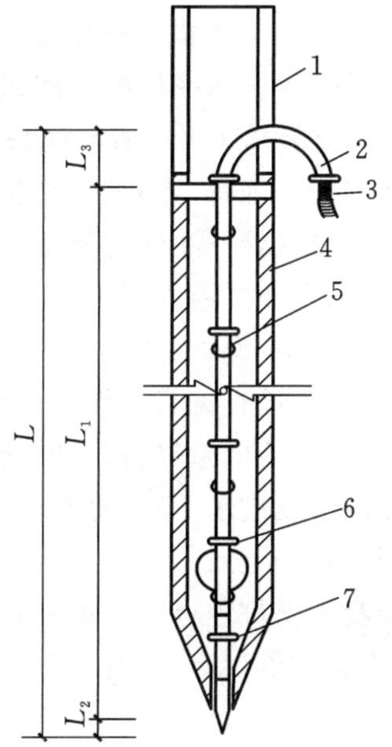

图 2-8 射水管构造

1—送桩管；2—弯管；3—胶管；4—桩管；5—射水管；6—导向环；7—挡砂板

2.2 灌注桩施工

灌注桩是指直接在桩位上就地成孔，然后在孔内安放钢筋笼、灌注混凝土的一种成桩方法。灌注桩能适应各种地层，与预制桩相比由于避免了锤击应力，桩的混凝土强度及配筋只要满足使用要求就可以，因而具有节约材料、成本低廉、施工不受地层变化的限制、无须接桩及截桩等优点。但也存在着技术间隔时间长，桩的养护需占工期，不能立即承受荷载，操作要求严，在软土地基中易缩颈、断裂，在冬季施工较困难等缺点。

根据成孔工艺不同，灌注桩可分为沉管灌注桩、钻孔灌注桩、人工挖孔灌注桩等。

2.2.1 沉管灌注桩施工

沉管灌注桩又叫套管成孔灌注桩，是目前采用较为广泛的一种灌注桩。它是利用锤击打桩法或振动打桩法，将带有钢筋混凝土桩尖或活瓣桩尖的钢管沉入土中，造出桩孔，然后放入钢筋笼，灌注混凝土，最后拔出钢管，形成所需的灌注桩。利用锤击打桩设备沉管、拔管的称为锤击沉管灌注桩；利用激振器沉管、拔管的称为振动沉管灌注桩。振动沉管灌注桩更适合于稍密及中密的砂土地基施工。

1. 锤击沉管灌注桩施工

锤击沉管灌注桩施工的机械设备由桩管、桩锤、桩架、卷扬机滑轮组、行走机构组成，如图 2-9 所示。锤击沉管灌注桩适用于一般黏性土、淤泥质土、砂土和人工填土地基，但不能在密实的砂砾石、漂石层中使用。它的施工程序一般为：定位埋设混凝土预制桩尖→桩机就位→锤击沉管→灌注混凝土→边拔管、边锤击、边继续灌注混凝土（中间插入吊放钢筋笼）→成桩。施工时，用桩架吊起钢桩管，对准埋好的预制钢筋混凝土桩尖。桩管与桩尖连接处要垫以麻袋、草绳，以防地下水渗入管内。然后，缓缓放下桩管，套入桩尖压进土中，桩管上端扣上桩帽，检查桩管与桩锤是否在同一垂直线上，桩管垂直度偏差≤0.5%时即可锤击沉管。锤击时，先用低锤轻击，观察无偏移后再正常施打，直至符合设计要求的沉桩标高；并检查管内无泥浆或进水后，即可灌注混凝土。管内混凝土应尽量灌满后，再开始拔管。凡灌注配有不到孔底的钢筋笼的桩身混凝土时，第一次混凝土应先灌至笼底标高，然后放置钢筋笼，再灌混凝土至桩顶标高。第一次拔管高度应控制在能容纳第二次所需灌入的混凝土量的限度，不宜拔得过高。在拔管过程中应用专用测锤或浮标检查混凝土面的下降情况。

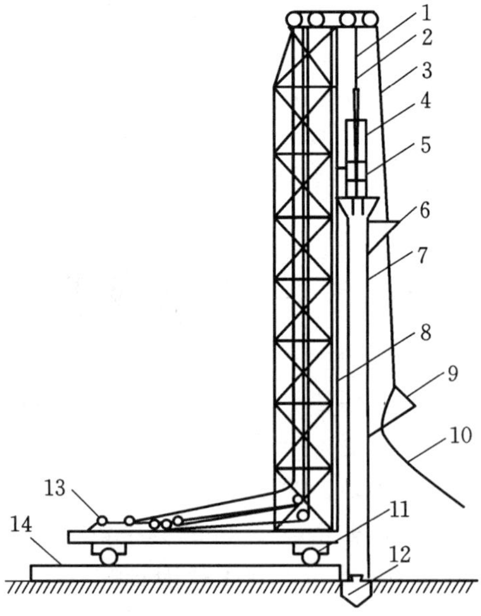

图 2-9 锤击沉管灌注桩施工的机械设备示意图

1—桩锤钢丝绳；2—桩管滑轮组；3—吊斗钢丝绳；4—桩锤；5—桩帽；6—钢筋混凝土漏斗；7—桩管；8—桩架；9—混凝土吊斗；10—回绳；11—行驶用钢管；12—预制桩靴；13—卷扬机；14—枕木

拔管时的速度要均匀，对一般土层以 1m/min 为宜，在软弱土层及软硬土层交界处宜控制在 0.3～0.8m/min。采用倒打拔管时，桩锤的冲击频率为：单动汽锤不得少于50 次/min，自由落锤轻击不得少于 40 次/min。在管底未拔至桩顶设计标高之前，倒打和轻击不得中断。

当桩较稀疏时（中心距大于 3.5 倍桩径或 2m），可采用连打方法；当桩较密集时（中心距不大于 3.5 倍桩径或 2m），为防止断桩现象应采用跳跃施打的方法，中间空出的桩应待邻桩混凝土达到设计强度等级的 50％以上方可施打；当土质是较差的饱和淤泥质土时，可采用控制时间的连打方法，即必须在邻桩混凝土终凝前，将影响范围内（中心距不大于 3.5 倍桩径或 2m）的桩全部施工完毕。

需要注意的是，锤击沉管灌注桩混凝土强度等级不得低于 C20，每立方米混凝土的水泥用量不宜少于 300kg。混凝土坍落度在配钢筋时宜为 80～100mm，无筋时宜为 60～80mm。碎石粒径在配有钢筋时不大于 25mm，无筋时不大于 40mm。预制钢筋混凝土桩尖的强度等级不得低于 C30。混凝土充盈系数（实际灌注混凝土体积与按设计桩身直径计算体积之比）不得小于 1.0，成桩后的桩身混凝土顶面标高应至少高出设计标高 500mm。

上述的锤击沉管灌注桩的施工方法一般称为单打法。而为了提高桩的质量和承载能力，常采用复打扩大灌注桩，即复打法。复打法是在第一次单打将混凝土灌注到桩顶设计标高后，清除桩管外壁上污泥和孔周围地面上的浮土，立即在原桩位上再次安放桩尖，进行第二次沉管，使第一次未凝固的混凝土向四周挤压密实，将桩径扩大，然后第二次灌注混凝土成桩。复打一般在下列情况下应用：

① 设计要求扩大桩的直径，增加桩的承载力，减少桩的数量，减少承台面积等。

② 施工中处理工程问题和质量事故。例如，怀疑或发现有缩径、吊脚、夹泥等缺陷或持力层起伏不平，个别桩由于桩管长度所限达不到设计规定的进入持力层深度，以致使贯入度不符合要求时，作为补救措施而采用复打法。

复打法有全复打、半复打和局部复打之分。如果缺陷在下半段，则第一次混凝土灌注到半桩长，另加 1m，开始复打。如果缺陷在上半段，则第一次灌注混凝土到顶后，将桩管打入 1/2 桩长，再第二次灌注混凝土。对于饱和淤泥或淤泥质软土则宜采用全桩长复打法。

复打施工时，需注意以下几点。

① 桩管中心线应与初打（单打）中心线重合。

② 第一次灌注的混凝土应接近自然地面标高。

③ 复打前应清除桩管外壁污泥。

④ 必须在第一次（单打）灌注混凝土初凝前，完成复打工作。

⑤ 复打以一次复打为宜。

⑥ 钢筋笼在第二次沉管后吊放。

2. 振动沉管灌注桩施工

振动沉管设备如图 2-10 所示。施工时，先安好桩机，将桩管下端活瓣桩尖合起来，或埋好预制桩尖，对准桩位，徐徐放下桩管，压入土中。然后校正桩管垂直度，符合要求后启动激振器，同时在桩管上加压，桩管便开始沉入土中。当桩管沉到设计标高，且最后 30s 的电流值、电压值符合设计要求后，停止振动，安放钢筋笼，并用吊斗将混凝土灌入桩管内，然后再启动振动器和卷扬机，拔出钢管，边振边拔，从而使桩的混凝土得到振实。

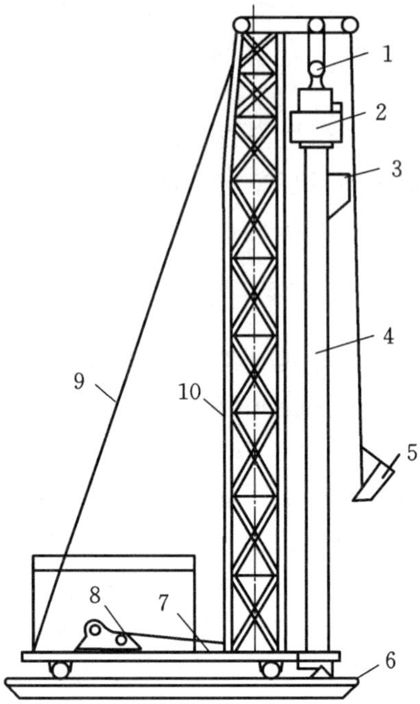

图 2-10　振动沉管设备示意图

1—滑轮组；2—振动器；3—漏斗；4—桩管；5—混凝土吊斗；6—枕木；7—架底；8—卷扬机；9—拉索；10—机架

振动沉管灌注桩可采用单打法、反插法或复打法施工。

单打法是一般正常的沉管方法，它是将桩管沉入设计要求的深度后，边灌混凝土边拔管，最后成桩。它适用于含水量较小的土层，且宜采用预制桩尖。桩内灌满混凝土后，应先振动 5～10s，再开始拔管，边振边拔，每拔 0.5～1.0m 停拔振动 5～10s，如此反复进行，直至桩管全部拔出。拔管速度在一般土层内宜为 1.2～1.5m/min，用活瓣桩尖时宜慢，用预制桩尖时可适当加快，在软弱土层中拔管速度宜为 0.6～0.8m/min。

反插法是指在拔管过程中边振边拔，每次拔管 0.5～1.0m，再向下反插 0.3～0.5m，如此反复并保持振动，直至桩管全部拔出。在桩尖处 1.5m 范围内，宜多次反插以扩大桩的局部断面。穿过淤泥夹层时，应放慢拔管速度，并减少拔管高度和反插深度。在流动性淤泥中不宜使用反插法。

复打法是指在单打法施工完拔出桩管后，立即在原桩位再放置第二个桩尖，再第二次下沉桩管，将原桩位未凝结的混凝土向四周土中挤压，扩大桩径，然后再第二次灌混凝土和拔管。采用全长复打的目的是提高桩的承载力。局部复打主要是为了处理沉桩过程中所出现的质量缺陷，如发现或怀疑出现缩颈、断桩等缺陷，局部复打深度应超过断桩或缩颈区 1m 以上。复打必须在第一次灌注的混凝土初凝之前完成。

3. 沉管灌注桩施工中常见问题的分析与处理

沉管灌注桩施工时易发生断桩、缩颈桩、桩尖进水或进泥砂、吊脚桩等问题，施工中应加强检查并及时处理。

(1) 断桩

断桩的裂缝为水平或略带倾斜，一般都贯通整个截面，常常出现于地面以下 1～3m 软硬土层交接处。

断桩的原因主要有桩距过小，以及受到邻桩施打时土挤压产生的水平推力和隆起上拔力的影响；软硬土层传递水平力不同，对桩产生剪应力；桩身混凝土终凝不久，强度弱，承受不了外力的作用。避免断桩的措施如下：

① 布桩应坚持少桩疏排的原则，桩与桩的中心距不宜小于 3.5 倍桩径。

② 桩身混凝土强度较低时，尽量避免振动和外力的干扰，因此要合理确定打桩顺序和桩架行走路线。

③ 采用跳打法或控制时间法以减少对邻桩的影响。控制时间法指在邻桩混凝土初凝以前，必须把影响范围内的桩施工完毕。

在浅层(2～3m)发生断桩，可用重锤敲击桩头侧面，同时用脚踏在桩头上，如桩已断，会感到浮振；深处断桩常用动测法或开挖的办法检查。断桩一经发现，应将断桩段拔出，将孔清理后，略增大面积或加上铁箍连接，再重新浇混凝土补做桩身。

(2) 缩颈桩

缩颈桩又称瓶颈桩，是指部分桩径缩小、桩截面面积不符合设计要求。

缩颈桩产生的原因是拔管过快，管内混凝土存量过少，混凝土本身和易性差，出管扩散困难造成缩颈，以及在含水量大的黏性土中沉管时，土体受到强烈扰动和挤压，产生很高的孔隙水压力。拔管后，这种水压力便作用到新灌注的混凝土桩上，使桩身发生不同程度的缩颈现象。防治措施如下：

① 在容易产生缩颈的土层中施工时，要严格控制拔管速度，采用“慢拔密击”。

② 混凝土坍落度要符合要求且管内混凝土必须略高于地面，以保持足够的压力，使混凝土出管扩散正常。

施工时可设专人随时测定混凝土的下落情况，遇有缩颈现象，可采取复打处理。

(3) 桩尖进水、进泥砂

桩尖进水、进泥砂常见于地下水位高、含水量大的淤泥和粉砂土层，这是由于桩管与桩尖接合处的垫层不紧密或桩尖被打破所致。遇到这种问题时，可将桩管拔出，修复改正桩尖缝隙或将桩管与预制桩尖接合处用草绳、麻袋垫紧后，用砂回填桩孔后重打。如果只受地下水的影响，则当桩管沉至接近地下水位时，用水泥砂浆灌入管内约 0.5m 作封底，并再灌 1m 高的混凝土，然后继续沉桩。当管内进水不多(小于 200mm)时，可不作处理，只在灌第一槽混凝土时酌情减少用水量即可。

(4) 吊脚桩

吊脚桩即桩底部的混凝土隔空，或混凝土中混进了泥砂而形成松软层。形成吊脚桩的原因是混凝土桩尖质量差，强度不足，沉管时被打坏而挤入桩管内，且拔管时冲击振动不够，桩尖未及时被混凝土压出或活瓣未及时张开。

为了防止出现吊脚桩，要严格检查混凝土桩尖的强度等级(应不小于 C30)，以免桩尖被打坏而挤入管内。沉管时用吊砣检查桩尖是否有缩入管内的现象，如果有应及时拔出纠正并将桩孔填砂后重打。

2.2.2 钻孔灌注桩施工

钻孔灌注桩是先成孔，然后吊放钢筋笼，再灌注混凝土而成的桩。依据地质条件不同，钻孔灌注桩施工可分为干作业成孔和泥浆护壁(湿作业)成孔两类。

1. 干作业成孔灌注桩施工

干作业成孔灌注桩是用螺旋钻机在桩位处钻孔，然后在孔内放入钢筋笼，再浇筑混凝土成桩。钻孔机械一般采用螺旋钻机，它由主机、滑轮组、螺旋钻杆、钻头、滑动支架、出土装置等组成。螺旋钻机利用动力旋转钻杆，使钻头的螺旋叶片旋转削土，土块沿螺旋叶片上升排出孔外。干作业成孔效率高、无振动、无噪声，宜用于均质黏土层，也能穿透砂层，适用于成孔深度内无地下水的情况。

为了确保成桩后的质量，施工中应注意以下几点：

① 开始钻孔时，应保持钻杆垂直、位置正确，防止因钻杆晃动引起孔径扩大及增多孔底虚土。

② 发现钻杆摇晃、移动、偏斜或难以钻进时，应提钻检查，排除地下障碍物，避免桩孔偏斜和钻具损坏。

③ 钻进过程中，应随时清理孔口黏土，遇到地下水、塌孔、缩孔等异常情况，应停止钻孔，协同有关单位研究处理。

④ 钻头进入硬土层时，易造成钻孔偏斜，可提起钻头上下反复扫钻几次，以便削去硬土。若纠正无效，可在孔中局部回填黏土至偏孔处 0.5m 以上，再重新钻进。

⑤ 成孔达到设计深度后，应保护好孔口，按规定验收，并做好施工记录。

⑥ 孔底虚土尽可能清除干净，可采用夯锤夯击孔底虚土或进行压力注水泥浆处理，然后快吊放钢筋笼，并灌注混凝土。混凝土应分层灌注，每层高度不大于 1.5m。

2. 泥浆护壁成孔灌注桩施工

泥浆护壁成孔灌注桩是利用原土自然造浆或人工造浆护壁，并通过泥浆循环将被切削的土渣排除而成孔，再吊放钢筋笼，水下灌注混凝土成桩。它在地下水位高或低的土层皆适用，且施工速度快，质量稳定，受气候环境影响小，应用普遍。泥浆护壁钻孔灌注桩的施工工艺流程为：桩位放线→开挖泥浆池、排浆沟→护筒埋设→钻机就位、孔位校正→成孔(泥浆循环、清除土渣)→第一次清孔→质量验收→下放钢筋笼和混凝土导管→第二次清孔→沉渣检测→浇筑水下混凝土(泥浆排出)→成桩。

泥浆护壁成孔灌注桩的泥浆护壁对保证成孔质量十分重要。护壁的泥浆可采用膨润土制浆、原土制浆等，泥浆的相对密度应根据土质进行调整。泥浆的作用是将土中空隙渗填密实，避免孔内漏水，也加大了护筒内水压，对孔壁起支撑作用，防止塌孔，同时还能起到携砂排土、切土润滑、冷却钻头等作用，其中以护壁为主。护壁泥浆一般在现场专门制备，泥浆配合比应按施工机械、工艺及穿越土层等条件进行设计。有些黏性土在钻进过程中可形成适合的浆液，则可利用原状土形成护壁泥浆，这种方法也称原土自造泥浆。

在钻孔时需在孔口埋设护筒。护筒可以起到定位、保护孔口、维持水头等作用。泥浆液面应高出地下水位 1.0m 以上，如受水位涨落影响时，应增至 1.5m 以上。钻孔时泥浆不断循环，携带土渣排出桩孔。钻孔完成后应进行清孔，在清孔过程中泥浆不断置换，使孔底沉渣排出，沉渣厚度达到设计要求。

泥浆护壁成孔机械有回转钻机、潜水钻机、冲击钻机等，其中以回转钻机应用最多。

(1) 回转钻机

回转钻机由机械动力传动，可多挡调速或液压无级调速，带动置于钻机前端的转盘旋转，方形钻杆通过带方孔的转盘被强制旋转，其下安装钻头钻进成孔。钻头切削土层，切削形成的土渣，通过泥浆循环排出桩孔。

回转钻机设备性能可靠，噪声和振动较小，钻进效率高，钻孔质量好。它适用于松散土层、黏土层、砂砾层、软硬岩层等多种地质条件，近几年在我国已广泛应用。

回转钻机成孔按排渣方式不同，可分为正循环回转钻机成孔和反循环回转钻机成孔两种。

正循环回转钻机成孔由钻机回转装置带动钻杆和钻头回转切削破碎岩土，由泥浆泵往钻杆输进泥浆，泥浆沿孔壁上升，从孔口溢浆孔溢出流入泥浆池，经沉淀处理返回循环池，如图 2-11(a)所示。正循环成孔泥浆的上返速度低，携带土粒直径小，排渣能力差，岩土重复破碎现象严重，适用于填土、淤泥、黏土、粉土、砂土等地层；对于卵砾石含量不大于 15%、粒径小于 10mm 的部分砂卵砾石层和软质基岩及较硬基岩也可使用。

反循环回转钻机成孔由钻机回转装置带动钻杆和钻头回转切削破碎岩土，利用泵吸、气举、喷射等措施抽吸循环护壁泥浆，挟带钻渣从钻杆内腔抽吸出孔外，如图 2-11(b)所示。反循环回转钻机成孔泥浆上返速度较快，能携带较大的土渣。

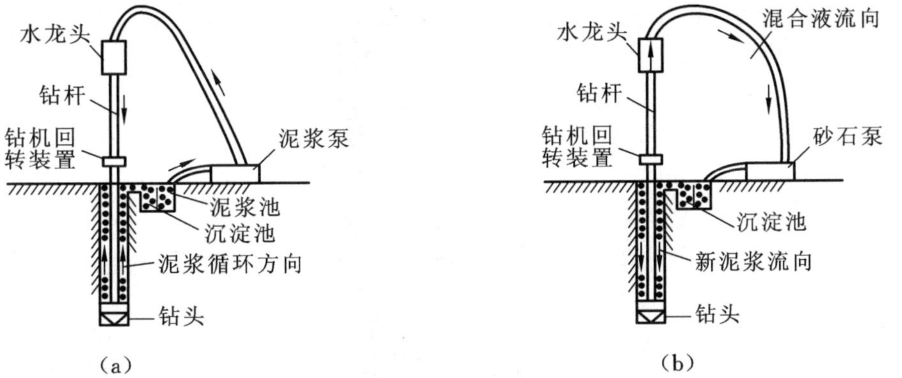

图 2-11 回转钻机成孔工艺原理图

(a)正循环；(b)反循环

(2) 潜水钻机

潜水钻机是一种旋转式钻孔机械，其动力、变速机构和钻头连在一起，加以密封，可以下放至孔中的地下水以下进行切削土层成孔，如图 2-12 所示。潜水钻机同样使用泥浆护壁成孔，其他施工过程均与回转钻机成孔相似。

(3) 冲击钻机

冲击钻机成孔是指将冲锤式钻头提升到一定高度后，以自由落下的冲击力来破碎岩层，然后用掏渣筒排出碎渣成孔，如图 2-13 所示。

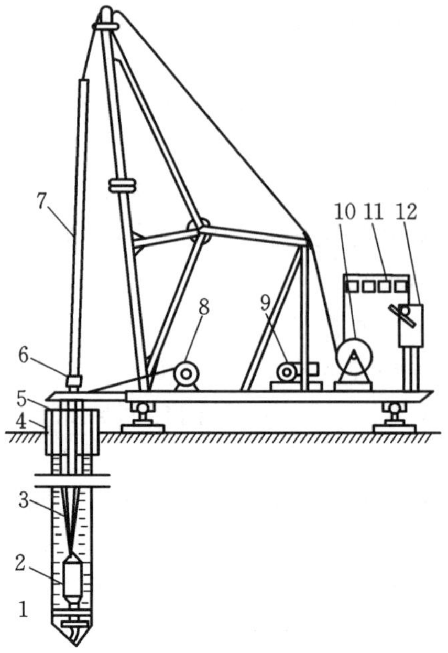

图 2-12　潜水钻机

1—钻头；2—油压表；3—电缆；4—护筒；5—水管；6—滚轮(支点)；7—钻杆；
8—电缆盘；9—0.5t 卷扬机；10—1.0t 卷扬机；11—电流电压表；12—启动开关

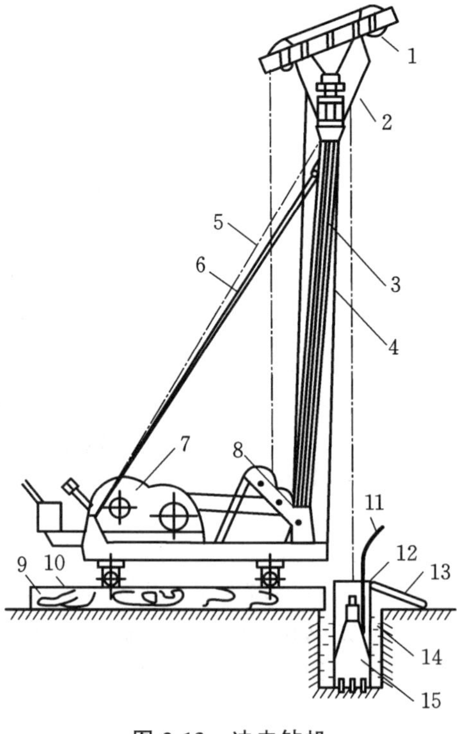

图 2-13　冲击钻机

1—副滑轮；2—主滑轮；3—主杆；4—前拉索；5—后拉索；6—操作斜撑；7—双滚筒卷扬机；8—导向轮；
9—垫木；10—钢管；11—供浆管；12—溢流口；13—泥浆流槽；14—护筒回填土；15—钻头

3. 泥浆护壁成孔灌注桩常见质量问题及处理

（1）坍孔

坍孔产生的原因主要有：护筒埋置不严密而漏水或埋置太浅；孔内泥浆面低于孔外水位或泥浆密度不够；在流砂、软淤泥、松散砂层中钻进，进尺、转速太快等。避免坍孔的措施有：护筒周围用黏土填封紧密；钻进中及时添加泥浆，使其高于孔外水位；遇流砂、松散土层时，适当加大泥浆密度，且进尺不要太快。

轻度坍孔可加大泥浆密度和提高其水位；严重坍孔时用黏土泥浆投入，待孔壁稳定后采用低速钻进。

（2）吊脚桩

吊脚桩即在桩的底部有较厚泥砂而形成松软层。其产生原因有：清渣未净，残留沉渣过厚；清孔后泥浆密度过小，孔壁坍塌或孔底涌进泥砂，或未立即灌注混凝土；吊放钢筋骨架、导管等物碰撞孔壁，使泥土坍落孔底。防止吊脚桩的措施是：注意泥浆浓度，及时清渣；做好清孔工作，达到要求立即灌注混凝土；施工中注意保护孔壁，不让重物碰撞。

（3）断桩

断桩指因有泥夹层而造成桩体混凝土不连续。造成断桩的原因有：首批混凝土多次灌注不成功，再灌注上层时出现一层泥夹层而造成断桩；孔壁坍塌将导管卡住，强力拔管时泥水混入混凝土内；导管接头不良，泥水进入管内。避免断桩的措施是：力争混凝土灌注一次成功；选用较大密度、黏度和胶体率好的泥浆护壁；控制钻进速度，保持孔壁稳定；导管接头应用方丝扣联结，并设橡胶圈密封。

灌注桩严重塌方或导管无法拔出形成断桩，可在一侧补桩；深度不大时可挖出；对断桩作适当处理后，支模重新浇筑混凝土。

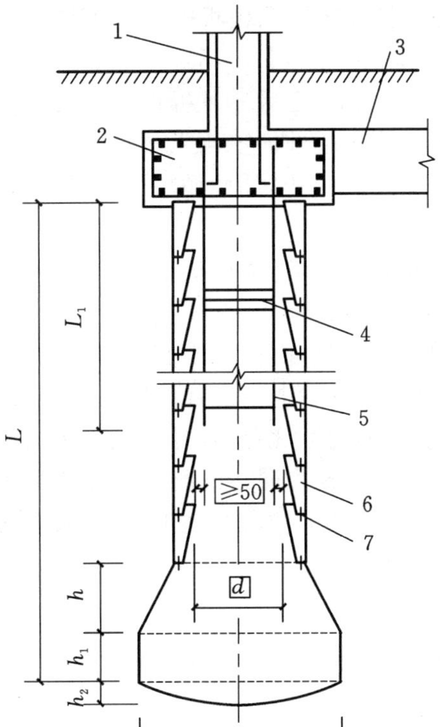

图 2-14　人工挖孔灌注桩构造图

1—柱；2—承台；3—地梁；4—箍筋；5—主筋；6—护壁；7—护壁插筋；L_1—钢筋笼长度；L—桩长

2.2.3　人工挖孔灌注桩施工

人工挖孔灌注桩是指采用人工挖掘方法进行成孔，然后安放钢筋笼，灌注混凝土而成的桩，如图 2-14 所示。人工挖孔灌注桩的特点是单桩的承载能力高，受力性能好，既能承受垂直荷载，又能承受水平荷载。人工挖孔灌注桩具有机具设备简单、施工操作方便、占用施工场地小、无噪声、无振动、不污染环境、对周围建筑物影响小、施工质量可靠、可全面展开施工、工期缩短、造价低等优点，因而得到了广泛的应用。

人工挖孔灌注桩适用于土质较好、地下水位较低的黏土、亚黏土及含少量砂卵石的黏土层等地质条件。它可用于高层建筑、公用建筑、水工结构(如泵站、桥墩)的桩基施工,起支承、抗滑、挡土之用;对软土、流砂及地下水位较高,涌水量大的土层不宜采用。

人工挖孔灌注桩的直径一般为 800～2000mm,最大直径可达 3500mm;桩埋置深度一般在 20m 左右,最大可达 40m;底部可采取不扩底和扩底两种方式,最大扩底直径可为 4500mm。

人工挖孔灌注桩的护壁常采用现浇混凝土护壁,也可采用钢护筒或采用沉井护壁等。施工工艺过程如下:

① 测定桩位、放线。

② 开挖土方。采用分段开挖,每段高度取决于土壁的直立能力,一般为 0.5～1.0m,开挖直径为设计桩径加上两倍护壁厚度。挖土顺序是自上而下、先中间、后孔边。

③ 支撑护壁模板。模板高度取决于开挖土方每段的高度,一般为 1m,由 4～8 块活动模板组合而成。护壁厚度不宜小于 100mm,一般取 $D/10+5$cm(D 为桩径),且第一段井圈的护壁厚度应比以下各段增加 100～150mm,上、下节护壁可用长为 1m 左右Φ6～Φ8 的钢筋进行拉结。

④ 在模板顶放置操作平台。平台可用角钢和钢板制成半圆形,两个合起来即为一个整圆,用来临时放置混凝土和灌注混凝土用。

⑤ 灌注护壁混凝土。护壁混凝土的强度等级不得低于桩身混凝土强度等级,且应浇捣密实。根据土层渗水情况,可考虑使用速凝剂。不得在桩孔水淹没模板的情况下浇筑护壁混凝土。每节护壁均应在当日连续施工完毕,且上、下节护壁搭接长度不小于 50mm。

⑥ 拆除模板继续下一段的施工。一般在灌注混凝土 24h 之后便可拆模。若发现护壁有蜂窝、孔洞、漏水等现象时,应及时补强、堵塞,防止孔外水通过护壁流入桩孔内。当护壁符合质量要求后,便可开挖下一段的土方,再支模灌注护壁混凝土,如此循环,直至挖到设计要求的深度并按设计进行扩底。

⑦ 安放钢筋笼、灌注混凝土。孔底有积水时应先排除积水,再浇混凝土,当混凝土浇至钢筋的底面设计标高时再安放钢筋笼,然后继续灌注桩身混凝土。

人工挖孔扩底宜在无地下水或含微量地下水的硬塑至坚硬黏性土、中密至密实砂土、碎石土及风化岩层的持力层中采用。扩底前应在孔底面测量桩的中心位置。挖孔时,应四周均匀挖掘,由小而大扩成设计断面和形状,且开挖面应整齐,形状完好,尺寸准确。扩大头挖好后,应把废土清理干净,经检查验收合格后,才能吊放钢筋笼和灌注混凝土。灌注扩大头混凝土时应采取防止产生离析的措施,并应分层捣实。在相邻的群桩中施工时,宜采取跳挖跳灌的方式。施工时应采取绝对安全的防护技术安全措施。

练 习 题

一、单选题

1. 以下预制桩打桩顺序中,正确的是(   )。

A.对于密集桩群应自四周向中间逐排施打

B.当一侧毗邻建筑物时,应由毗邻建筑物处向另一方向施打

C.根据基础的设计标高,应先浅后深施打

D.根据桩的规格应先小后大、先短后长施打

2. 在预制桩打桩过程中,如发现贯入度一直骤减,说明(　　)。

A.桩尖破坏　　B.桩身破坏　　C.桩下有障碍物　　D.遇软土层

3. 静力压桩施工适用的土层是(　　)。

A.软弱土层　　B.厚度大于 2m 的砂夹层

C.碎石土层　　D.风化岩

二、问答题

1. 预制混凝土桩的制作、起吊、运输与堆放有哪些基本要求?

2. 桩锤有哪些种类? 各适用于什么范围?

3. 打桩时,为什么采用"重锤低击"而不采用"轻锤高击"?

4. 简述不同情况下如何确定打桩顺序。

5. 泥浆护壁成孔灌注桩是如何施工的?

6. 简述人工挖孔桩的施工工艺及桩孔扩底的方法。

3 砌体工程

【本章主要内容】

砌体结构是由砂浆和各块材构成，砌体结构的承载能力取决于材料的强度和砌体的组砌方式以及施工质量。本章主要包括砌体材料，砖砌体施工，砌块砌体施工，石砌体施工，脚手架及垂直运输设施，以及砌体工程施工安全注意事项六个部分，重点介绍砌筑材料的性能及要求，砌筑用的脚手架及垂直运输设施，砌体的施工工艺、组砌原则、质量控制及检查方法。

【学习目标】

了解砌体工程所用的材料性能，熟悉砖砌体、砌块砌体、石砌体的施工工艺，掌握砖砌体、砌块砌体、石砌体的质量要求。了解脚手架的类型、构造及适用范围，了解垂直运输设施的选用及布置要求。熟悉脚手架和垂直运输设施安全使用的技术措施。

3.1 砌体材料

砌体结构是用砂浆将块体黏结成整体，以满足使用功能和承受结构荷载。因此，块体及砂浆的质量是影响砌体质量的重要因素。

3.1.1 块体

砌体结构工程用的块体有砖、砌块及石材三大类。

1. 砖

砖有实心砖、多孔砖和空心砖等，按其生产方式不同又分为烧结砖和蒸压(蒸养)砖两大类。

(1) 烧结普通砖

烧结普通砖为实心砖，是以黏土、页岩、煤矸石或粉煤灰为主要原料，经压制、焙烧而成。按原料不同，可分为烧结黏土砖、烧结页岩砖、烧结煤矸石砖和烧结粉煤灰砖。

烧结普通砖的外形为直角六面体，其尺寸为 240mm×115mm×53mm。其抗压强度可分为 MU10、MU15、MU20、MU25、MU30 五个强度等级。

(2) 烧结多孔砖

烧结多孔砖使用的原料和生产工艺与烧结普通砖基本相同，其空洞率不小于 25%。

砖的外形为直角六面体，其规格为 190mm × 190mm × 90mm、240mm × 115mm × 90mm，其抗压强度为 MU10、MU15、MU20、MU25、MU30 五个强度等级。

(3) 烧结空心砖

烧结空心砖的烧制、外形、尺寸要求与烧结多孔砖一致，孔尺寸大而少，且为水平孔，主要用于非承重砌体。

其尺规格尺寸有 290mm×190mm×90mm 和 240mm×180mm×115mm 两种类型，砖壁厚应大于 10mm，肋厚应大于 7mm。其抗压强度为 MU2、MU3、MU5 三个强度等级。

(4) 蒸压灰砂空心砖

蒸压灰砂空心砖是以砂和石灰为主要原料，经坯料制备、压制成型、蒸压养护成型而制成的孔洞率大于 15%的空心砖。

其规格与烧结普通砖一致，强度分为 MU7.5、MU10、MU15、MU20、MU25 五个强度等级。

(5) 蒸压粉煤灰砖

蒸压粉煤灰砖是以粉煤灰为主要原料，掺配适量的石灰、石膏以及集料制成的实心砖。

主要规格有 240mm×115mm×53mm 和 400mm×115mm×53mm，强度分为 MU7.5、MU10、MU15、MU20 四个强度等级。

2. 砌块

砌块的种类较多，按其形状分为实心砌块和空心砌块。按规格可分为小型砌块，高度为 180～350mm；中型砌块，高度为 360～900mm。常用的有普通混凝土小型空心砌块、轻集料混凝土小型空心砌块、蒸压加气混凝土砌块、粉煤灰砌块。

(1) 普通混凝土小型空心砌块

普通混凝土小型空心砌块以水泥、砂、碎石或卵石加水预制而成。

主规格尺寸为 390mm×190mm×190mm，有两个方形孔，空心率不小于 25%，其强度分为 MU3.5、MU5、MU7.5、MU10、MU15、MU20 六个强度等级。

(2) 轻集料混凝土小型空心砌块

轻集料混凝土小型空心砌块是以水泥、砂、轻集料加水预制而成。

主规格尺寸为 390mm×190mm×190mm。按其孔的排数分为：单排孔、双排孔和四排孔等。强度等级分为 MU1.5、MU2.5、MU3.5、MU5、MU7.5、MU10 六个强度等级。

(3) 蒸压加气混凝土砌块

蒸压加气混凝土砌块是以水泥、矿渣、砂、石灰等为主要原料，加入发气剂，经搅拌成型、蒸压养护而成的实心砌块。

主要规格尺寸为 600mm×250mm×250mm。强度等级分为 A1、A2、A2.5、A3.5、A5、A7.5、A10 七个强度等级。

(4) 粉煤灰砌块

粉煤灰砌块是以粉煤灰、石灰、石膏和轻集料为原料，经加水搅拌，振动成型，蒸汽养护而成的密实砌块。

主规格尺寸为 880mm×380mm×90mm 和 880mm×430mm×240mm。抗压强度分为 MU10、MU13 两个强度等级。

3. 石材

砌筑用石分为毛石、料石两类。

毛石分为乱毛石和平毛石。乱毛石指形状不规则的石块；平毛石指形状不规则，但有两个平面大致平行的石块。毛石的中部厚度不应该小于150mm。

料石按其加工面的平整程度分为细料石、半细料石、粗料石和毛料石四种。料石的宽度、厚度均不宜小于200mm，长度不宜大于厚度的4倍。抗压强度分为MU10、MU15、MU20、MU30、MU40、MU50、MU60、MU80、MU100九个强度等级。

3.1.2 砂浆

砌筑砂浆按材料组成不同分为水泥砂浆、石灰砂浆和混合砂浆，其主要原材料为水泥、砂、石灰膏和外加剂。

1. 原料要求

水泥的强度等级应根据设计要求进行选择。水泥砂浆采用的水泥，其强度等级不宜大于32.5级；混合砂浆采用的水泥，其强度等级不宜大于42.5级。不同品种的水泥不得混合使用。

砂宜选用中砂，并应过筛，其中毛石砌体宜选用粗砂。砂的含泥量一般不应超过5%，对强度等级小于M5的混合砂浆，不应超过10%。

生石灰熟化成石膏时，应用孔径不大于3mm×3mm的网过滤，熟化时间不得少于7d；磨细生石灰粉的熟化时间不得小于2d。沉淀池中储存的石灰膏，应采取防止干燥、冻结和污染的措施。

砂浆掺外加剂可改善其和易性，常用的外加剂有黏土膏、电石膏和粉煤灰等。凡在砂浆中掺入有机塑化剂、早强剂、缓凝剂、防冻剂等，应经检验和试配符合要求后，方可使用。

2. 砂浆的强度等级

砂浆的强度等级是用边长70.7mm的立方体试块，在(20±5)℃及正常湿度条件下，置于室内不通风处养护28d的平均抗压强度确定的，其强度等级有M30、M25、M20、M15、M10、M7.5、M5。

砂浆试块强度验收时其合格标准应符合以下规定：同一验收批砂浆试块抗压强度平均值必须至少为设计强度的1.10倍，其中强度最小一组的平均值必须大于或等于设计强度的85%。

【例3-1】五层砌体结构采用M10水泥砂浆砌筑。试块按照规定要求留置，共留置三块试块，经28d标准养护后进行砂浆试块等级的评定。三组试块试验结果如下：

一组试验强度(MPa)：10.5、12.1、9.1；

二组试验强度(MPa)：9.2、9.6、9.4；

三组试验强度(MPa)：12.5、10.3、7.6。

问题：(1)各组试块砂浆强度代表值分别是多少？(2)该检查部位砂浆强度检验结论是什么？说明理由。

解：(1)三组试块砂浆强度代表值分别为：

一组：10.5MPa（理由：强度最大值 12.1MPa 超过中间值 10.5MPa 15%）

二组：9.4MPa（理由：取三者平均值）

三组：无效（理由：强度最大值和最小值均超过中间值 15%）

（2）该检查部位砂浆强度检验结论：不合格。

理由：同一验收批砂浆试块抗压强度平均值（10.5+9.4）÷2=9.95MPa，小于设计强度等级的 1.1 倍（11MPa）。

3. 制备与使用

砌筑砂浆应通过试配确定配合比，各组分材料应采用质量计量。

砌筑砂浆应采用砂浆搅拌机进行拌制。自投料完算起，搅拌时间应符合下列规定：水泥砂浆和水泥混合砂浆搅拌时间不得小于 2min；掺用外加剂的砂浆搅拌时间不得少于3min；掺用有机塑化剂的砂浆搅拌时间应为 3～5min。

掺用外加剂时，应先将外加剂按规定浓度溶于水中，在拌和水时投入外加剂溶液，外加剂不得直接投入拌制的砂浆中。

施工中当采用水泥砂浆代替水泥混合砂浆时，应重新确定砂浆强度等级。

砂浆应随拌随用，水泥砂浆和水泥混合砂浆应分别在 3h 和 4h 内使用完毕；当施工期间最高气温超过 30℃时，应分别在拌成后 2h 和 3h 内使用完毕。对掺用缓凝剂的砂浆，其使用时间可根据具体情况延长。

3.2 砖砌体施工

3.2.1 一般规定

砌筑用砖的品种、强度等级必须符合设计要求，并应规格一致。用于清水砌体表面的砖应边角整齐，色彩均匀。不同品种的砖不得在同一楼层混砌。

砌筑烧结普通砖、多孔砖、蒸压灰砂砖、粉煤灰砖砌体时，砖应提前 1～2d 适度湿润，严禁采用干砖或处于湿水饱和状态的砖砌筑。烧结类块体相对含水率为 60%～70%，其他非烧结类块体相对含水率为 40%～50%。

砂浆品种、强度等级及稠度应符合设计和规范要求。

灰砂砖、粉煤灰砖早期收缩值大，要求出窑后停放时间不应小于 28d，以预防砌体早期裂开。

多孔砖的孔洞应垂直于受压面，有利于砂浆结合层进入上下砖块的孔洞中，以提高砌体的抗剪强度和整体性。

不得在下列墙体或部位设置脚手眼：

① 12cm 厚墙、料石清水墙和独立柱；

② 过梁上与过梁成 60°角的三角形范围及过梁净跨度 1/2 的高度范围内；

③ 宽度小于 1m 的窗间墙；

④ 砌体门窗洞口两侧 20cm(石砌体 30cm)和转角处 45cm(石砌体 60cm)范围内;

⑤ 梁或梁垫下及其左右 50cm 范围内。

3.2.2 组砌形式

组砌形式指砖块在砌体中的排列方式。为了使砌体坚固稳定并形成整体,须将上下皮砖块之间的垂直砌缝有规律地错开,称错缝。错缝还能使清水墙立面构成有规则的图案。砖墙砌筑形式如图 3-1 所示。

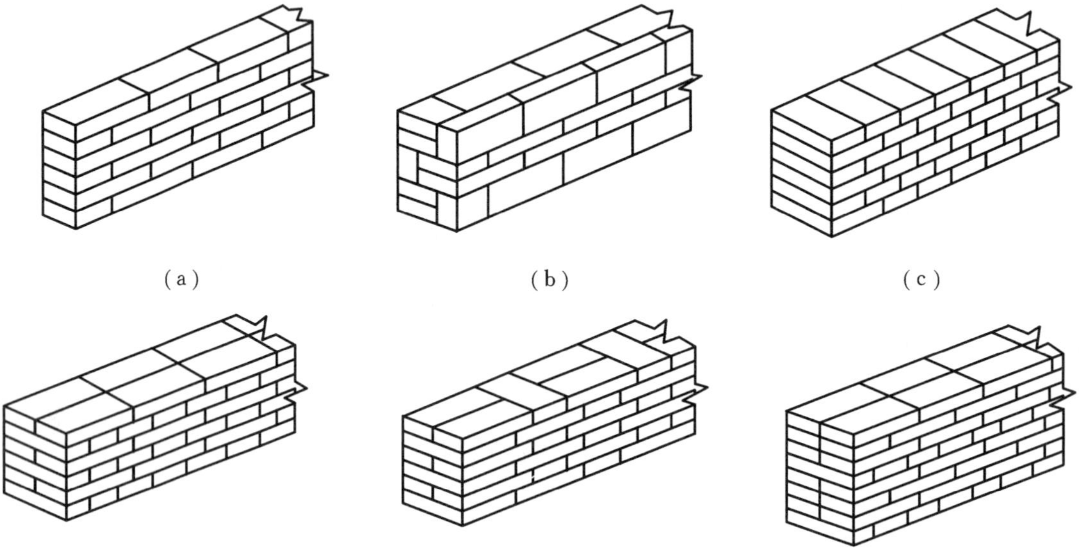

(a) (b) (c)

(d) (e) (f)

图 3-1 砖墙砌筑形式示意图

(a)全顺;(b)两平一顺;(c)全丁;(d)一顺一丁;(e)梅花丁;(f)三顺一丁

全顺:每皮砖全部用顺砖砌筑,两皮间竖缝搭接 1/2 砖长。此种砌法仅用于半砖隔断墙。

两平一顺:两皮平砌的顺砖旁砌一皮侧砖,其厚度为 18cm。两平砌层间竖缝应错开 1/2 砖长;平砌层与侧砌层间竖缝可错开 1/4 或 1/2 砖长。此种砌法比较费工,墙体的抗震性能较差。

全丁:每皮全部用丁砖砌筑,两皮间竖缝搭接为 1/4 砖长。此种砌法一般多用于圆形建筑物,如水塔、烟囱、水池、圆仓等。

一顺一丁:一皮中全部顺砖与一皮中全部丁砖相互间隔砌成,上下皮间竖缝相互错开 1/4 砖长。

梅花丁:每皮中丁砖与顺砖相隔,上皮丁砖坐中于下皮顺砖,上下皮间竖缝相互错开 1/4 砖长。

三顺一丁:三皮中全部顺砖与一皮中全部丁砖间隔砌成,上下皮顺砖与丁砖间竖缝错开 1/4 砖长;上下皮顺砖间竖缝搭接 1/2 砖长。

考虑砌体的抗压强度、轴心受拉、弯曲抗拉强度以及整体性和稳定性，实心砌体宜采用一顺一丁、梅花丁和三顺一丁等砌筑形式。

3.2.3 施工工艺

砖砌体的施工过程包括抄平、放线、摆砖样、立皮数杆、盘角、挂线、砌砖、勾缝、清理。

1. 抄平、放线

(1) 底层抄平、放线：当基础砌筑到±0.000时，依据施工现场±0.000标准水准点在基础面上用水泥砂浆或C10细石混凝土找平，并在建筑物四角外墙面上引测±0.000标高，画上符号并注明，作为楼层标高引测点；依据施工现场龙门板上的轴线钉拉通线，并沿通线挂线锤，将墙轴线引测到基础面上，再以轴线为标准弹出墙边线，定出门窗洞口的平面位置。轴线放出并经复查无误后，将轴线引测到外墙面上，画上特定的符号，作为楼层轴线引测点。

(2) 轴线、标高引测：当墙体砌筑到各楼层时，可根据设在底层的轴线引测点，利用经纬仪或铅垂球，把控制轴线引测到各楼层外墙上；可根据设在底层的标高引测点，利用钢尺向上直接丈量，把控制标高引测到各楼层外墙上。

(3) 楼层抄平、放线：轴线和标高引测到各楼层后，就可进行各楼层的抄平、放线。为了保证各楼层墙身轴线的重合，并与基础定位轴线一致，引测后，一定要用钢尺丈量各轴线间距，经校核无误后，再弹出各分间的轴线和墙边线，并按设计要求定出门窗洞口的平面位置。

2. 摆砖样

摆砖样是指在墙基面上，按墙身长度和组砌方式先用砖块试摆，核对所弹的门洞位置线及窗口、附墙垛的墨线是否符合所选用砖型的模数，对灰缝进行调整，以使每层砖的砖块排列和灰缝均匀，并尽可能减少砍砖，在砌清水墙时尤其重要。

3. 立皮数杆

皮数杆是一种方木标志杆。立皮数杆的目的是控制每皮砖砌筑时的竖向尺寸，并使铺灰、砌砖的厚度均匀，保证砖缝水平。皮数杆上除画有每皮砖和灰缝的厚度外，还画出了门窗洞、过梁、楼板等的位置和标高，用于控制墙体各部位构件的标高。

皮数杆长度应有一层楼高(不小于2m)，一般立于墙的转角处、内外墙交接处。立皮数杆时，应使皮数杆上的±0.000线与房屋的标高起点线相吻合。

4. 盘角、挂线

砌墙前应先盘角，即对照皮数杆的砖层和标高，先砌墙角。每次盘角砌筑的砖墙高度不超过五皮，并应及时进行吊靠，如发现偏差应及时修整。根据盘角将准线挂在墙侧，作为墙身砌筑的依据。每砌一皮，准线向上移动一次。砌筑一砖厚及以下者，可采用单面挂线；砌筑一砖半厚及以上者，必须双面挂线。每皮砖都要拉线看平，使水平缝均匀一致，平直通顺。

5. 砌砖

240mm厚承重墙的最上一皮砖，应采用整砖丁砌方式砌筑。梁及梁垫的下面，砖砌体的台阶水平面上以及砖砌体的挑檐，腰线的下面，应用丁砖砌筑。

设置钢筋混凝土构造柱的砌体，构造柱与墙体的连接处应砌成马牙槎，从每层柱脚开始，先退后进，每一马牙槎沿高度方向的尺寸不宜超过300mm。沿墙高每500mm设2根Φ6

拉结钢筋。每边伸入墙内不宜小于1m。预留伸出的拉结钢筋，不得在施工中任意弯折，如有歪斜、弯曲，在浇灌混凝土之前，应校正到正确位置并绑扎牢固。

填充墙、隔增应分别采取措施与周边构件可靠连接。必须把预埋在柱中的拉结钢筋砌入墙内，拉结钢筋的规格、数量、间距、长度应符合设计要求。填充墙砌至接近梁、板底时，应留一定空隙，待填充墙砌筑完并应至少间隔7d后，再采用侧砖或立砖斜砌挤紧，其倾斜度宜为60°左右。

6. 勾缝

清水墙砌筑应随砌随勾缝，一般深度以6～8mm为宜，缝深浅应一致，清扫干净。砌混水墙应随砌随将溢出砖墙面的灰浆刮除。

7. 清理

勾缝完毕后，应进行墙面、柱面和落地灰的清理。

3.2.4 其他施工技术及质量要求

1. 施工洞口留设

要求洞口侧边距丁字相交的墙面不小于500mm，洞口净宽不应超过1m，且洞顶宜设过梁。对设计规定的设备管道、脚手眼和预埋件，应在砌筑墙体时预留和预埋，不得事后随意打凿墙体。

2. 减少不均匀沉降

若房屋相邻高差较大时，应先建高层部分；分段施工时，砌体相邻施工段的高差，不得超过一个楼层，也不得大于4m；现场施工时，砖墙每天砌筑的高度不宜超过1.8m，雨天施工时，每天砌筑高度不宜超过1.2m。

3. 构造柱施工

设有钢筋混凝土构造柱的抗震多层砖房，在砌砖前，先根据图纸将构造柱的位置进行弹线。施工顺序为：先绑扎钢筋，然后砌砖墙，最后浇筑混凝土。砌砖墙时，构造柱于墙体的连接处应砌成马牙槎（如图3-2所示），每一马牙槎沿高度方向的尺寸不宜超过30cm。马牙槎应先退后进，拉接筋按设计要求放置。设计无要求时，一般沿墙高50cm设置2根Φ6水平拉结筋，每边伸入墙内不小于1m。预留的拉接钢筋应位置正确，施工中不得任意弯折。

4. 砖砌体砌筑质量要求

砖砌体砌筑质量应符合《砌体结构工程施工质量验收规范》（GB 50203—2011）的要求：横平竖直、砂浆饱满、组砌得当、接槎牢固。

（1）横平竖直

砖砌的灰缝应横平竖直，厚薄均匀。这既可保证砌体表面美观，也能保证砌体均匀受力。水平灰缝厚度宜为10mm，不应小于8mm，也不应大于12mm。过厚的水平灰缝容易使砖块浮滑，且降低砌体抗压强度，过薄的水平灰缝会影响砌体之间的黏结力。竖向灰缝应垂直对齐，如不齐称为游丁走缝，影响砌体外观质量。

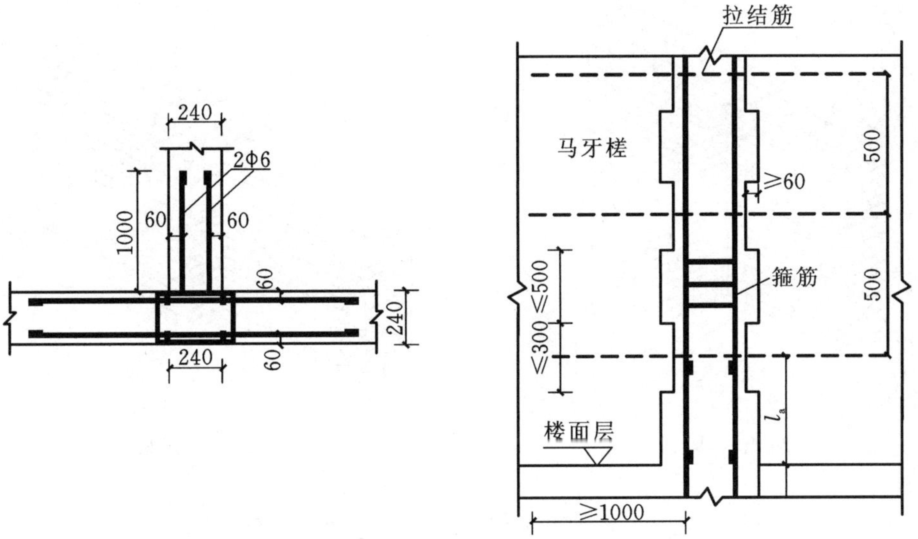

图 3-2 马牙槎及拉结筋

(2) 砂浆饱满

砌体水平灰缝的砂浆饱满度不得小于 80%，这样可以保证砖均匀受压，避免受弯、受剪和局部受压状态的出现。竖向灰缝不得出现透明缝、瞎缝和假缝。

(3) 组砌得当

为提高砌体整体性、稳定性和承载力，砖块排列应遵守上下错缝的原则，避免出现垂直通缝，错缝。上下错缝是指砖砌体上下两皮砖的竖缝应当错开，以避免上下通缝。当上下二皮砖搭接长度小于 25mm 时，即为通缝。在垂直荷载作用下，砌体会由于通缝而丧失整体性，影响砌体强度。内外搭砌是指同皮的里外砌体通过相邻上下皮的砖块搭砌而组砌得牢固。

(4) 接槎牢固

接槎是指相邻砌体不能同时砌筑而设置的临时间断，为便于先砌砌体与后砌砌体之间的接合而设置。为使接槎牢固，后面墙体施工前，必须将留设的接槎处表面清理干净，浇水湿润，并填实砂浆，保持灰缝平直。

砖砌体的转角处和交接处应同时砌筑，严禁无可靠措施的内外墙分砌施工。对不能同时砌筑而又必须留置的临时间断处应砌成斜槎(如图 3-3 所示)，斜槎水平投影长度不应小于高度的 2/3。非抗震设防及抗震设防烈度为 6 度、7 度地区的临时间断处，当不能留斜槎时，除转角处外，可留直槎(如图 3-4 所示)，但直槎必须做成凸槎。留直槎处应加设拉结钢筋，拉结钢筋的数量为每 120mm 墙厚放置 1Φ6 拉结钢筋(120mm 厚墙放置 2Φ6 拉结钢筋)，间距沿墙高不应超过 500mm；埋入长度从留槎处算起每边均不应小于 500mm，对抗震设防烈度 6 度、7 度的地区，不应小于 1000mm；末端应有 90°弯钩。砖砌体的位置、垂直度及一般尺寸允许偏差，应符合表 3-1 和表 3-2 的规定。

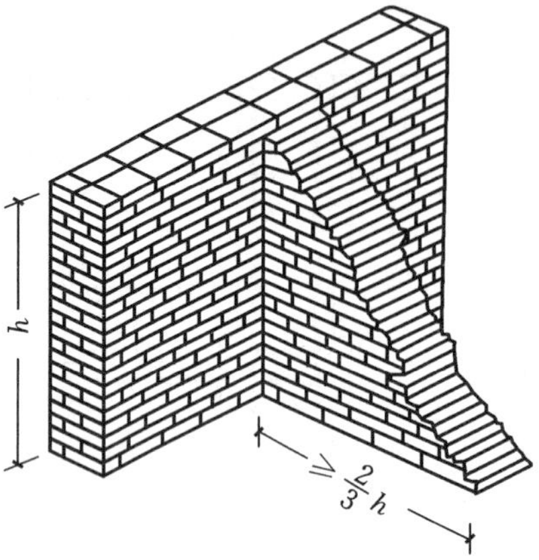

图 3-3　斜槎

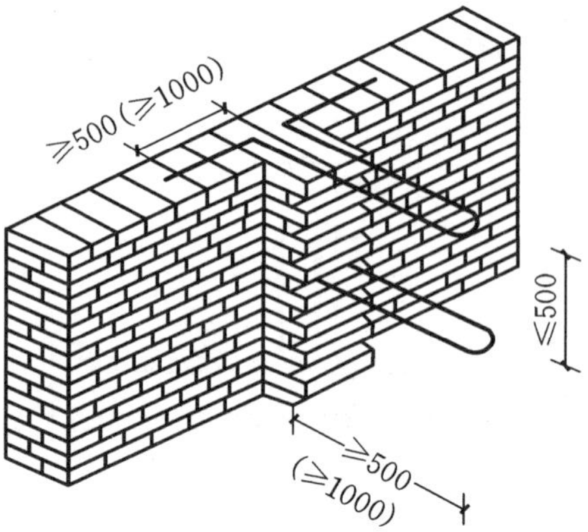

图 3-4　直槎

表 3-1　砖砌体的位置及垂直度允许偏差

项次	项目			允许偏差/mm	检查方法
1	轴线位置偏移			10	用经纬仪和尺检查或用其他测量仪器检查
2	垂直度	每层		5	用 2m 托线板检查
		全高	≤10m	10	用经纬仪、吊线和尺检查，或用其他检测仪器检查
			>10m	20	

表 3-2　砖砌体一般尺寸允许偏差

项次	项目		允许偏差/mm	检验方法	抽检数量
1	基础、墙、柱顶面标高		±15	用水平仪和尺检查	不应少于 5 处
2	表面平整度	清水墙、柱	5	用 2m 靠尺和楔形塞尺检查	不应少于 5 处
		混水墙、柱	8		
3	门窗洞口高、宽(后塞口)		±10	用尺检查	检验批洞口的 10%，且不应少于 5 处
4	外墙上下窗口偏移		20	以底层窗口为准，用经纬仪或吊线检查	检验批的 10%，且不应少于 5 处
5	水平灰缝平直度	清水墙	7	拉 5m 线和尺检查	不应少于 5 处
		混水墙	10		
6	清水墙游丁走缝		20	吊线和尺检查，以每层第一皮砖为准	不应少于 5 处

3.2.5 影响砖砌体质量的因素及防治措施

1. 砂浆强度不稳定

现象:砂浆强度低于设计强度标准值,有时砂浆强度波动较大,匀质性差。

主要原因:材料计量不准确;砂浆中塑化材料或微沫剂掺量过多;砂浆搅拌不均;砂浆使用时间超过规定;水泥分布不均匀等。

预防措施:建立材料的计量制度和计量工具校验、维修、保管制度;减少计量误差,对塑化材料(石灰膏等)宜调成标准稠度(120mm)进行称量,再折算成标准容积;砂浆尽量采用机械搅拌,分两次投料(先加入部分砂子、水和全部塑化材料,拌匀后再投入其余的砂子和全部水泥进行搅拌),保证搅拌均匀;砂浆应按需要搅拌,宜在当班用完。

2. 砖墙墙面游丁走缝

现象:砖墙面上下砖层之间竖缝产生错位,丁砖竖缝歪斜,宽窄不匀,丁不压中。清水墙窗台部位与窗间墙部位的上下竖缝错位。

主要原因:砖的规格不统一,每块砖长、宽尺寸误差大;操作中未掌握控制砖缝的标准,开始砌墙摆砖时,没有考虑窗口位置对砖竖缝的影响,当砌至窗台处分窗口尺寸时,窗的边线不在竖缝位置上。

预防措施:砌墙时用同一规格的砖,统一摆砖确定组砌方法,调整竖缝宽度;提高操作人员技术水平,强调丁压中即丁砖的中线与下层条砖的中线重合;摆砖时应将窗口位置引出,使窗的竖缝尽量与窗口边线相齐,如果窗口宽度不符合砖的模数,砌砖时要打好七分头,排匀立缝,保持窗间墙处上下竖缝不错位。

3. 清水墙面水平缝不直,墙面凹凸不平

现象:同一条水平缝宽度不一致,个别砖层冒线砌筑;水平缝下垂;墙体中部(两步脚手架交接处)凹凸不平。

主要原因:砖的两个条面大小不等,使灰缝的宽度不一致,个别砖大条面偏大较多,不易将灰缝砂浆压薄,从而出现冒线砌筑;所砌墙体长度超过20m,挂线不紧,挂线产生下垂,灰缝就出现下垂现象;由于第一步架墙体出现垂直偏差,接砌第二步架时进行了调整,两步架交接处出现凹凸不平。

预防措施:砌砖挂线长度超过15m时,应加垫线;墙面砌至脚手架搭设部位时,预留脚手眼,并继续砌至高出脚手架板面一层砖;挂立线应由下面一步架墙面引伸,以立线延至下部墙面至少500mm,挂立线吊直后,拉紧平线,用线锤吊平线和立线,当线锤与平线、立线相重合,则可认为立线正确无误。

4.“螺丝”墙

现象:砌完一个层高的墙体时,同一砖层的标高差一皮砖的厚度而不能咬圈。

主要原因:砌筑时没有按皮数杆控制砖的层数;每当砌至基础面和预制混凝土楼板上接砌砖墙时,由于标高偏差大,皮数杆往往不能与砖层吻合。

预防措施:砌筑前应先测定所砌部位基面标高误差,通过调整灰缝厚度来调整墙体标高;标高误差宜分配在一步架的各层砖缝中,逐层调整;操作时挂线两端应相互呼应,并经常检查与皮数杆的砌层号是否相符。

3.2.6 砖砌体冬期施工

当室外日平均气温连续5d稳定低于5℃时，砌体工程应采取冬期施工措施。

冬期施工时，砖在砌筑前应清除冰霜，在正温条件下应浇水湿润，在负温条件下，如浇水困难，则应增大砂浆的稠度。砌筑时，不得使用无水泥配制的砂浆，所用水泥宜采用普通硅酸盐水泥；石灰膏、黏土膏等不应受冻，如遭冻结，应经融化后使用；拌制砂浆用砂，不得有大于1cm的冻结块；砌体用砖或其他块材不得遭水浸冻。为使砂浆有一定的正温度，拌和前，水和砂可预先加热，但水温不得超过80℃，砂的温度不得超过40℃。每日砌筑后，应在砌体表面覆盖保温材料。

砖石工程冬期施工常用的方法有掺盐砂浆法和冻结法。

1. 掺盐砂浆法

掺盐砂浆法是指在砂浆中掺入一定数量的氯化钠（单盐）或氯化钠加氯化钙（双盐），以降低冰点，使砂浆中的水分在一定的负温下不冻结。

这种方法施工简便、经济、可靠，是砖石工程冬期施工广泛采用的方法。掺盐砂浆的掺盐量应符合表3-3的规定。

表3-3 掺盐砂浆的掺盐量（占用水量的百分比，%）

项次	日最低气温			等于或高于－10℃	－15～－11℃	－20～－16℃	低于－20℃
1	单盐	氯化钠	砌砖	3	5	7	—
			砌石	4	7	10	—
2	双盐	氯化钠、氯化钙	砌砖	—	—	5	7
				—	—	2	3

另外，为便于施工，砂浆在使用时的温度不应低于5℃，且当日最低气温等于或小于－15℃时，对砌筑承重墙体的砂浆标号应按常温施工提高1级。

2. 冻结法

冻结法是指采用不掺外加剂的水泥砂浆或水泥混合砂浆砌筑砌体，允许砂浆遭受冻结。砂浆解冻时，当气温回升至0℃以上后，砂浆继续硬化，但此时的砂浆经过冻结、融化、再硬化以后，其强度及与砖石的黏结力都有不同程度的下降，且砌体在解冻时变形大，对于空斗墙、毛石墙、承受侧压力的砌体、在解冻期间可能受到振动或动力荷载的砌体、在解冻期间不允许发生沉降的砌体（如筒拱支座），不得采用冻结法。

冻结法施工时，砂浆使用的温度不应低于10℃；当日最低气温大于或等于－25℃时，砌筑承重砌体的砂浆标号应按常温施工提高1级，当日最低气温低于－25℃时，则应提高2级。

为保证砌体在解冻时正常沉降，尚应符合下列规定：每日砌筑高度及临时间断的高度差，均不得大于1.2m；门窗框的上部应留出不小于5mm的缝隙，砌体水平灰缝厚度不宜大于10mm，留置在砌体中的洞口和沟槽等，宜在解冻前填砌完毕，解冻前应清除结构的临时荷载。

在解冻期间，应经常对砌体进行观测和检查，如发现裂缝、不均匀下沉等情况，应及时分析原因并采取加固措施。

3.3 砌块砌体施工

以粉煤灰、混凝土为主要原材料制作的中小型块体，生产工艺简单，投资少，成本接近或低于黏土砖，施工进度加快，而且可以大量利用工业废渣，节约堆放废渣的场地，不用耕作土，不占用农田，建筑物自重减轻。

砌块分为混凝土空心砌块、加气混凝土砌块及硅酸盐实心砌块。通常把高度为180～350mm的称为小型砌块，360～900mm的称为中型砌块。混凝土中、小型砌块和粉煤灰中型实心砌块的强度为MU15、MU10、MU7.5、MU5、MU3.5五个等级。砌块用砂浆主要是由水泥、砂、石灰膏、外加剂等材料或相应的代用材料制成。

3.3.1 混凝土小砌块砌体施工

混凝土小砌块包括普通混凝土小型空心砌块和轻集料混凝土小型空心砌块。

施工时所用的小砌块的产品龄期不应小于28d。普通混凝土小砌块饱和吸水率低、吸水速度迟缓，砌筑时不宜浇水，应立皮数杆、拉准线控制。天气炎热时，可适当洒水湿润。轻集料混凝土小砌块的吸水率较大，宜提前浇水湿润。

底层室内地面以下或防潮层以下的砌体，应采用强度等级不低于C20的混凝土灌实小砌块的孔洞。

小砌块墙体应对孔错缝搭砌，搭接长度不应小于90mm。墙体的个别部位不能满足上述要求时，应在灰缝中设置拉结钢筋或钢筋网片，但竖向通缝仍不得超过两皮小砌块。浇灌芯柱的混凝土，宜选用专用的小砌块灌孔混凝土，当采用普通混凝土时，其坍落度不应小于90mm。砌筑砂浆强度大于1MPa时，方可浇灌芯柱混凝土。浇灌时清除孔洞内的砂浆等杂物，并用水冲洗；先注入适量与芯柱混凝土相同的去石水泥砂浆，再浇灌混凝土。

小砌块墙体转角处和纵横交接处应同时砌筑。临时间断处应砌成斜槎，斜槎水平投影长度不应小于高度的2/3。

小砌块砌体的灰缝应横平竖直，水平灰缝厚度和竖向灰缝宽度宜为10mm，但不应大于12mm，也不应小于8mm。砌体水平灰缝的砂浆饱满度，应按净面积计算不得低于90%；竖向灰缝饱满度不得小于80%，竖缝凹槽部位应用砌筑砂浆填实；不得出现瞎缝、透明缝。承重砌体严禁使用断裂小砌块或壁肋中有竖向凹形裂缝的小砌块砌筑，也不得采用小砌块与烧结砖等其他块体材料混合砌筑。

常温条件下，普通混凝土小砌块的日砌筑高度应控制在1.8m内。对砌体表面的平整度和垂直度，灰缝的厚度和砂浆饱满度应随时检查，校正偏差。在砌完每一楼层后，应校核砌体的轴线尺寸和标高，允许范围内的轴线及标高的偏差，可在楼板面上予以校正。

砌体的轴线、垂直度及一般尺寸允许偏差应符合表3-4和表3-5的要求。

表3-4 混凝土小砌块砌体的轴线及垂直度允许偏差

<table>
<tr><th>项次</th><th colspan="3">项目</th><th>允许偏差/mm</th><th>检查方法</th></tr>
<tr><td>1</td><td colspan="3">轴线位置偏移</td><td>10</td><td>用经纬仪和尺检查或用其他测量仪器检查</td></tr>
<tr><td rowspan="3">2</td><td rowspan="3">垂直度</td><td colspan="2">每层</td><td>5</td><td>用2m托线板检查</td></tr>
<tr><td rowspan="2">全高</td><td>≤10m</td><td>10</td><td rowspan="2">用经纬仪、吊线和尺检查，或用其他检测仪器检查</td></tr>
<tr><td>>10m</td><td>20</td></tr>
</table>

表3-5 小砌块砌体一般尺寸允许偏差

<table>
<tr><th>项次</th><th colspan="2">项目</th><th>允许偏差/mm</th><th>检验方法</th><th>抽检数量</th></tr>
<tr><td>1</td><td colspan="2">基础、墙、柱顶面标高</td><td>±15</td><td>用水平仪和尺检查</td><td>不应少于5处</td></tr>
<tr><td rowspan="2">2</td><td rowspan="2">表面平整度</td><td>清水墙、柱</td><td>5</td><td rowspan="2">用2m靠尺和楔形塞尺检查</td><td rowspan="2">有代表性自然间的10%，但不应少于3间，每间不应少于2处</td></tr>
<tr><td>混水墙、柱</td><td>8</td></tr>
<tr><td>3</td><td colspan="2">门窗洞口高、宽(后塞口)</td><td>±5</td><td>用尺检查</td><td>检验批洞口的10%，且不应少于5处</td></tr>
<tr><td>4</td><td colspan="2">外墙上下窗口偏移</td><td>20</td><td>以底层窗口为准，用经纬仪或吊线检查</td><td>检验批的10%，且不应少于5处</td></tr>
<tr><td rowspan="2">5</td><td rowspan="2">水平灰缝平直度</td><td>清水墙</td><td>7</td><td rowspan="2">拉10m线和尺检查</td><td rowspan="2">有代表性自然间的10%，但不应少于3间，每间不应少于2处</td></tr>
<tr><td>混水墙</td><td>10</td></tr>
</table>

确保小砌块砌体的砌筑质量，可简单归纳为六个字：对孔、错缝、反砌。对孔即上皮小砌块的孔洞对准下皮小砌块的孔洞，上、下皮小砌块的壁、肋可较好传递竖向荷载，保证砌体的整体性及强度。错缝即上、下皮小砌块错开砌筑(搭砌)，以增强砌体的整体性，这属于砌筑工艺的基本要求。反砌即小砌块生产时的底面朝上砌筑于墙体上，这样易于铺放砂浆和保证水平灰缝砂浆的饱满度，这也是确定砌体强度指标的试件的基本砌法。

3.3.2 加气混凝土砌块砌体施工

加气混凝土砌块可砌成单层墙或双层墙体。单层墙是将加气混凝土砌块立砌，墙厚为砌块的宽度。双层墙是将加气混凝土砌块立砌两层，中间夹以空气层，两层砌块间，每隔500mm墙高在水平灰缝中放置Φ4～Φ6的钢筋扒钉，扒钉间距为600mm，空气层厚度为70～80mm，如图3-5所示。

承重加气混凝土砌块墙的外墙转角处、墙体交接处，均应沿墙高1m左右，在水平灰缝中放置拉结钢筋，拉结钢筋为3Φ6，钢筋伸入墙内不少于1000mm，如图3-6所示。

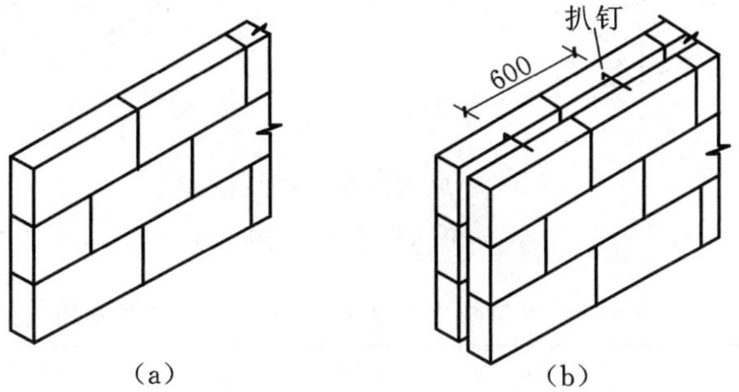

图3-5 加气混凝土砌块墙

(a)单层砌块墙；(b)双层砌块墙

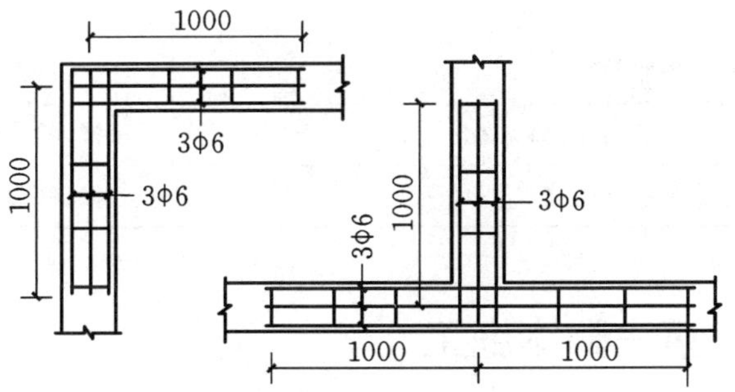

图3-6 承重砌块墙的拉结钢筋

非承重加气混凝土砌块墙的转角处、与承重墙交接处，均应沿墙高1m左右，在水平灰缝中放置拉结钢筋，拉结钢筋为2Φ6，钢筋伸入墙内不少于700mm。

加气混凝土砌块外墙的窗口下一皮砌块下的水平灰缝中应设置拉结钢筋，拉结钢筋为3Φ6，钢筋伸过窗口侧边应不小于500mm。加气混凝土砌块砌筑前，应根据建筑物的平面、立面图绘制砌块排列图。在墙体转角处设置皮数杆，皮数杆上画出砌块皮数及砌块高度，并拉准线砌筑。加气混凝土砌块墙的上下皮砌块的竖向灰缝应相互错开，相互错开长度宜为300mm，并且不小于150mm。

加气混凝土砌块墙的灰缝应横平竖直，砂浆饱满，水平灰缝砂浆饱满度不应小于90%；竖向灰缝砂浆饱满度不应小于80%。水平灰缝厚度宜为15mm；竖向灰缝宽度宜为20mm。加气混凝土砌块墙的转角处，应使纵横墙的砌块相互搭砌，隔皮砌块露端面。加气混凝土砌块墙的T形交接处，应使横墙砌块隔皮露端面，并坐中于纵墙砌块，砌块的搭砌如图3-7所示。

加气混凝土砌块不应与其他块材混用，砌体一般尺寸的允许偏差应符合表3-6的要求。

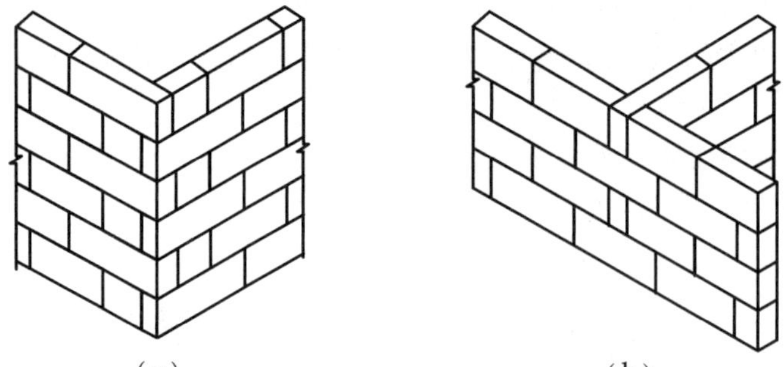

图 3-7 加气混凝土砌块搭砌

(a)转角处;(b)交接处

表 3-6 加气混凝土砌块砌体一般尺寸允许偏差

项次	项目		允许偏差/mm	检查方法
1	轴线位置		10	用尺检查
	垂直度	≤3m	5	用 2m 托线板或吊线、尺检查
		>3m	10	
2	表面平整度		8	用 2m 靠尺和楔形塞尺检查
3	门窗洞口高、宽(后塞口)		±5	用尺检查
4	外墙上、下窗口偏移		20	用经纬仪或吊线检查

3.3.3 粉煤灰砌块砌体施工

粉煤灰砌块是以粉煤灰、石灰、石膏和轻集料为原料,加水搅拌,振动成型,蒸汽养护而成的密实砌块。其主要规格尺寸为 880mm×380mm×240mm,180mm×430mm×240mm;其强度等级为 MU10、MU13 两个等级。

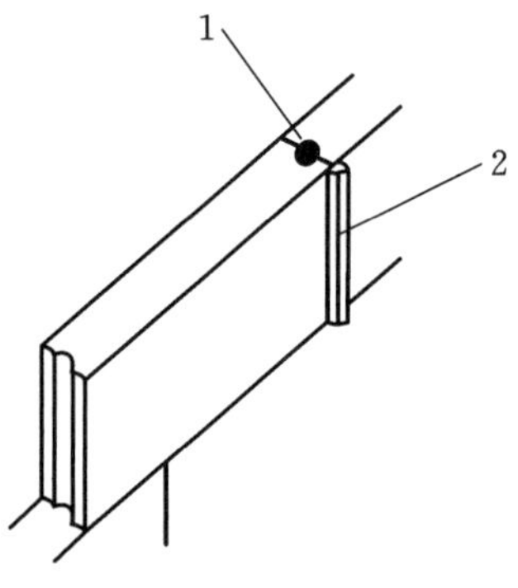

图 3-8 粉煤灰砌块砌筑

1—灌浆;2—泡沫塑料条

粉煤灰砌块墙砌筑前,应按设计图绘制砌块排列图,并在墙体转角处设置皮数杆。粉煤灰砌块的砌筑面适量浇水,砌筑方法可采用“铺灰灌浆法”。先在墙顶上摊铺砂浆,然后将砌块按砌筑位置摆放到砂浆层上,并与前一块砌块靠拢,留出不大于 20mm 的空隙。待砌完一皮砌块后,在空隙两旁装上夹板或塞上泡沫塑料条,在砌块的灌浆槽内灌砂浆,直至灌满。等到砂浆开始硬化不流淌时,即可卸掉夹板或取出泡沫塑料条,如图 3-8 所示。

粉煤灰砌块上下皮的垂直灰缝应相互错开,错开长度应不小于砌块长度的 1/3。灰缝应横平竖直,砂浆饱满。水平灰缝的砂浆饱满度不应小于 90%,竖向灰缝的砂浆饱满度不应小于 80%。水平灰缝厚度不得大于 15mm,竖向灰缝宽度不得大于 20mm。

粉煤灰砌块墙砌到接近上层楼板底时,因最上一皮不能灌浆,可改用烧结普通砖斜砌挤紧。

砌筑粉煤灰砌块外墙时,不得留脚手眼。每一楼层内的砌块墙应连续砌完,尽量不留接槎。如必须留槎时应留成料槎,或在门窗洞口侧边间断。

粉煤灰砌块砌体允许偏差应符合表 3-7 的规定。

表 3-7 粉煤灰砌块砌体允许偏差

<table>
<tr><th>项次</th><th colspan="3">项目</th><th>允许偏差/mm</th><th>检查方法</th></tr>
<tr><td>1</td><td colspan="3">轴线位置</td><td>10</td><td>用经纬仪、水平仪复查或检查施工记录</td></tr>
<tr><td>2</td><td colspan="3">基础或楼面标高</td><td>±15</td><td>用经纬仪、水平仪复查或检查施工记录</td></tr>
<tr><td rowspan="3">3</td><td rowspan="3">垂直度</td><td colspan="2">每层</td><td>5</td><td>用吊线法检查</td></tr>
<tr><td rowspan="2">全高</td><td>≤10m</td><td>10</td><td>用经纬仪、吊线和尺检查</td></tr>
<tr><td>＞10m</td><td>20</td><td>用经纬仪、吊线和尺检查</td></tr>
<tr><td>4</td><td colspan="3">表面平整</td><td>10</td><td>用 2m 长直尺和塞尺检查</td></tr>
<tr><td rowspan="2">5</td><td colspan="2" rowspan="2">水平灰缝平直度</td><td>清水墙</td><td>7</td><td rowspan="2">灰缝上口处用 10m 长的线拉直并用尺检查</td></tr>
<tr><td>混水墙</td><td>10</td></tr>
<tr><td>6</td><td colspan="3">水平灰缝厚度</td><td>+10、−5</td><td>与线杆比较,用尺检查</td></tr>
<tr><td>7</td><td colspan="3">竖向灰缝宽度</td><td>+10、−5
＞30 用细石混凝土</td><td>用尺检查</td></tr>
<tr><td>8</td><td colspan="3">门窗洞口宽度(后塞口)</td><td>+10、−5</td><td>用尺检查</td></tr>
<tr><td>9</td><td colspan="3">清水墙面游丁走缝</td><td>2</td><td>用吊线和尺检查</td></tr>
</table>

3.4 石砌体施工

3.4.1 毛石砌体

1. 毛石砌体砌筑要点

毛石砌体应采用铺浆法砌筑。砂浆必须饱满,叠砌面的粘灰面积(即砂浆饱满度)应大于 80%。毛石砌体宜分皮卧砌,各皮石块间应利用毛石自然形状经敲打修整使之能与先砌毛石基本吻合、搭砌紧密;毛石应上下错缝,内外搭砌,不得采用外面侧立毛石中间填心的砌筑方法；中间不得有铲口石（尖石倾斜向外的石块）、斧刃石（尖石向下的石块）和过桥石（仅在两端搭的石块），见图 3-9。

图 3-9　过桥石、铲口石和斧刃石

2. 毛石基础

毛石基础用毛石和砂浆砌筑而成。毛石的强度等级不低于 MU20。砂浆一般采用水泥砂浆或水泥石灰混合砂浆。毛石基础的断面形状一般有阶梯形和梯形，多做阶梯形。毛石基础的顶面两边各宽出墙厚 100mm，每级台阶的高度一般在 300～400mm，每阶内至少砌两批毛石。上级台阶的最外边毛石至少压砌下面毛石的一半以上。

（1）施工条件

毛石基础的施工条件如下：

① 基槽施工与验收。对基槽（坑）的土质、轴线、尺寸和标高等进行检查验收。清除杂物，打底夯。基底过湿时，铺 100mm 厚砂子、矿渣等镇平夯实。

② 设龙门板或龙门桩，标出基础和墙身轴线和标高，在槽底或垫层上弹出基础轴线和边线。

③ 抄平、立皮数杆。皮数杆间距 15～20m 一杆，并在墙角处均设立。拉线检查垫层表面的水平度。

④ 定砂浆配合比。

⑤ 场地平整、道路畅通。脚手架及各类机具准备就绪。

⑥ 检查槽边土坡的稳定性，有无坍塌的危险；不良的地基已进行处理。

（2）施工工艺流程

毛石基础施工工艺流程及技术要求如下：

① 清理基础垫层，洒水湿润。放基础轴线、边线，抄平、立皮数杆，画出分层砌石高度，并标出台阶收分尺寸。

② 摆石撂底。第一皮撂底的石块应选用较大较方正的平毛石，其大面应朝下并坐浆，放置平稳；在转角处、交接处和洞口处，应选用较大的平毛石砌筑。毛石之间的上下皮紧缝应错开，并力求丁顺交错排列。

③ 盘角挂线，砌筑基础时应先在墙角处盘角。毛石基础应两面挂线。先砌筑转角和交接处，先砌四个大角和墙头，再由两端向中间砌筑。缝隙和上部凹坑用小石块或碎石和砂浆填塞平稳严实。

④ 毛石砌体的灰缝厚度宜为 20～30mm，砂浆应饱满，石块间较大的空隙应先填塞砂

浆，再用碎石块嵌实，不得采用先摆碎石、后塞砂浆或干填碎石块的方法。

⑤ 砌毛石时，应分皮卧砌，并应上下错缝，内外搭砌，不得采用先砌外面石块、后中间填心的砌筑方法。石块间较大的空隙应先填塞砂浆，后用碎石嵌实，不得采用先摆碎石、后塞砂浆或干填碎石的方法。

⑥ 毛石基础每 $0.7m^2$ 且每皮毛石内间距不大于 2m 设置一块拉结石，上下两皮拉结石的位置应错开，立面砌成梅花形。如基础宽度等于或小于 400mm，拉结石宽度应与基础宽度相等。如基础大于 400mm，可用两块拉结石内外搭接，搭接长度不应小于 150mm，且其中一块长度不应小于基础宽度的 2/3。

⑦ 有高低台的毛石基础，应从低处开始砌筑，并由高台向低台搭接，搭接长度不小于基础高度。

3. 毛石墙体

毛石墙是用乱毛石或平毛石与水泥砂浆（或混合砂浆）砌筑而成。毛石墙的转角可用平毛石或料石砌筑。毛石墙的厚度不应小于 350mm。

施工时根据轴线放出墙身里外两边线，挂线每皮（层）卧砌，每层高度 200～300mm，砌筑时应采用铺浆法，先铺灰后摆石。毛石墙的第一皮、每一楼层最上一皮，转角处、交接处及门窗洞口处用较大的平毛石砌筑，转角处最好应用加工过的方整石。毛石墙砌筑时应先砌筑转角处和交接处，再砌中间墙身，石砌体的转角处和交接处应同时砌筑。对不能同时砌筑而又必须留置的临时间断处，应砌成斜槎。砌筑时石料大小搭配，大面朝下，外面平齐，上下错缝，内外交错搭砌，逐块卧砌坐浆。灰缝厚度不宜大于 20mm，保证砂浆饱满，不得有干接现象。石块间较大的空隙应先堵塞砂浆，后用碎石块嵌实。为增加砌体的整体性，石墙面每 $0.7m^2$ 内，应设置一块拉结石，同皮的水平中距不得大于 2.0m，拉结长度为墙厚。

石墙砌体每日砌筑高度不应超过 1.2m，但室外温度在 20℃ 以上时停歇 4h 后可继续砌筑。石墙砌至楼板底时要用水泥砂浆找平。门窗洞口可用黏土砖作砖砌平拱或放置钢筋混凝土过梁。

石墙与实心砖的组合墙中，石与砖应同时砌筑，并每隔 4～6 皮砖用 2～3 皮砖与石砌体拉结砌合（见图 3-10），石墙与砖墙相接的转角处和交接处应同时砌筑。

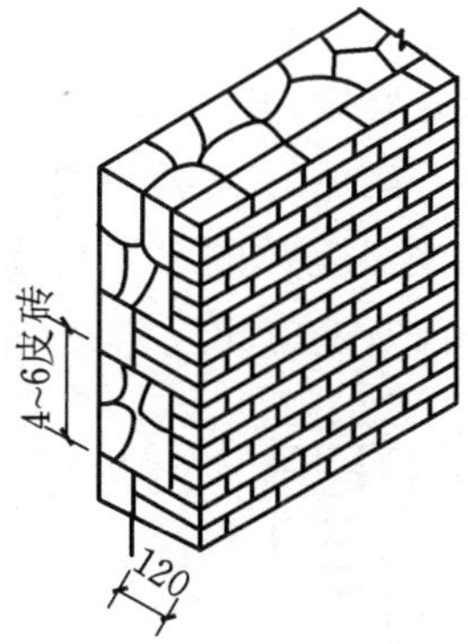

图 3-10　石墙与实心砖组合做法

毛石墙与砖墙的转角处应同时砌筑。砖墙与毛石墙在转角处相接，可从砖墙每隔 4～6 皮砖高度砌出不小于 120mm 长的阳槎与毛石墙相接（见图 3-11）；亦可从毛石墙每隔 4～6 皮砖高度砌出不小于 120mm 长的阳槎与砖墙相接，阳槎均应伸入相接墙体的长度方向。毛石墙与砖墙丁字交接处应同时砌筑。交接处应自纵墙每隔 4～6 皮砖高度引出不小于 120mm 与横墙相接（见图 3-12）。

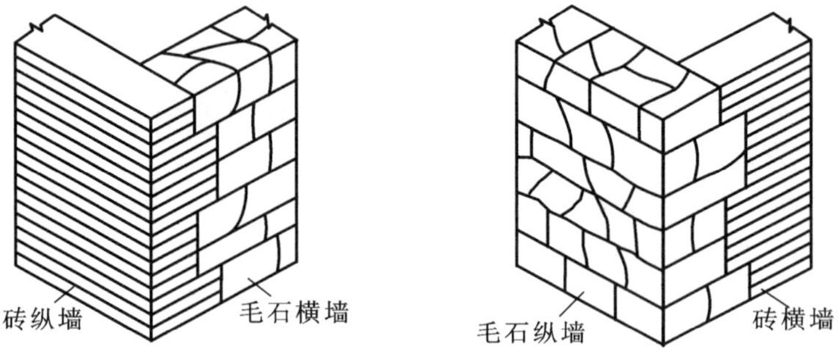

图 3-11　毛石墙与砖墙转角做法

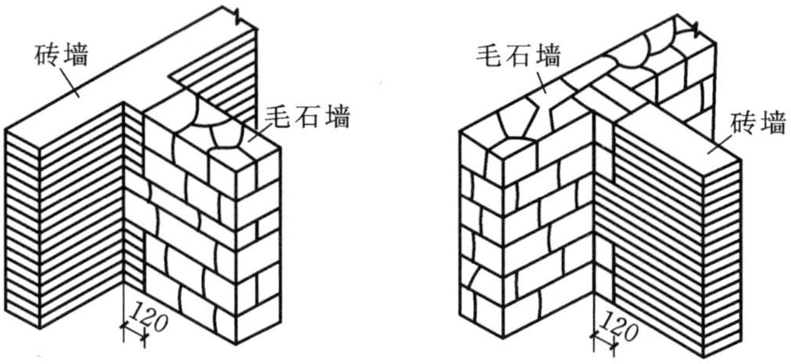

图 3-12　毛石墙与砖墙丁字交接处做法

3.4.2　料石砌体

1. 料石砌体砌筑要点

料石砌体应采用铺浆法砌筑，料石应放置平稳，砂浆必须饱满。砂浆铺设厚度应略高于规定灰缝厚度，其高出厚度：细料石宜为 3～5mm；粗料石、毛料石宜为 6～8mm。

料石砌体的灰缝厚度：细料石砌体不宜大于 5mm；粗料石和毛料石砌体不宜大于 20mm。料石砌体的水平灰缝和竖向灰缝的砂浆饱满度均应大于 80%。料石砌体上、下皮料石的竖向灰缝应相互错开，错开长度应不小于料石宽度的 1/2。

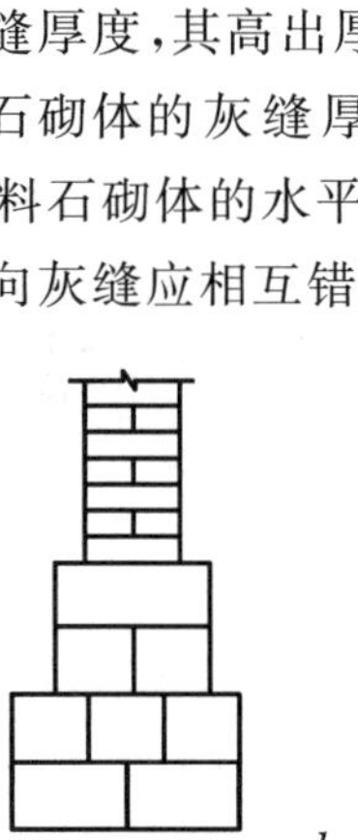

图 3-13　阶梯形料石基础

2. 料石基础

料石基础的第一皮料石应坐浆丁砌，以上各层料石可按一顺一丁进行砌筑。阶梯形料石基础，上级阶梯的料石至少压砌下级阶梯料石的 1/3(见图 3-13)。

3. 料石墙

料石墙厚度等于一块料石宽度时，可采用全顺砌筑形式。

料石墙厚度等于两块料石宽度时，可采用两顺一丁或丁顺组砌的砌筑形式(见图 3-14)。

两顺一丁是两皮顺石与一皮丁石相间。

(a)　　　　(b)

图 3-14　料石墙砌筑形式

(a)两顺一丁;(b)丁顺组砌

丁顺组砌是同皮内顺石与丁石相间,可一块顺石与丁石相间或两块顺石与一块丁石相间。

4. 料石平拱

用料石作平拱,应按设计要求加工。如设计无规定,则料石应加工成楔形,斜度应预先设计,拱两端部的石块,在拱脚处坡度以 60°为宜。平拱石块数应为单数,厚度与墙厚相等,高度为二皮料石高。拱脚处斜面应修整加工,使拱石相吻合(见图 3-15)。

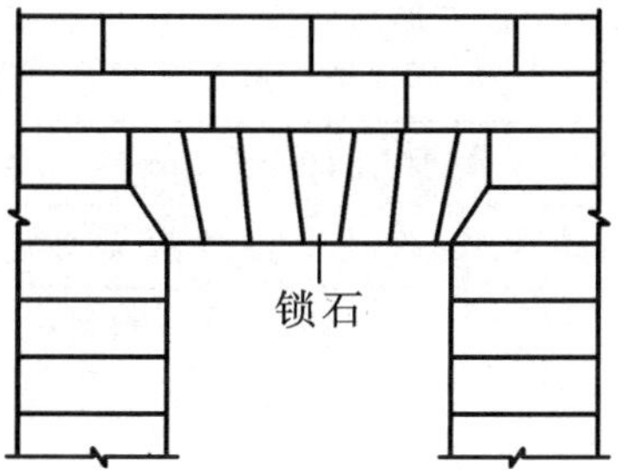

图 3-15　料石平拱示例

3.4.3 石挡土墙

石挡土墙可采用毛石或料石砌筑。

砌筑毛石挡土墙应符合下列规定:

① 每砌 3～4 皮毛石为一个分层高度,每个分层高度应找平一次。

② 外路面的灰缝厚度不得大于 40mm,两个分层高度间分层处的错缝不得小于 80mm。

料石挡土墙宜采用丁顺组砌的砌筑形式。当中间部分用毛石填砌时,丁砌料石伸入毛石部分的长度不应小于 200mm。

石挡土墙的泄水孔当设计无规定时,施工应符合下列规定:

① 泄水孔应均匀设置,在每米高度上间隔 2m 左右设置一个泄水孔。

② 泄水孔与土体间铺设长宽各为 300mm、厚 200mm 的卵石或碎石作疏水层。

挡土墙内侧回填土必须分层夯填，分层松土厚度应为 300mm。墙顶土面应有适当的坡度使流水流向挡土墙外侧面。

3.4.4 石砌体质量要求

石砌体的轴线位置、垂直度及一般尺寸的允许偏差应符合表 3-8 和表 3-9 的要求。

表 3-8 石砌体的轴线及垂直度允许偏差

<table>
<tr><th rowspan="4">项次</th><th rowspan="4" colspan="2">项目</th><th colspan="7">允许偏差/mm</th><th rowspan="4">检验方法</th></tr>
<tr><th colspan="2">毛石砌体</th><th colspan="5">料石砌体</th></tr>
<tr><th rowspan="2">基础</th><th rowspan="2">墙</th><th colspan="2">毛料石</th><th colspan="2">粗料石</th><th>细料石</th></tr>
<tr><th>基础</th><th>墙</th><th>基础</th><th>墙</th><th>墙、柱</th></tr>
<tr><td>1</td><td colspan="2">轴线位置</td><td>20</td><td>15</td><td>20</td><td>15</td><td>15</td><td>10</td><td>10</td><td>用经纬仪和尺检查或用其他测量仪器检查</td></tr>
<tr><td rowspan="2">2</td><td rowspan="2">墙面垂直度</td><td>每层</td><td>—</td><td>20</td><td>—</td><td>20</td><td>—</td><td>10</td><td>7</td><td rowspan="2">用经纬仪、吊线和尺检查或用其他测量仪器检查</td></tr>
<tr><td>全高</td><td>—</td><td>30</td><td>—</td><td>30</td><td>—</td><td>25</td><td>20</td></tr>
</table>

表 3-9 石砌体的一般尺寸允许偏差

<table>
<tr><th rowspan="4">项次</th><th rowspan="4" colspan="2">项目</th><th colspan="7">允许偏差/mm</th><th rowspan="4">检验方法</th></tr>
<tr><th colspan="2">毛石砌体</th><th colspan="5">料石砌体</th></tr>
<tr><th rowspan="2">基础</th><th rowspan="2">墙</th><th colspan="2">毛料石</th><th colspan="2">粗料石</th><th>细料石</th></tr>
<tr><th>基础</th><th>墙</th><th>基础</th><th>墙</th><th>墙、柱</th></tr>
<tr><td>1</td><td colspan="2">基础和墙砌体顶面标高</td><td>±25</td><td>±15</td><td>±25</td><td>±15</td><td>±15</td><td>±15</td><td>±10</td><td>用水准仪和尺检查</td></tr>
<tr><td>2</td><td colspan="2">砌体厚度</td><td>+30</td><td>+20
−10</td><td>+30</td><td>+20
−10</td><td>+15</td><td>+10
−5</td><td>+10
−5</td><td>用尺检查</td></tr>
<tr><td rowspan="2">3</td><td rowspan="2">表面平整度</td><td>清水墙、柱</td><td>—</td><td>—</td><td>—</td><td>20</td><td>—</td><td>20</td><td>5</td><td rowspan="2">细料石用 2m 靠尺和楔形塞尺检查，其他用两直尺垂直于灰缝拉 2m 线和尺检查</td></tr>
<tr><td>混水墙、柱</td><td>—</td><td>—</td><td>—</td><td>20</td><td>—</td><td>15</td><td>—</td></tr>
<tr><td>4</td><td colspan="2">清水墙水平灰缝平直度</td><td>—</td><td>—</td><td>—</td><td>—</td><td>—</td><td>10</td><td>5</td><td>拉 10m 线和尺检查</td></tr>
</table>

3.5 脚手架及垂直运输设施

3.5.1 脚手架的作用和种类

在砌筑施工中，为满足工人施工作业和堆放材料的需要而临时搭设的架子称为脚手架。当砌筑到一定高度后，不搭设脚手架砌筑工程将难以进行。考虑到砌墙工作效率和施工组织等因素，每次搭设脚手架的高度在1.2m左右，称为“步架高度”，又叫墙体的可砌高度。脚手架是满足施工要求的一种临时设施，应满足适用、方便、安全和经济的基本要求，具体有以下几个方面：有适当的宽度、步架高度，能满足工人操作、材料堆放和运输需要；有足够的强度、刚度和稳定性，保证施工期间在各种荷载作用下的安全性；搭拆和搬运方便，能多次周转使用，节省施工费用；因地制宜，就地取材，尽量节约用料。脚手架有以下几种分类方式：

① 按用途分类：有结构用脚手架、装修用脚手架、防护用脚手架、支撑用脚手架。

② 按组合方式分类：有多立杆式脚手架、框架组合式脚手架、格构件组合式脚手架、台架。

③ 按设置形式分类：有单排脚手架、双排脚手架、多排脚手架、满堂脚手架、满高脚手架、交圈脚手架。

④ 按支固方式分类：有落地式脚手架、悬挑式脚手架、悬吊式脚手架、附着式升降脚手架。

⑤ 按材料分类：有木脚手架、竹脚手架、钢管脚手架。

脚手架分类方式有很多，工程中常用的钢管脚手架又可分为扣件式钢管脚手架、碗扣式钢管脚手架。

3.5.2 扣件式钢管脚手架

扣件式钢管脚手架由钢管杆件用扣件连接而成，具有工作可靠、装拆方便和适应性强等特点，是目前我国使用最为普遍的一种多立杆式脚手架。

1. 扣件式钢管脚手架基本构件

(1) 钢管杆件

钢管杆件一般有两种规格，一种是外径48mm，壁厚3.5mm；另一种是外径51mm，壁厚3mm；脚手架钢管的尺寸如表3-10所示。钢管杆件根据其所在位置不同，可分为立杆、水平杆、扫地杆等，见图3-16。

表 3-10 脚手架钢管尺寸(单位:mm)

截面尺寸		最大长度	
外径	壁厚	横向水平杆	其他杆
48 51	3.5 3	2200	6500

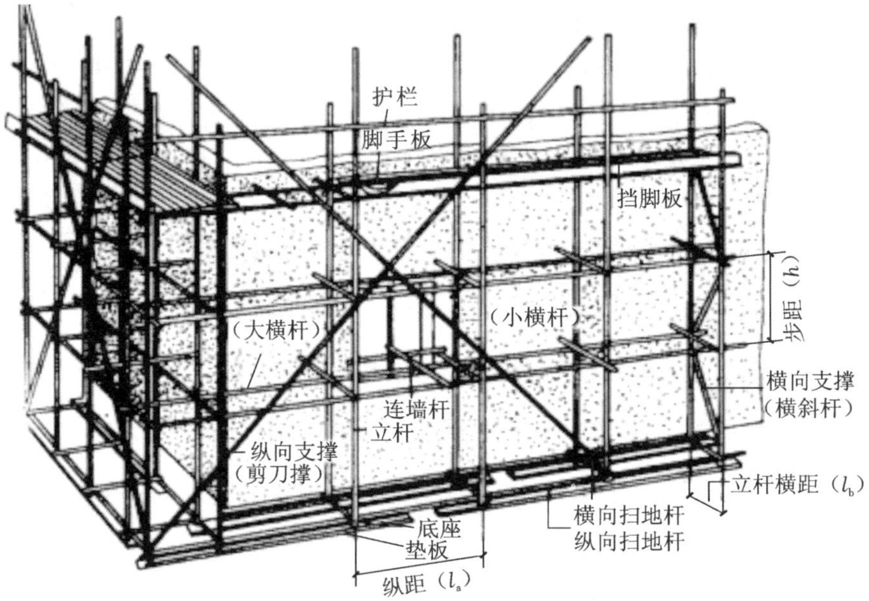

图 3-16 扣件式钢管脚手架构造

(2) 扣件

扣件是钢管与钢管之间的连接件,其形式有 3 种,即直角扣件、对接扣件和旋转扣件,如图 3-17 所示。

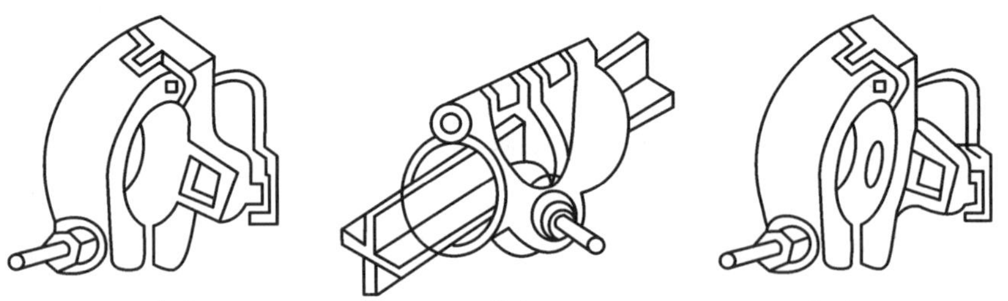

(a) (b) (c)

图 3-17 扣件

(a)直角扣件;(b)对接扣件;(c)旋转扣件

直角扣件用于两根垂直相交钢管的连接,它依靠扣件与钢管之间的摩擦力传递荷载。对接扣件用于两根钢管对接接长的连接。旋转扣件用于两根任意角度相交钢管的连接。

(3) 底座与垫板

底座(见图 3-18)是设立于立杆底部的垫座。注意底座与垫板的区别,底座一般是用钢板和钢管焊接而成的,底座一般放在垫板上面,而垫板既可以是木板也可以是钢板。

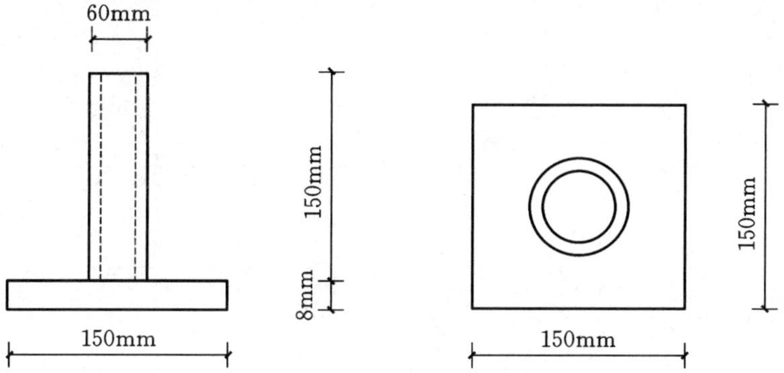

图 3-18 底座

(4) 连墙件

立柱必须通过连墙件与正在施工的建筑物连接。连墙件既能承受拉力及压力作用,又有一定的抗弯和抗扭能力。它一方面要抵抗脚手架相对于墙体的内倾和外张变形,同时也能对立杆的纵向弯曲变形有一定的约束作用,从而提高脚手架立杆的抗失稳能力。

(5) 横向斜撑

横向斜撑是与双排脚手架内外立杆或水平杆斜交的呈之字形的斜杆。横向支撑应在同一节间由底至顶呈之字形连续布置。

(6) 脚手板

脚手板可采用钢、木、竹、铝合金等材料制成,采用三支点承重。

(7) 护栏和挡脚板

在铺脚手板的操作层上必须设两道护栏和挡脚板,上护栏高度不小于 1.1m,挡脚板也可用加设的一道低栏杆代替。

(8) 扫地杆

立杆应设置离地面很近的纵横向扫地杆并用直角扣件固定在立柱上,纵向扫地杆轴线距离底座下皮不应大于 200mm。

2. 扣件式钢管脚手架构造要求

(1) 常用脚手架设计尺寸

脚手架设计尺寸应符合《建筑施工扣件式钢管脚手架安全技术规范》(JGJ 130—2011)(以下简称《规范》)规定,常用敞开式单、双排脚手架结构设计尺寸,宜按表 3-11 和表 3-12 设置。

表 3-11 常用敞开式双排脚手架设计尺寸(单位:m)

连墙件设置	立杆横距 l_b	步距 h	下列荷载时的立杆纵距 l_a				脚手架允许搭设高度[H]
			2+4×0.35 (kN/m²)	2+2+4×0.35 (kN/m²)	3+4×0.35 (kN/m²)	3+2+4×0.35 (kN/m²)	
二步三跨	1.05	1.20～1.35	2.0	1.8	1.5	1.5	50
		1.80	2.0	1.8	1.5	1.5	50
	1.30	1.20～1.35	1.8	1.5	1.5	1.5	50
		1.80	1.8	1.5	1.5	1.2	50
	1.55	1.20～1.35	1.8	1.5	1.5	1.5	50
		1.80	1.8	1.5	1.5	1.2	37
三步三跨	1.05	1.20～1.35	2.0	1.8	1.5	1.5	50
		1.80	2.0	1.5	1.5	1.5	34
	1.30	1.20～1.35	1.8	1.5	1.5	1.5	50
		1.80	1.8	1.5	1.5	1.2	50

注:1.表中所示 2+2+4×0.35(kN/m²)、2+4×0.35(kN/m²)是二层装修作业层施工荷载;4×0.35(kN/m²)包括二层作业层脚手板,另两层脚手板是根据《规范》第 7.3.12 条的规定确定。

2.作业层横向水平杆间距,应按不大于 $l_a/2$ 设置。

表 3-12 常用敞开式单排脚手架设计尺寸(单位:m)

连墙件设置	立杆横距 l_b	步距 h	下列荷载时的立杆纵距 l_a		脚手架允许搭设高度[H]
			2+2×0.35 (kN/m²)	3+2×0.35 (kN/m²)	
二步三跨	1.2	1.20～1.35	2.0	1.5	50
		1.80	2.0	1.5	50
三步三跨	1.40	1.20～1.35	2.0	1.5	50
		1.80	2.0	1.5	34

(2) 纵向水平杆、横向水平杆、脚手板

① 纵向水平杆的构造应符合下列规定:

A. 纵向水平杆宜设置在立杆内侧,其长度不宜小于三跨。

B. 纵向水平杆接长宜采用对接扣件连接,也可采用搭接。对接、搭接应符合下列规定。

a. 纵向水平杆的对接扣件应交错布置:两根相邻纵向水平杆的接头不宜设置在同步或同跨内;不同步或不同跨两个相邻接头在水平方向错开的距离不应小于 500mm;各接头中心至最近主节点的距离不宜大于纵距的 1/3。

b. 搭接长度不应小于 1m,应等间距设置 3 个旋转扣件固定,端部扣件盖板边缘至搭接纵向水平杆杆端的距离不应小于100mm。

c. 当使用冲压钢脚手板、木脚手板、竹串片脚手板时，纵向水平杆应作为横向水平杆的支座，用直角扣件固定在立杆上；当使用竹笆脚手板时，纵向水平杆应采用直角扣件固定在横向水平杆上，并应等间距设置，间距不应大于400mm。

② 横向水平杆的构造应符合下列规定：

a. 主节点处必须设置一根横向水平杆，用直角扣件扣接且严禁拆除。主节点处两个直角扣件的中心距不应大于150mm。在双排脚手架中，靠墙一端的外伸长度不应大于0.4倍的两节点的中心长度，且不应大于500mm。

b. 作业层上非主节点处的横向不平杆，宜根据支承脚手板的需要等间距设置，最大间距不应大于纵距的1/2。

c. 当使用冲压钢脚手板、木脚手板、竹串片脚手板时，双排脚手架的横向水平杆两端均应采用直角扣件固定在纵向水平杆上；单排脚手架的横向水平杆的一端，应用直角扣件固定在纵向水平杆上，另一端应插入墙内，插入长度不应小于180mm。

d. 使用竹笆脚手板时，双排脚手架的横向水平杆两端应用直角扣件固定在立杆上；单排脚手架的横向水平杆的一端，应用直角扣件固定在立杆上，另一端应插入墙内，插入长度不应小于180mm。

③ 脚手板的设置应符合下列规定：

a. 作业层脚手板应铺满、铺稳，离开墙面120～150mm。

b. 冲压钢脚手板、木脚手板、竹串片脚手板等，应设置在三根横向水平杆上。当脚手板长度小于2m时，可采用两根横向水平杆支承，但应将脚手板两端与其可靠固定，严防倾翻。此三种脚手板的铺设可采用对接平铺，也可采用搭接铺设。脚手板对接平铺时，接头处必须设两根横向水平杆，脚手板外伸长应取130～150mm，两块脚手板外伸长度的和不应大于300mm；脚手板搭接铺设时，接头必须支在横向水平杆上，搭接长度应大于200mm，其伸出横向水平杆的长度不应小于100mm。

c. 竹笆脚手板应按其主竹筋垂直于纵向水平杆方向铺设，且采用对接平铺，四个角应用直径1.2mm的镀锌钢丝固定在纵向水平杆上。

d. 作业层端部脚手板探头长度应取150mm，其板长两端均应与支承杆可靠地固定。

（3）立杆

① 每根立杆底部应设置底座或垫板。

② 脚手架必须设置纵、横向扫地杆。纵向扫地杆应采用直角扣件固定在距底座上方不大于200mm处的立杆上。横向扫地杆应采用直角扣件固定在紧靠纵向扫地杆下方的立杆上。当立杆基础不在同一高度上时，必须将高处的纵向扫地杆向低处延长两跨与立杆固定，高低差不应大于1m。靠边坡上方的立杆轴线到边坡的距离不应小于500mm。

③ 脚手架底层步距不应大于2m。

④ 立杆必须用连墙件与建筑物可靠连接，连墙件布置间距宜按表3-13采用。

表 3-13　连墙件布置最大间距

脚手架高度		竖向间距	水平间距	每根连墙件覆盖面积/m^2
双排	≤50m	$3h$	$3l_a$	≤40
	>50m	$2h$	$3l_a$	≤27
单排	≤24m	$3h$	$3l_a$	≤40

注：h 为步距；l_a 为纵距。

⑤ 立杆接长除顶层顶步可采用搭接外，其余各层各步接头必须采用对接扣件连接。对接、搭接应符合下列规定：

a. 立杆上的对接扣件应交错布置：两根相邻立杆的接头不应设置在同步内，同步内隔一根立杆的两个相隔接头在高度方向错开的距离不宜小于 500mm；各接头中心至主节点的距离不宜大于步距的 1/3。

b. 搭接长度不应小于 1m，应采用不少于 2 个旋转扣件固定，端部扣件盖板的边缘至杆端距离不应小于 100mm。

⑥ 立杆顶端宜高出女儿墙上皮 1m，高出檐口上皮 1.5m。

⑦ 双管立杆中副立杆的高度不应低于三步，钢管长度不应小于 6m。

(4) 连墙件

① 连墙件数量的设置除应满足《规范》计算要求外，还应符合表 3-13 的规定。

② 连墙件的布置应符合下列规定：

a. 宜靠近主节点设置，偏离主节点的距离不应大于 300mm；

b. 应从底层第一步纵向水平杆处开始设置，当该处设置有困难时，应采用其他可靠措施固定；

c. 宜优先采用菱形布置，也可采用方形、矩形布置；

d. 一字形、开口形脚手架的两端必须设置连墙件，连墙件的垂直间距不应大于建筑物的层高，并不应大于 4m(两步)。

③ 对高度在 24m 以下的单、双排脚手架，宜采用刚性连墙件与建筑物可靠连接，亦可采用拉筋和顶撑配合使用的附墙连接方式。严禁使用仅有拉筋的柔性连墙件。

④ 对高度 24m 以上的双排脚手架，必须采用刚性连墙件与建筑物可靠连接。

⑤ 连墙件的构造应符合下列规定：

a. 连墙件中的连墙杆或拉筋宜呈水平设置，当不能水平设置时，与脚手架连接的一端应下斜连接，不应采用上斜连接。

b. 连墙件必须采用可承受拉力和压力的构造。采用拉筋必须配用顶撑，顶撑应可靠地顶在混凝土圈梁、柱等结构部位。拉筋应采用两根以上直径 4mm 的钢丝拧成一股，使用时不应少于 2 股；也可采用直径不小于 6mm 的钢筋。

⑥ 当脚手架下部暂不能设连墙件时可搭设抛撑。抛撑应采用通长杆件与脚手架可靠连接，与地面的倾角应为 45°～60°；连接点中心至主节点的距离不应大于 300mm。抛撑应在连墙件搭设后方可拆除。

(5) 剪刀撑与横向斜撑

① 双排脚手架应设剪刀撑与横向斜撑，单排脚手架应设剪刀撑。

② 剪刀撑的设置应符合下列规定：

a. 每道剪刀撑跨越立杆的根数宜按表 3-14 的规定确定。每道剪刀撑宽度不应小于四跨，且不应小于 6m，斜杆与地面的倾角宜为 45°～60°。

表 3-14 剪刀撑跨越立杆的最多根数

剪刀撑斜杆与地面的倾角 α/(°)	45	50	60
剪刀撑跨越立杆的最多根数 n	7	6	5

b. 高度在 24m 以下的单、双排脚手架，均必须在外侧立面的两端各设置一道剪刀撑，并应由底至顶连续设置；中间各道剪刀撑之间的净距不应大于 15m。

c. 高度在 24m 以上的双排脚手架应在外侧立面整个长度和高度上连续设置剪刀撑。

d. 剪刀撑斜杆的接长宜采用搭接，搭接应符合《规范》第 6.3.5 条的规定。

e. 剪刀撑斜杆应用旋转扣件固定在与之相交的横向水平杆的伸出端或立杆上，旋转扣件中心线至主节点的距离不宜大于 150mm。

3.5.3 碗扣式钢管脚手架

碗扣式钢管脚手架是一种杆件轴心相交(接)的承插锁固式钢管脚手架，采用带连接件的定型杆件，组装简便，具有比扣件式钢管脚手架更强的稳定性和承载能力。

碗扣接头是该脚手架系统的核心部件，它由上、下碗扣等组成，如图 3-19 所示。一个碗扣接头可同时连接 4 根横杆，可以相互垂直或偏转一定角度。

安装横杆时，先将上碗扣的缺口对准限位销，即可将上碗扣沿立杆向上移动，再把横杆接头插入下碗扣圆槽内，随后将上碗扣沿限位销滑下并顺时针旋转以扣紧横杆接头(可使用锤子敲击几下即可达到扣紧要求)。碗扣式接头的拼接完全避免了螺栓作业，大大提高了施工效率。

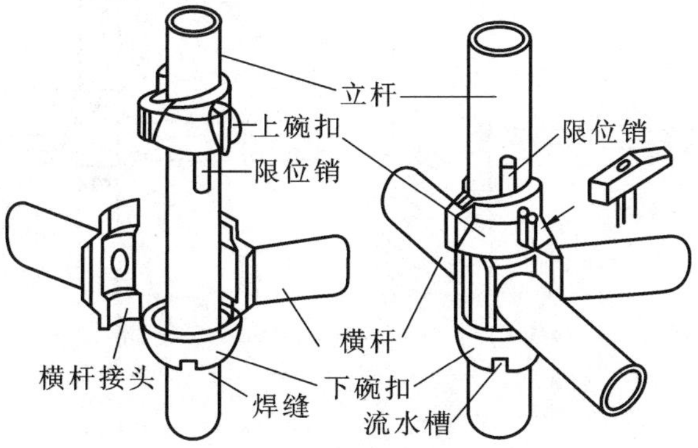

图 3-19 碗扣接头

碗扣式钢管双排外脚手架搭设高度可达 90m，立杆横向间距 1.2m，纵向间距 1.2～

2.4m,上下立杆通过内销管或外套管连接。在立杆上每隔 0.6m 安装一套碗扣接头,步架高 1.8m,根据荷载情况,高度在 30m 以下的脚手架,设置斜杆的面积为整架立面面积的 1/5～1/2;高度超过 30m 的高层脚手架,设置斜杆的面积要不小于整架面积的 1/2。在拐角边缘及端部必须设置斜杆,中间则应均匀间隔布置。

剪刀撑的设置应与碗扣式斜杆的设置相配合,一般高度在 30m 以下的脚手架,可每隔四至六跨设置一组沿全高连续搭设的剪刀撑,每道剪刀撑跨越 5～7 根立杆,设剪刀撑的跨内不再设碗扣式斜杆;对于高度在 30m 以上的高层脚手架,应沿脚手架外侧以及全高方向连续设置,两组剪刀撑之间用碗扣式斜杆。斜杆、剪刀撑设置如图 3-20 所示。

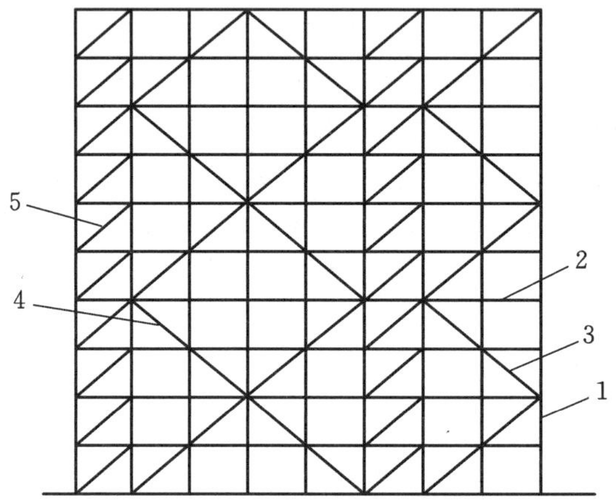

图 3-20 斜杆、剪刀撑设置

1—立杆;2—大横杆;3—斜撑;4—剪刀撑;5—斜杆

连墙撑是使脚手架与建筑物的墙体结构等牢固连接,加强脚手架抵御风荷载及其他水平荷载的能力,防止脚手架倒塌且增强稳定承载力的构件。有碗扣式连墙撑和扣件式连墙撑两种形式。碗扣式连墙撑可直接用碗扣接头同脚手架连在一起,受力性能好,如图 3-21 所示。扣件式连墙撑是用钢管和扣件同脚手架相连,位置可随意设置,使用方便。

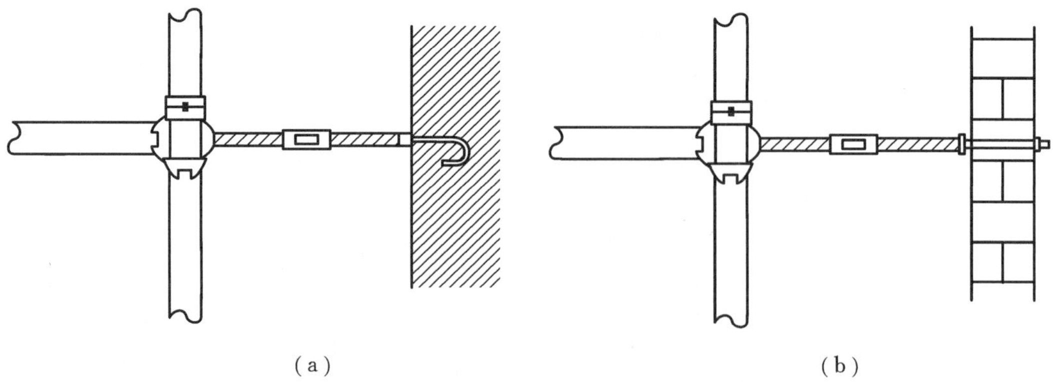

图 3-21 碗扣式连墙撑

(a)与混凝土墙连接;(b)与砖墙连接

3.5.4 门式脚手架

门式脚手架又称门型架、门架、鹰架。门式脚手架由美国首先研制成功，它具有装拆简单，承载性能好，使用安全可靠等特点，发展速度很快。门式脚手架在各种新型脚手架中，开发最早，使用量也最多，在美国、日本等国家，其使用量约占各类脚手架的 50%。我国从 20 世纪 70 年代末开始，先后从日本、美国、英国等国家引进并使用这种脚手架。

1. 基本结构

门式钢管脚手架主要由门架、平板、螺旋基脚、剪刀撑、连接棒、水平梁架等组成基本单元(如图 3-22 所示)。将基本单元相互连接起来即构成整片脚手架(如图 3-23 所示)。

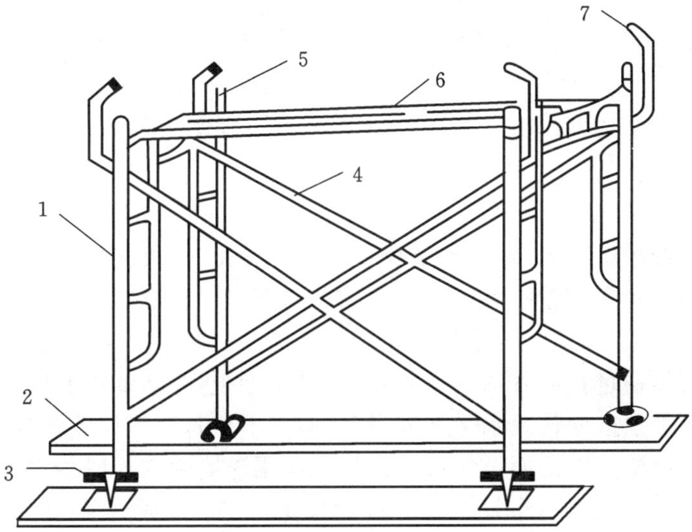

图 3-22 门式钢管脚手架基本单元

1—门架;2—平板;3—螺旋基脚;4—剪刀撑;5—连接棒;6—水平梁架;7—锁臂

图 3-23 整片门式钢管脚手架

(1) 门架

门架有多种不同型式。构成基本单元的标准型门架,宽度 1.219m、高度 1.7m。门架之间连接在垂直方向使用连接棒及自锁的腕臂锁扣,在脚手架纵向采用十字剪刀撑,在脚手架顶部水平面使用水平梁架或脚手板。

(2) 十字剪刀撑

十字剪刀撑的规格根据门架的间距来选择,一般多采用 1.8m。

(3) 水平梁架

水平梁架是挂扣在门架横杆上的水平构件,其规格根据门架间距选择,一般为 1.8m。

(4) 底座

底座有三种,分别为简易底座、可调 U 形底座和带脚轮底座。

(5) 脚手板

脚手板一般是钢制的,两端带有挂扣,搁置在门架横梁上并扣紧。

(6) 连墙件

连墙件是确保脚手架整体稳定的拉结件。常用的连墙件一端用扣件与门架立柱扣紧,另一端固定在墙内。

2. 搭设要求

门式脚手架一般按以下程序搭设:铺放垫木(板)→拉线、放底座→自一端起立门架并随即装剪刀撑→装水平梁架(或脚手板)→装梯子→需要时,装设通常的纵向水平杆→装设连墙杆→照上述步骤,逐层向上安装→装加强整体刚度的长剪刀撑→装设顶部栏杆。

外墙脚手架必须通过扣墙管与墙体拉结,并用扣件把钢管和处于相交方向的门架连接起来。整片脚手架必须适量放置水平加固杆(纵向水平杆),前三层要每层设置,三层以上则每隔三层设一道。在架子外侧面设置长剪刀撑。使用连墙管或连墙器将脚手架与建筑物连接。高层脚手架应增加连墙点布设密度。拆除架子时应自上而下进行,部件拆除顺序与安装顺序相反。门式脚手架架设超过 10 层,应加设辅助支撑,一般高在 8～11 层门式框架之间,宽在 5 个门式框架之间,加设一组,使部分荷载由墙体承受。

3.5.5 附着升降脚手架

沿建筑物外围搭设落地式脚手架耗费大量工料,并且对高层建筑施工有一定的影响,搭设高度还有一定限制。挑脚手架和挂脚手架不能自行升降,吊篮不能用于结构工程施工。附着式脚手架克服了上述缺点,对高层建筑施工有很好的适应性和经济性。升降式脚手架是沿结构外表面满搭的脚手架,多利用穿入结构预留孔洞中的螺栓外挂在墙面上或框架上,借助于自身携带的简易起重工具随结构施工向上逐层提升,以满足结构施工的需要。在结构和装修工程施工中应用较为方便,但费料耗工,一次性投资大,工期长。近年来在高层建筑及筒仓、竖井、桥墩等施工中发展出了多种形式的外挂脚手架,其中应用较为广泛的升降式脚手架,包括自升降式、互升降式和整体升降式三种。

1. 自升降式脚手架

自升降式脚手架的升降运动是通过手动或电动倒链交替对活动架和固定架进行升降来

实现的。从升降架的构造来看,活动架和固定架之间能够进行上下相对运动。当脚手架工作时,活动架和固定架均用附墙螺栓与墙体锚固,两架之间无相对运动;当脚手架需要升降时,活动架与固定架中的一个架子仍然锚固在墙体上,使用倒链对另一个架子进行升降,两架之间便产生相对运动。通过活动架和固定架交替附墙,互相升降,脚手架即可沿着墙体上的预留孔逐层升降。具体操作过程如下。

(1) 施工前准备

按照脚手架的平面布置图和升降架附墙支座的位置,在混凝土墙体上设置预留孔。预留孔尽可能与固定模板的螺栓孔结合布置,孔径一般为 40~50mm。为使升降顺利进行,预留孔中心必须在一直线上。脚手架爬升前,应检查墙上预留孔位置是否正确,如有偏差,应预先修正,墙面凸出严重时,也应预先修平。

(2) 安装

脚手架的安装在起重机配合下按脚手架平面图进行。先把上、下固定架用临时螺栓连接起来,组成一片,附墙安装。一般每 2 片为一组,每步架上用 4 根 $\phi48\times3.5$ 钢管作为大横杆,把 2 片升降架连接成一跨,组装成一个与邻跨没有牵连的独立升降单元体。附墙支座的附墙螺栓从墙外穿入,待架子校正后,在墙内紧固。对壁厚的筒仓或桥墩等,也可预埋螺母,然后用附墙螺栓将架子固定在螺母上。脚手架工作时,每个单元体共有 8 个附墙螺栓与墙体锚固。为了满足结构工程施工,脚手架应超过结构一层的安全作业需要。在升降脚手架上墙组装完毕后,用 $\phi48\text{mm}\times3.5\text{mm}$ 钢管和对接扣件在上固定架上面再接高一步。最后在各升降单元体的顶部扶手栏杆处设临时连接杆,使之成为整体,内侧立杆用钢管扣件与模板支撑系统拉结,以增强脚手架整体稳定。

(3) 爬升

爬升可分段进行,视设备、劳动力和施工进度而定,每个爬升过程提升 1.5~2m,每个爬升过程分 2 步进行。

① 爬升活动架

解除脚手架上部的连接杆,在一个升降单元体两端升降架的吊钩处,各配置 1 只倒链,倒链的上、下吊钩分别挂入固定架和活动架的相应吊钩内。操作人员位于活动架上,倒链受力后卸去活动架附端支座的螺栓,活动架即被倒链挂在固定架上,然后在两端同步提升,活动架即呈水平状态缓慢上升。爬升到达预定位置后,将活动架用附墙螺栓与墙体锚固,卸下倒链,活动架爬升完毕。

② 爬升固定架

同爬升活动架相似,在吊钩处用倒链的上、下吊钩分别挂入活动架和固定架的相应吊钩内,倒链受力后卸去固定架附墙支座的附墙螺栓,固定架即被倒链挂吊在活动架上。然后在两端同步抽动倒链,固定架缓慢上升,爬升至预定位置后,将固定架用附墙螺栓与墙体锚固,卸下倒链,固定架爬升完毕。

至此,脚手架完成了一个爬升过程。待爬升一个施工高度后,重新设置上部连接杆,脚手架进入工作状态,以后按此循环操作,脚手架即可不断爬升,直至结构到顶。

2. 互升降式脚手架

按单元安设脚手架体,单元间隔 200mm。间隔提升或下降各单元。相邻架段互为支承,交替升降。即甲段固定在建筑物结构构件上,利用起重设备将乙段提升到上一层。然后乙段固定在建筑物上，松开甲段的固定，将甲段提升到上一层，实现单元脚手架提升单元脚手架。

3. 整体升降式脚手架

整体升降式外脚手架以电动倒链为提升机，使整个外脚手架沿建筑物外墙或柱整体向上爬升。脚手架搭设高度依建筑物施工层的层高而定，一般取建筑物标准层4～5层高度加1步安全栏的高度为架体的总高度。脚手架为双排，宽以0.8～1m为宜，里排杆离建筑物净距0.4～0.6m。脚手架的横杆和立杆间距都不宜超过1.8m，可将1个标准层高分为2步架，以此步距为基数确定架体横、立杆的间距。此种脚手架附件量少，能适应变层高，节省整体提升时间，适用于剪力墙结构和框架结构，从结构施工到装修阶段的全过程均能使用。其适用于平面形状规整，易形成外周闭合圈的建筑物的施工。

3.5.6 悬挑式脚手架

在高层建筑施工中，悬挑式脚手架因节省材料获得了较多的运用，采用型钢材料作为悬挑梁的悬挑式脚手架，具有较好的稳定性、安全性，能满足施工安全生产需要。其工艺原理：利用固定在主体结构梁板上的型钢制作的悬挑梁，并辅以悬挑梁斜拉钢丝绳稳定件作为钢管外架的承力构件，搭设钢管外架高度不超过24m，并按一定数量设置拉结点，以分段搭设满足脚手架高度的要求。

1. 常用悬挑式脚手架的形式

按型钢支承架与主体结构的连接方式可分为以下几种形式：①搁置固定于主体结构层上的形式（见图3-24）；②搁置加斜支撑或加上张拉与预埋件连接；③主体结构面上的预埋件焊接形式（见图3-25）。

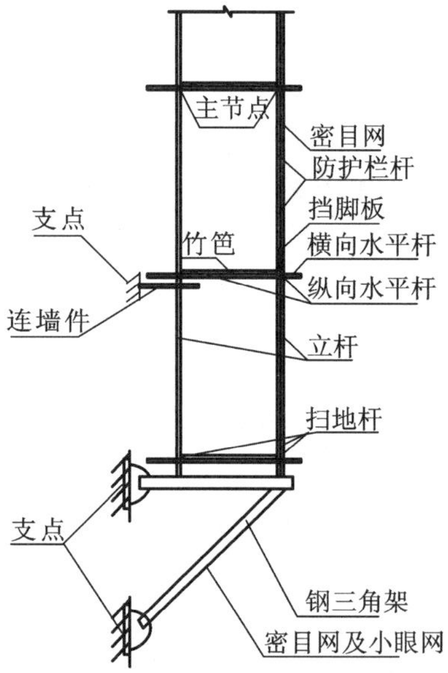

图3-24　搁置固定于主体结构层上的形式

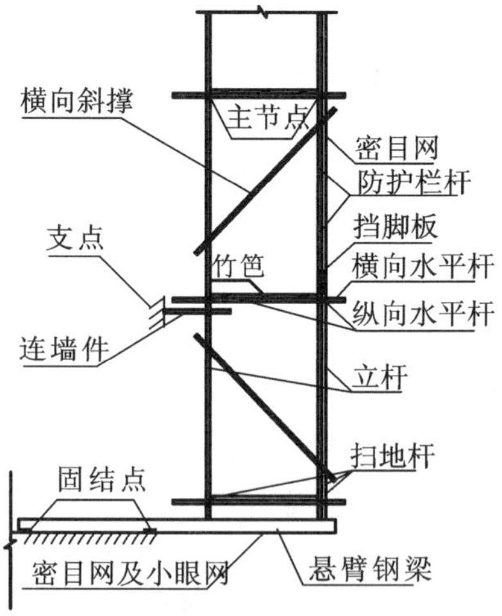

图3-25　主体结构面上的预埋件焊接形式

2. 悬挑式脚手架的基本参数

① 起挑层高。一般从第四、五层开始起挑，根据工程需要决定。

② 挑梁型号规格。挑梁一般采用工字钢等型钢。根据荷载大小设计选用工字钢的型号规格。

③ 步高(步距)、步宽(立杆横距)、立杆纵距(跨)等主要技术数参考表3-15。

表3-15 悬挑式脚手架主要技术数据

立杆横距	立杆纵距	步高	每段脚手架高度	最大荷载	同时施工步数
0.9～1.1m	1.5～1.8m	1.8m首步架高为1.5m	≤24m	$2kN/m^2$	3

④ 连墙件竖向间距、水平间距。连墙件竖向间距不大于2倍步距,水平间距不大于3倍纵距,每根连墙件覆盖面积不大于$27m^2$。

⑤ 单挑高度。每道型钢支承架上部的脚手架高度不宜大于24m。对每道型钢支承架上部的脚手架高度大于24m的悬挑式脚手架,应对风荷载取值、架体及连墙件构造等方面进行专门研究后作出相应的加强设计。

⑥ 总高度。根据主体结构总高度及施工需要确定。本规程适用于在高度不大于100m的高层建筑或高耸构筑物上使用的悬挑式脚手架。对使用总高度超过100m的悬挑式脚手架,应对风荷载取值、架体及连墙件构造等方面进行专门研究后作出相应的加强设计。

3.5.7 里脚手架

1. 支柱式里脚手架

支柱式里脚手架适用于砌墙和内装饰工程的施工,支柱与横杆形成支架,铺上脚手板即为脚手架,可搭成双排架或单排架。双排支柱纵向间距不大于1.8m,横向间距不大于1.5m。单排架支柱距墙不大于1.5m,横杆入墙宽度不小于240mm。支柱式里脚手架的支柱有套管式和承插式两种形式。套管式支柱(见图3-26),它是将插管插入立管中,以销孔间距调节

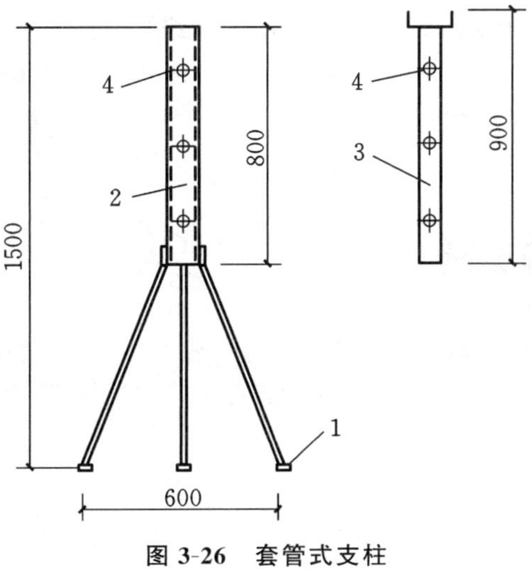

图3-26 套管式支柱

1—支脚;2—立管;3—插管;4—销孔

高度，在插管顶端的凹形支托内搁置方木横杆，横杆上铺设脚手架。架设高度为1.5～2.1m。

2. 折叠式里脚手架

折叠式里脚手架(见图3-27)适用于民用建筑的内墙砌筑和内粉刷，根据材料不同，分为角钢折叠式里脚手架、钢管折叠式里脚手架和钢筋折叠式里脚手架。角钢折叠式里脚手架的架设间距，砌墙时不超过2m，粉刷时不超过2.5m。根据施工层高，沿高度可以搭设两步脚手架，第一步高约1m，第二步高约1.65m。钢管折叠式里脚手架和钢筋折叠式里脚手架的架设间距，砌墙时不超过1.8m，粉刷时不超过2.2m。

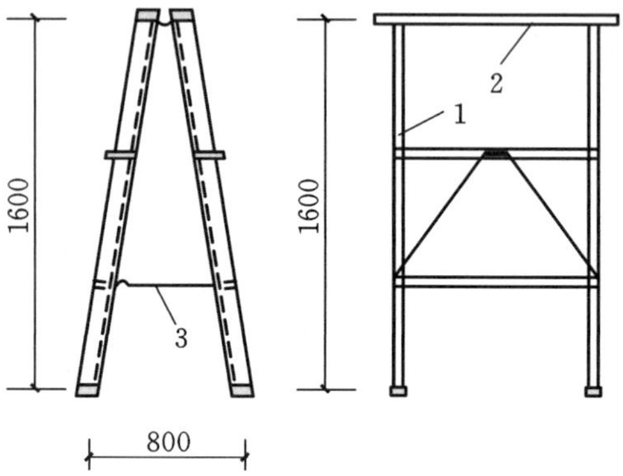

图3-27 折叠式里脚手架

1—立柱；2—横楞；3—挂钩

3. 门架式里脚手架

门架式里脚手架可用于砌墙和粉刷。其由支架和门架组成，分为套管式和承插式。套管式架设高度为1.44m、1.7m、1.9m，承插式架设高度为1.34m、2.43m。

4. 满堂红脚手架

满堂红脚手架适用于厂房、剧院、大餐厅等顶棚的装修工程，其由钢管、杉木杆、松木杆等搭设。松木杆立杆纵横间距为1.5m，其余立杆纵横间距为1.7m；操作层承重杆间距0.8m；靠墙立杆离墙距离0.4～0.5m，大横杆竖向步距纵向为1.6m，横向两边为1.6m，中间为3.2m；四角设抱角斜撑，四边各设剪刀撑一道，于中间的纵横方向上，每隔四排立杆各设一道剪刀撑，剪刀撑的宽度不得小于二至三跨。

3.5.8 垂直运输设施

垂直运输设施是指在建筑施工中担负垂直运(输)送材料、设备和人员上下的机械设备，是建筑施工中不可缺少的重要设备。常用的垂直运输设施有塔式起重机、物料提升架、施工电梯等。

1. 塔式起重机

塔式起重机具有提升、回转、水平输送等功能，能同时满足施工中垂直运输、水平运输的需求。多用于大型、高层建筑，结构安装工程。

2. 物料提升架

物料提升架主要包括井式提升架(井架)、龙门式提升架(龙门架),均采用卷扬机进行提升。与塔式起重机相比,其具有安装方便、费用低廉的特点,广泛用于一般建筑工程施工。当用于10层以下建筑时,多采用缆风绳固定;用于超过10层的高层建筑施工时,必须采取附墙方式固定。

井式提升架除采用型钢或钢管加工的定型井架之外,还可采用扣件式钢管搭设而成(见图3-28)。在井架内设置吊盘,井架上可视需要设置拔杆,其起重量一般为0.5～1.0t,回转半径可达10m(见图3-29)。

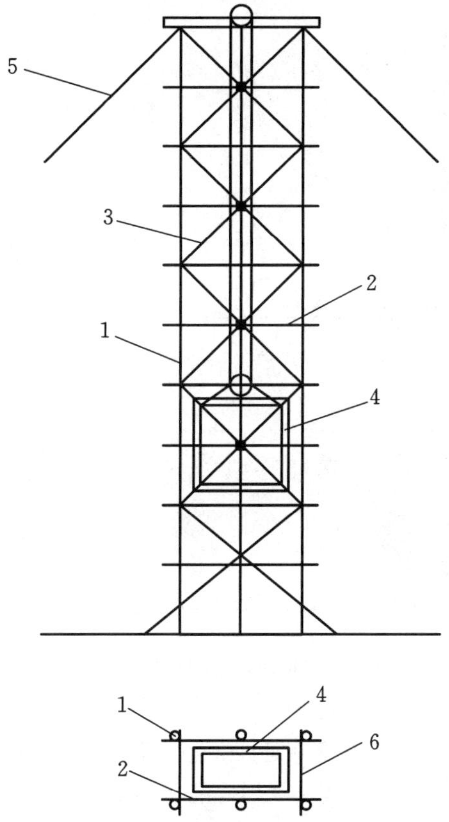

图3-28 扣件式钢管井架

1—立杆;2—大横杆;3—剪刀撑;4—吊盘;5—缆风绳;6—小横杆

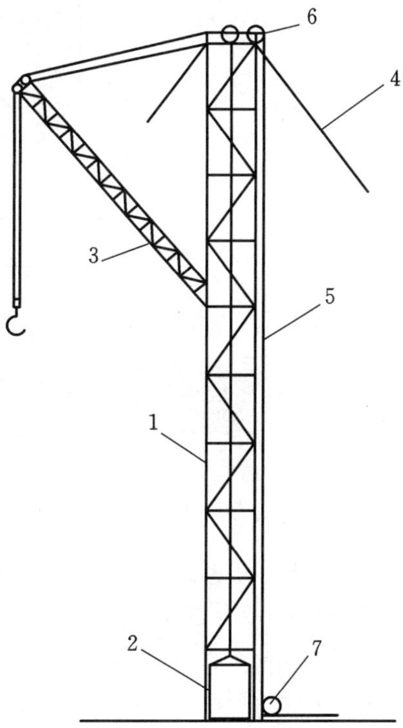

图3-29 型钢井架

1—立柱;2—吊盘;3—拔杆;4—缆风绳;5—钢丝绳;6—天轮;7—地轮

龙门架(见图3-30)是由两根立柱及天轮梁(横梁)构成的门式架。在龙门架上装设滑轮(天轮及地轮)、导轨、吊盘(上料平台)、安全装置以及起重索、缆风绳等即构成一个完整的垂直运输体系。

井架和龙门架的吊盘应有可靠的安全装置,以防止吊盘在运行中和停车装、卸料时发生坠落等严重事故,主要有吊盘停车安全装置、钢丝绳断后的安全装置、高度限位装置等。

3. 施工电梯

施工电梯是高层建筑施工中主要的垂直运输设备。建筑高度超过15层或40m时,应

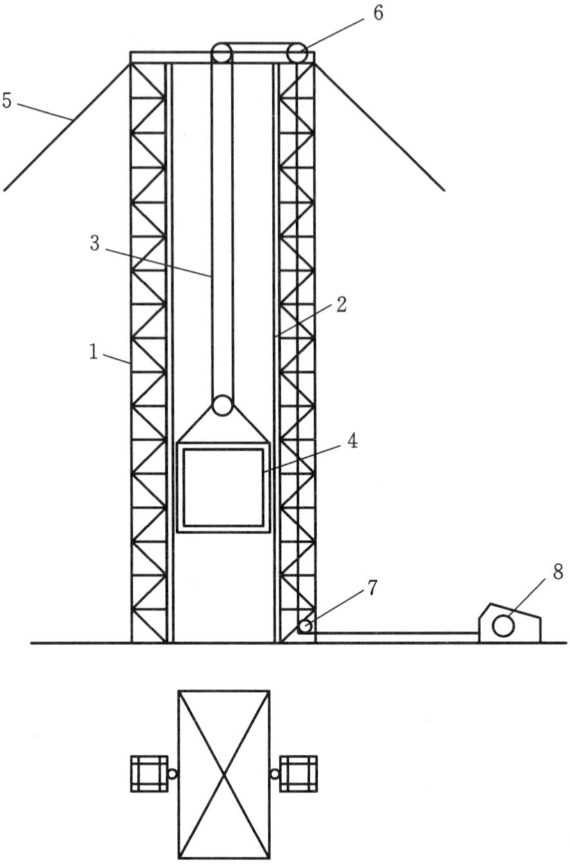

图 3-30 龙门架

1—立柱;2—导轨;3—钢丝绳;4—吊盘;5—缆风绳;6—天轮;7—地轮;8—卷扬机

设施工电梯以解决施工人员的上下问题。施工电梯附着在外墙或其他结构部位上,随建筑物升高,架设高度可达 200m 以上。

人货两用施工电梯还可承担施工材料的垂直运输任务,但大宗的、集中使用性强的材料,如钢筋、模板、混凝土等,特别是混凝土的用量大、使用率集中,能否保证及时地输送上去,直接影响到工程的进度和质量。因此,必须解决好垂直运输设施的合理配套设置问题。

3.6 砌体工程施工安全注意事项

砌体工程施工安全注意事项如下:

① 砌筑操作前必须检查操作环境是否符合安全要求,道路是否畅通,机具是否完好牢固,安全设施和防护用品是否齐全,经检查符合要求后方可施工。

② 砌筑基础时,应检查和经常注意基槽(坑)土质的变化情况。

③ 堆放砖、石、材料离坑边 1m 以上。

④ 墙身砌体高度超过地坪 1.2m 以上时，搭设操作脚手架。在一层以上或高度超过 4m 时，必须有上下马道，采用里脚手架必须支搭安全网；采用外脚手架设护身栏和挡脚板。不准在超过胸部的墙上进行砌筑，以免将墙体碰撞倒塌造成安全事故。

⑤ 在架子上不能向外打砖；不得站在架子或墙顶上修凿石料；护身栏杆不得坐人；需用原架子作外沿构缝时，应重新对架子进行检查和加固。砍砖时应面向墙体打，避免碎砖飞出伤人。

⑥ 不准在墙顶或架子上整修石材，以免振动墙体影响质量或石片掉下伤人。

⑦ 不准起吊有部分破裂和脱落危险的砌块。

⑧ 不得站在墙顶上进行弹线、刮缝及清扫墙面，或检查大角垂直度等作业，也不得在刚砌好的墙上行走。

⑨ 脚手架上运输，脚手板要钉牢固。

⑩ 堆料严格控制堆重，以确保较大的安全储备。堆砖不得超过三层，同一块脚手板上的操作人员不得超过 2 人。

练　习　题

一、选择题

1. 关于砌筑砂浆，说法正确的是(　　)。

A.在干热条件砌筑时，应选用较小稠度值的砂浆

B.机械搅拌砂浆时，搅拌时间自开始投料时算起

C.水泥粉煤灰砂浆的搅拌时间不少于 3min

D.现场拌制砂浆应在 2h 内用完

2. 设有钢筋混凝土构造柱的抗震多层砖房，施工顺序正确的是(　　)。

A.砌砖墙→绑扎钢筋→浇筑混凝土

B.绑扎钢筋→浇筑混凝土→砌砖墙

C.绑扎钢筋→砌砖墙→浇筑混凝土

D.浇筑混凝土→绑扎钢筋→砌砖墙

3. 砖砌体“三一”砌筑法的具体含义是指(　　)。

A.一个人　　B.一铲灰　　C.一块砖　　D.一揉压　　E.一勾缝

4. 关于砖砌体施工技术的说法，错误的是(　　)。

A.砌筑前，烧结砖应提前 1～2d 浇水湿润

B.采用铺浆法砌筑，铺浆长度不得超过 500mm

C.砖墙的水平灰缝砂浆饱满度不得小于 80%

D.砖墙灰缝宽度宜为 10mm，且不应小于 8mm，也不应大于 12mm

5. 当设计无要求时，在 240mm 厚的实心砌体上留设脚手眼的做法，正确的是(　　)。

A.过梁上一皮砖处　　B.宽度为 800mm 的窗间墙上

C.距转角 550mm 处　　D.梁垫下一皮砖处

6. 关于普通混凝土小型空心砌块的说法，正确的是（　　）。

A.施工时先灌水湿透　　B.生产时的底面朝下正砌

C.生产时的底面朝上反砌　　D.出场龄期 14d 即可砌筑

二、简答题

1. 砖砌体有哪几种组砌形式？
2. 简述砖砌体的施工工艺。
3. 简述砖砌体的质量要求。
4. 简述毛石砌体的施工工艺。
5. 脚手架的主要类型有哪些？
6. 垂直运输机械主要有哪些？

4 钢筋混凝土结构工程

【本章主要内容】

本章主要内容：模板工程的分类、构造、安装、设计及模板的拆除；钢筋的种类、性能、验收要求及钢筋的加工；钢筋的配料计算、钢筋代换、钢筋的连接；混凝土工程的配料、拌制；混凝土工程的运输、浇筑、振捣、养护以及大体积混凝土施工。

【学习目标】

通过本章学习，要求了解模板的类型及特点；熟悉常用模板的构造；理解模板的设计；掌握模板的安装与拆除的基本要求。了解钢筋的种类和进场的验收；熟悉钢筋的加工；掌握钢筋的配料计算、钢筋代换、钢筋的连接方法。掌握混凝土施工配料及计算；掌握混凝土的运输、浇筑、振捣及养护；熟悉大体积混凝土的施工。

混凝土是指由胶凝材料将集料胶结成整体的工程复合材料的统称。通常所讲的混凝土是指用水泥作胶凝材料，砂、石作集料，与水(可含外加剂和掺合料)按一定比例拌和而成的混合物，经硬化后所形成的一种人工石。混凝土结构有素混凝土结构、钢筋混凝土结构和预应力混凝土结构。钢筋混凝土结构是指按设计要求将钢筋和混凝土两种材料，利用模板浇制而成的各种形状和大小的构件或结构。钢筋混凝土结构工程一般分为模板工程、钢筋工程和混凝土工程。在施工过程中须合理组织，统筹安排，密切配合，以确保工程质量。

4.1 模板工程

模板是使混凝土结构和构件按设计的位置、形状、尺寸浇筑成型的模型板。模板系统包括模板和支撑两部分，模板工程是指对模板及其支架的设计、安装、拆除等技术工作的总称，是混凝土结构工程的重要内容之一。

一般工业与民用建筑中，模板工程一般占混凝土结构工程造价的20%～30%，占工程用工量的30%～40%，占工期的50%左右。由此可见，模板的选材和构造的合理性，以及模板制作和安装的质量，都直接影响混凝土结构和构件的进度、质量和成本。

4.1.1　模板工程的基本要求与模板分类

1. 模板工程的基本要求

为了保证钢筋混凝土结构施工的质量和施工的安全，对模板及其支架有如下要求：

① 应保证工程结构和构件各部分形状、尺寸和位置的准确；

② 具有足够的强度、刚度和稳定性，能可靠地承受施工过程中产生的荷载；

③ 构造简单，装拆方便，便于钢筋安装和混凝土浇筑、养护；

④ 模板接缝应严密，不得漏浆；

⑤ 因地制宜，就地取材，周转次数多，损耗少，成本低。

2. 模板的分类

按所用的材料不同，模板分为木模板、钢模板、钢木模板、钢竹模板、胶合板模板、塑料模板、铝合金模板等。

按结构的类型不同，模板可分为基础模板、柱模板、楼板模板、墙模板、壳模板和烟囱模板等。

按施工方法不同，模板可分为现场拆装式模板、固定式模板和移动式模板。

按施工工艺不同，模板可分为组合式模板、大模板、滑升模板、爬升模板、永久性模板，以及飞模、模壳、隧道模等。

下面介绍常见的几种模板。

（1）木模板

木模板及其支架系统一般在加工厂或现场木工棚制成元件，然后再到现场拼装。木模板由板条与拼条钉成。板条一般采用宽度小于 200mm 的木板，板条厚度一般为 25～50mm。拼条间距取决于所浇混凝土的侧压力和板条的厚度，一般为 400～500mm，其构造如图 4-1 所示。

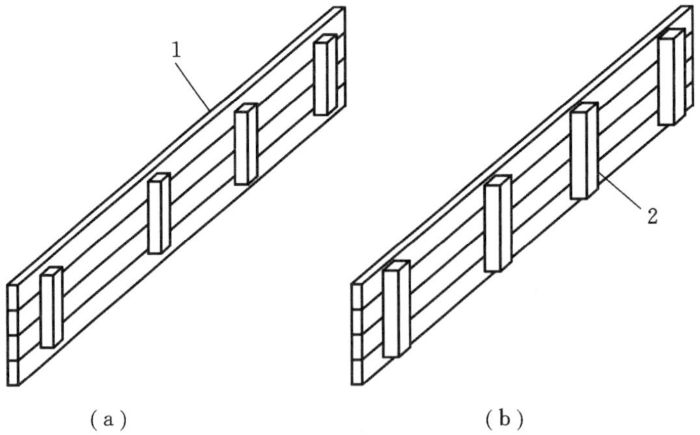

图 4-1　板条和拼条

(a)一般拼板；(b)梁侧板的拼板

1—板条；2—拼条

木模板优点为:①强度高、韧性好、静曲强度高,可减少模板支撑的使用数量;②幅面宽、拼缝少,支模速度快,模板板面基本尺寸有多种规格;③板面平整光滑,脱模方便,便于重复使用;④环保性能好,成本相对较低;⑤施工性能好,适用于各种形状的组件和结构。

木模板缺点为:①周转次数超过 4 次易发生翘曲,使用不当,周转次数不会超过 10 次;②易受潮,易生霉变,易受火灾影响,密闭性差,对存放和运输条件敏感,需要特别的保养和使用技巧,可能因使用不当导致结构问题;③容易脱胶、起鼓、起壳、开裂,重新拼装时,板缝难于处理;④厚度公差不易掌握,导致建筑结构界面尺寸偏差;⑤切割质量差,要使用合金小齿锯片切割,使用后要刷脱模剂,且需要处理板面。

(2) 组合钢模板

组合钢模板是一种工具式模板,可以拼出多种尺寸和几何形状,可适应多种类型建筑物的梁、柱、板、墙、基础和设备基础等施工的需要,也可用其拼成大模板、台模等。组合钢模板尺寸适中,组装灵活,加工精度高,接缝严密,尺寸准确,表面平整,强度和刚度好,不易变形,使用寿命长。但存在安装速度慢,模板拼缝多,易漏浆,拼成大块模板时自重大、较笨重等缺点。

组合钢模板系统由钢模板、连接件和支撑件三部分组成。

① 钢模板

钢模板包括平面模板、阴角模板、阳角模板、连接角模,如图 4-2 所示,其规格见表 4-1。

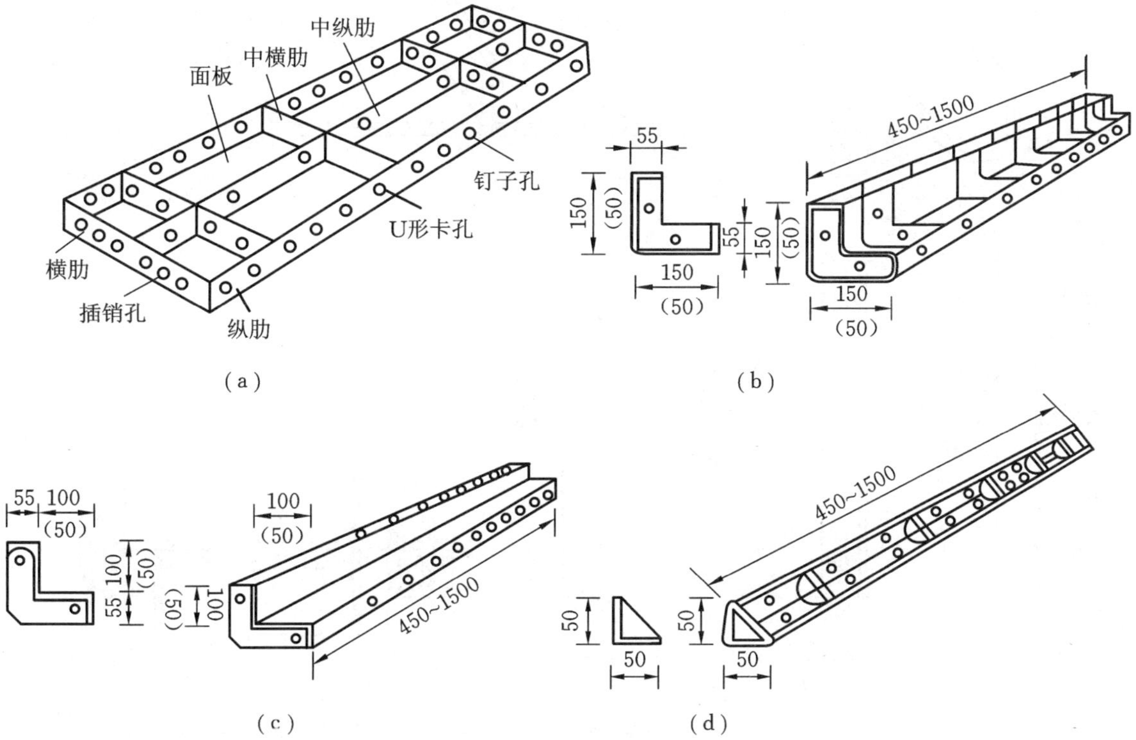

图 4-2 钢模板类型

(a)平面模板;(b)阴角模板;(c)阳角模板;(d)连接角模

表 4-1　钢模板规格(单位:mm)

规格	平面模板	阳角模板	阴角模板	连接角模
宽度	100、150、200、250、300、350、400、450、500、550、600	150×150 50×50	100×100 50×50	50×50
长度	450、600、750、900、1200、1500、1800			
肋高	55			

组合钢模板,宽度 300mm 以下,长度 1500mm 以下,面板采用 Q235 钢板制成。钢模板由边框、面板和纵横肋组成。边框和面板常采用 2.5～3.0mm 厚的钢板轧制而成,纵横肋则采用 3mm 厚扁钢与面板及边框焊接而成,钢模的厚度均为 55mm。平面模板用于基础、墙体、梁、板、柱等各种结构的平面部位。

② 连接件

连接件包括 U 形卡、L 形插销、钩头螺栓、紧固螺栓、对拉螺栓、扣件等,如同 4-3 所示。

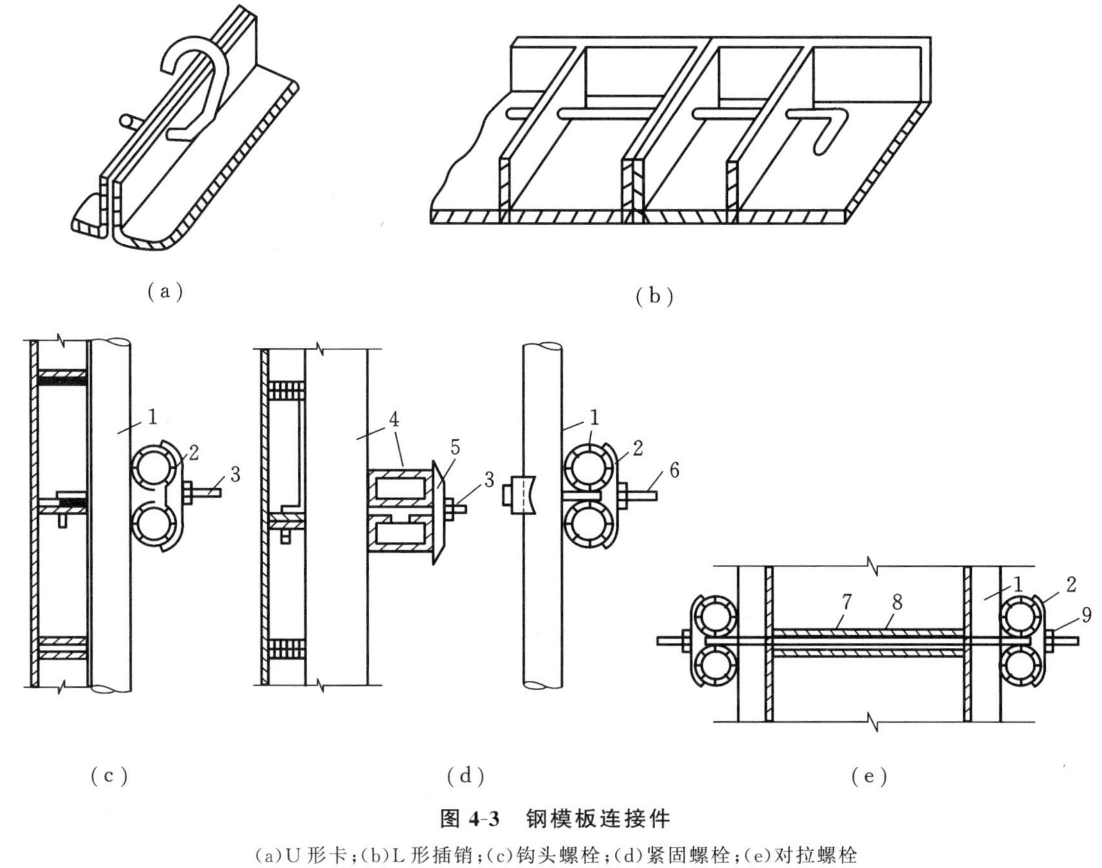

图 4-3　钢模板连接件

(a)U 形卡;(b)L 形插销;(c)钩头螺栓;(d)紧固螺栓;(e)对拉螺栓

1—圆钢管钢楞;2—“3”形扣件;3—钩头螺栓;4—内卷边槽钢钢楞;5—蝶形扣件;6—紧固螺栓;7—对拉螺栓;8—塑料套管;9—螺母

U 形卡：模板的主要连接件，用于相邻模板的拼装，其安装距离不大于 300mm，即每隔一孔卡插一个，安装方向一顺一倒相互错开，以抵消因打紧 U 形卡可能产生的位移。

L 形插销：用于插入两块模板纵向连接处的插销孔内，以增强模板纵向接头处的刚度，安装间距一般不大于 600mm，长度应与采用的钢楞尺寸相适应。

钩头螺栓：连接模板与支撑系统的连接件。

紧固螺栓：用于内、外钢楞之间的连接件。

对拉螺栓：又称穿墙螺栓，用于连接墙壁两侧模板，保持模板与模板之间的设计厚度，并承受混凝土侧压力及水平荷载，使模板不变形。

扣件：用于钢楞之间或钢楞与模板之间的扣紧，按钢楞的不同形状，分别采用蝶形扣件和"3"形扣件。

③ 支撑件

支撑件包括梁卡具、柱箍、桁架、立柱、斜撑等，如图 4-4 所示。

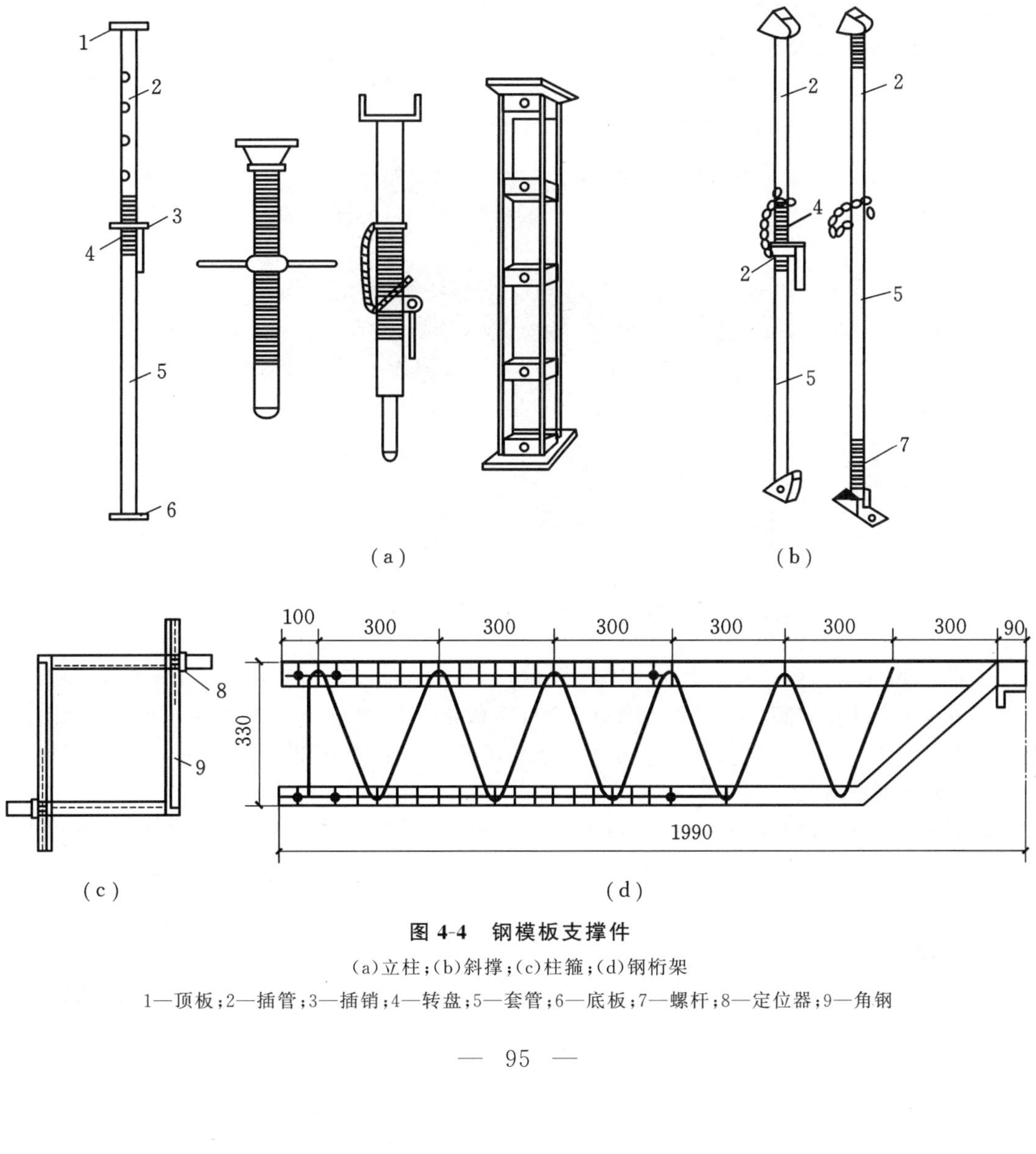

图 4-4 钢模板支撑件

(a)立柱；(b)斜撑；(c)柱箍；(d)钢桁架

1—顶板；2—插管；3—插销；4—转盘；5—套管；6—底板；7—螺杆；8—定位器；9—角钢

支撑件的钢楞用于支撑钢模板和加强其整体刚度，可用圆钢管、矩形钢管、内卷边槽钢等做成。钢楞分内钢楞和外钢楞。内钢楞配置方向一般应与钢模板垂直，承受钢模板传来的荷载，间距一般为700～900mm。外钢楞承受内钢楞传递的荷载，用以加强模板结构的整体刚度和调整平直度。

立柱用以承受竖向荷载，有管式和四立柱式两种。

斜撑用以承受单侧模板的侧向荷载和调整竖向支模时的垂直度。由组合钢模板拼成的整片墙模或柱模，在吊装就位后，应用斜撑调整和固定其垂直位置。

柱模板四角应设角钢柱箍。角钢柱箍由两根互相焊成直角的角钢组成，用弯角螺栓及螺母拉紧。柱箍用以承受新浇混凝土侧压力等。

钢桁架可用作水平模板的支撑件，其跨度可灵活调节。桁架的两端可支承在钢筋托具、墙、梁侧模板的横挡以及柱顶梁底横挡上，以支承梁或板的模板。

梁卡具，又称梁托具，用于固定矩形梁、圈梁等构件的侧模板，可节约斜撑等材料，也可用于侧模板上口的固定位置。

(3) 钢框木(竹)胶合板模板

钢框木胶合板模板是由钢框架、复塑竹胶合板或纤维板等作面板组成的一种组合式模板，如图4-5所示。自重比钢模板轻1/3，用钢量减少1/2，是一种改良模板。

图4-5　钢框复塑竹胶合模板

钢框木胶合板模板还具有以下优点：质量较轻，板幅较大，易于脱模，保温性好，连接件和支撑件均可通用，周转率高；模板维修方便，面板损伤后可用修补剂修补。钢框的作用是保护胶合板的边角免受损伤，延长使用寿命，提高模板的承载力和刚度。

(4) 胶合板模板

胶合板模板目前在土木工程中被广泛应用，按制作材质又可分为木胶合板和竹胶合板(如图4-6所示)。基本面板共有四种规格：1200mm×2400mm、900mm×2400mm、600mm×2400mm、150mm×2400mm。

胶合板模板具有以下优点：①板幅大、自重轻，既可减少安装工作量，又可使模板的运输、堆放、使用和管理更加方便；②板面平整、光滑，可保证混凝土表面平整，用作清水混凝土模板最为理想；③锯截方便，易加工成各种形状的模板，可用作曲面模板；④保温性能好，能防止温度变化过快，冬期施工有助于混凝土的养护。

图 4-6 竹胶合板模板铺设楼面模板

(5) 铝合金模板

铝合金模板(如图 4-7 所示)是新一代模板系统，是以铝合金型材为主要材料，经过机械加工和焊接等工艺制成的适用于混凝土工程的模板，并按照 50mm 模数设计，由面板、肋、主体型材、平面模板、转角模板、早拆装置组合而成。铝合金模板设计和施工应用是混凝土工程模板技术上的革新，也是装配式混凝土技术的推动，更是建造技术工业化的体现。

图 4-7 铝合金模板现场施工

铝合金模板的优点：稳定性好；拼缝少，精度高；周期短，效率高；综合成本较低；应用范围较广；施工现场环保；回收利用率高。

铝合金模板的缺点：深化图要求高，配模设计要求高，非标率高，现场改动性差，铁背楞笨重，一次性投入大。

(6) 塑料模板

塑料模板是一种节能型和绿色环保产品，塑料模板现场施工如图 4-8 所示。塑料模板根据材质可分为：聚氯乙烯(PVC)模板、聚丙烯(PP)模板、聚乙烯(PE)模板、聚碳酸酯(PC)模板、丙烯腈-丁二烯-苯乙烯(ABS)模板、高密度聚乙烯(HDPE)模板等;根据外观可分为:实心板、中空板、卡扣筋板、模块组装板、塑料方木、塑料阴阳角。塑料模板周转次数能达到30次以上,塑料模板使用后可以粉碎成粉末然后作为原材料加工成塑料模板,然后重新使用。

图4-8 塑料模板现场施工

塑料模板的优点如下:

① 平整光洁。模板拼接严密平整,脱模后混凝土结构表面平整度、光洁度均超过现有清水模板的技术要求,不须二次抹灰,省工省料。

② 轻便易装。质量轻,工艺适应性强,可以锯、刨、钻、钉,可随意组成任何几何形状,满足各种形状建筑支模需要。

③ 脱模简便。混凝土不沾板面,无需脱模剂,轻松脱模,容易清灰。

④ 稳定耐候。机械强度高,在−20～60℃气温条件下,不收缩、不湿胀、不开裂、不变形、尺寸稳定、耐碱防腐、阻燃防水、拒鼠防虫。

⑤ 利于养护。模板不吸水,不用特殊养护或保管。

⑥ 可变性强。种类、形状、规格可根据建筑工程要求定制。

⑦ 降低成本。周转次数多,平面模不低于30次,柱梁模不低于40次,使用成本低。

⑧ 节能环保。边角料和废旧模板全部可以回收再造,零废物排放。

(7) 大模板

大模板(如图4-9所示)是一种大尺寸的工具式模板,是目前我国剪力墙和筒体体系的高层建筑施工用得最多的一种模板,已形成一种工业化建筑体系,常用于高层建筑的剪力墙和筒体结构、桥墩、筒仓等。特点是:一面墙用一块大模板,因为其质量大,装拆均需起重机械吊装,故机械化程度高、减少用工量和缩短工期。

大模板具有安装和拆除简便、尺寸准确、板面平整、周转使用次数多等优点。大模板施工工艺简单,施工速度快,工程质量好,结构整体性强,抗震能力好,混凝土表面平整光滑,可以减少抹灰湿作业。由于它的工业化、机械化施工程度高,综合技术经济效益好,因而使用广泛。

面板要求平整、刚度好,平整度按抹灰质量要求确定,可用钢板或胶合板制作。钢面板厚度根据加劲肋的布置而不同,一般为3～5mm,可重复使用200次以上。胶合板面板常用七层或九层胶合板,板面用树脂处理,亦可重复使用50次以上。

一块大模板由面板、加劲肋、竖楞、支撑桁架、稳定机构及附件组成(如图4-10所示)。面板多为钢板或胶合板,亦可用小钢模组拼;加劲肋多用槽钢或角钢;支撑桁架由槽钢和角钢组成。

(a)　　　　　　　　　　(b)

图 4-9　大模板现场施工

(a)全钢大模板；(b)钢木大模板

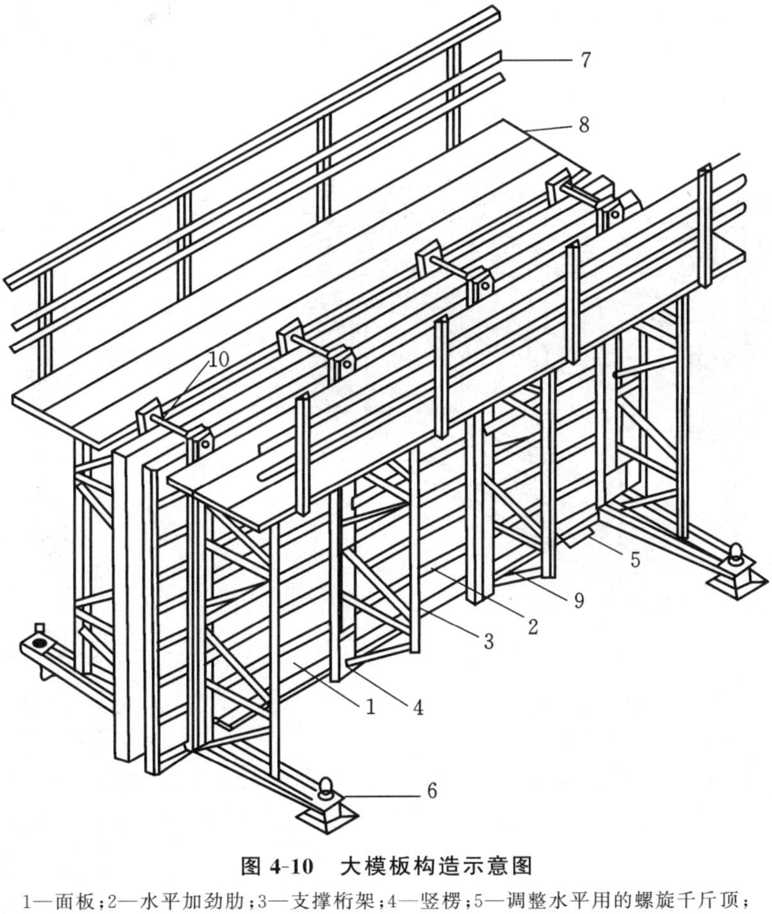

图 4-10　大模板构造示意图

1—面板；2—水平加劲肋；3—支撑桁架；4—竖楞；5—调整水平用的螺旋千斤顶；6—调整垂直用的螺旋千斤顶；7—栏杆；8—脚手板；9—穿墙螺栓；10—卡具

(8) 滑升模板

滑升模板(如图 4-11 所示)是一种自行向上滑升的浇筑高耸构筑物、剪力墙或筒体结构等高层建筑用的工具式模板。在我国有相当数量的高层建筑是用滑升模板施工的。

滑模装置主要由模板系统、液压系统和操作平台系统三部分组成。

滑升模板施工的特点是在构筑物或建筑物底部，沿其墙、柱、梁等构件的周边组装高 1.2m 左右的滑升模板，随着向模板内不断地分层浇筑混凝土，用液压提升设备使模板不断地向上滑升，直到需要浇筑的高度为止。用滑升模板施工，可以节约模板和支撑材料，加快施工速度和保证结构的整体性。但模板一次性投资多、耗钢量大，对建筑的立面造型和构件断面变化有一定的限制。

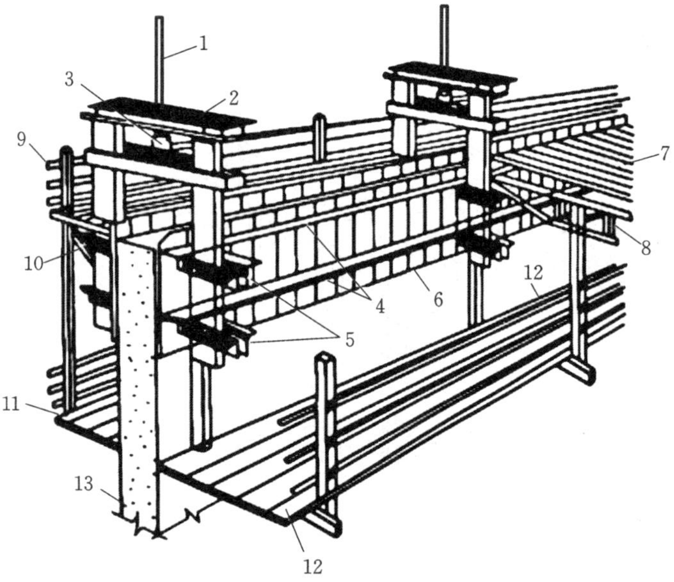

图 4-11　滑升模板

1—支承杆；2—提升架；3—液压千斤顶；4—围圈；5—围圈支托；6—模板；7—内操作平台；8—平台桁架；9—栏杆；10—外挑三脚架；11—外吊脚手架；12—内吊脚手架；13—混凝土墙体

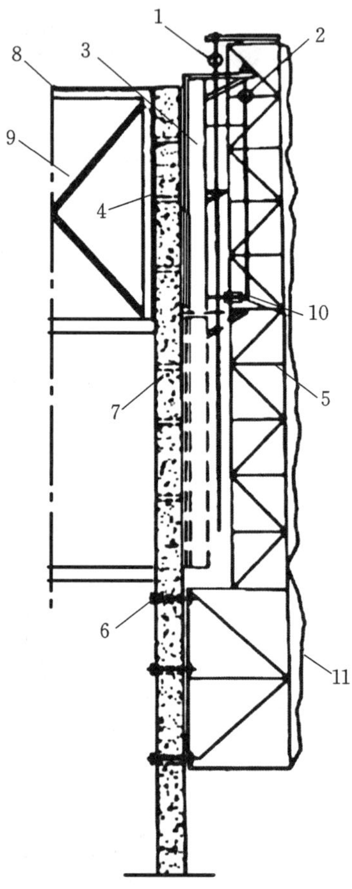

图 4-12　爬升模板

1—提升外模板的葫芦；2—提升外爬架的葫芦；3—外爬升模板；4—预留爬架孔；5—外爬架；6—螺栓；7—外墙；8—楼板模板；9—楼板模板支撑；10—模板校正器；11—安全网

（9）爬升模板

爬升模板（如图 4-12 所示）是一种适用于现浇钢筋混凝土竖向、高耸建（构）筑物施工的模板。

爬升模板是一种以钢筋混凝土竖向结构为支承点，利用爬升设备自下而上逐层爬升的模板体系。爬升模板具有大模板和滑升模板共同的优点，尤其适用于超高层建筑施工。其中,液压自爬模板应用最为广泛。液压自爬模板附着在建筑物的墙体或柱子上,基本组成为预埋件、导轨、爬升支架、模板及液压控制系统等。液压自爬模板是以液压为动力,通过导轨与支架互爬实现爬模的自爬升,整个爬升过程均不需要任何其他吊升设备。

4.1.2 模板的安装与质量要求

1. 现浇框架结构构件的模板安装

(1) 基础模板

基础模板的特点是高度不高而体积较大,基础模板一般利用地基或基槽(坑)进行支撑。

安装时,要保证上下模板不发生相对位移,如为杯形基础,则还要在其中放入杯口模板。条形基础的模板一般由侧板、平撑、斜撑等组成,如图 4-13 所示。侧板用长条木板加钉竖向木挡拼制,或由短条木板加钉横向木挡拼制而成。平撑和斜撑钉在木桩(或垫木)与木挡之间。

阶形基础模板(如图 4-14 所示)安装前,应核对基础垫层标高,弹出基础的中心线和边线,将模板中心线对准基础中心线,然后校正模板上口标高,符合要求后要用轿杠木搁置在下台阶模板上,斜撑及平撑的一端撑在上台阶模板的背方上,另一端撑在下台阶模板背方顶上。

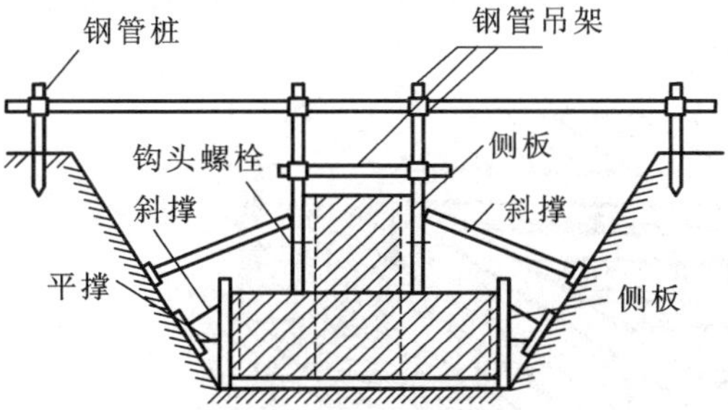

图 4-13 条形基础模板

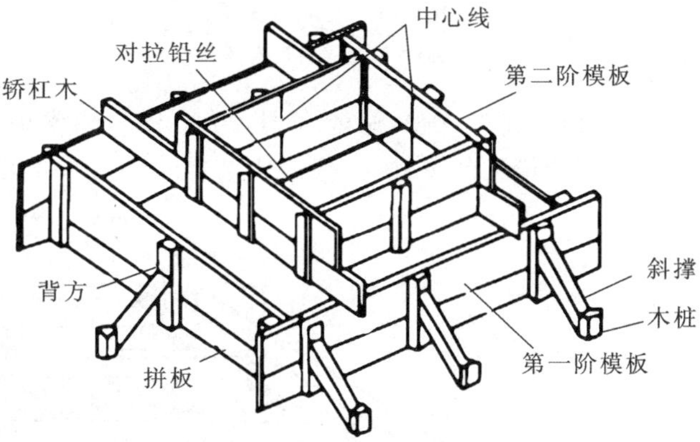

图 4-14 阶形基础模板

(2) 柱模板

柱模板(如图 4-15 所示)可以用木模板,也可以用钢模板。柱模板的关键是要解决垂直度、施工时的侧向稳定、混凝土浇筑时的侧压力问题,同时方便混凝土浇筑、垃圾清理和钢筋绑扎等。

需要注意的是先在基础面(楼面)弹出柱轴线及边线,同一柱列则先弹两端柱,再拉通线弹中间柱的轴线及边线;柱模的顶部根据梁尺寸开有缺口,柱箍采用短钢管和钢管脚手架用扣件组成,其作用主要是抵抗新浇混凝土的侧力,间距 300～500mm。由于靠近柱底的侧压力较柱箍间距应加密;如柱截面较大,需增设对拉螺栓或拉片加固。由于木胶板板面较薄,

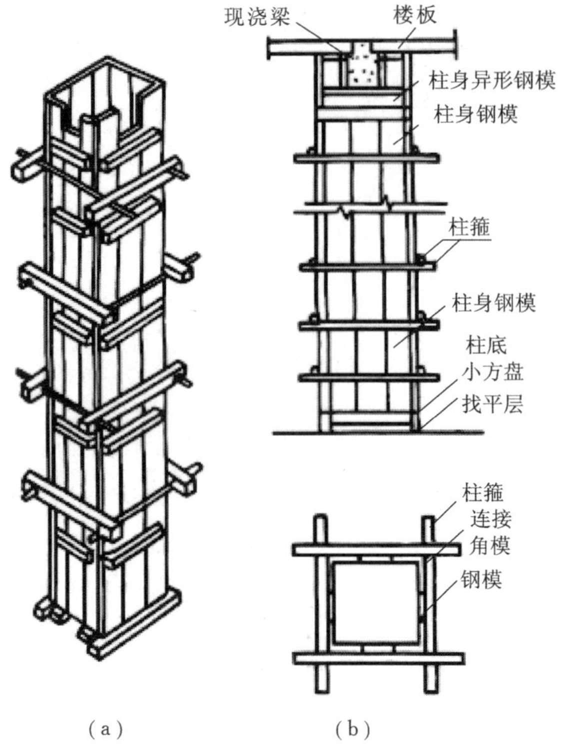

图 4-15　矩形柱模板

(a)木模板;(b)钢模板

刚度不够,必须用加劲内楞加强。

柱模板须在底部留设清理孔,沿高度每 2m 开有混凝土浇筑孔和振捣孔;柱高≥4m 时,柱模应四面支撑,柱高≥6m 时,不宜单根柱支撑,宜几根柱同时支撑组成构架;模板四周搭设钢管架子,结合斜撑,将模板固定牢固,以防在混凝土侧压力的作用下发生移位。

(3) 梁、楼板模板

梁的特点是跨度大、宽度小而高度大。梁的下面一般是架空的,因此混凝土对梁模板(如图 4-16 所示)既有横向侧压力,又有垂直压力。梁模板及其支架系统要能承受这些荷载而不致发生超过规范允许的过大变形;支柱(琵琶撑)之间应设拉杆,离地面 500mm 一道,以上每隔 2m 左右设一道。支柱下垫设楔子和通长垫板,垫板下土应拍平夯实,楔子待支撑校正标高后钉牢。

当梁底离地面过高时(一般 6m 以上),宜搭设排架支模;梁较高时,可先装一侧模板,待钢筋绑扎安装结束后,再封另一侧模板;上下层模板的支柱,一般应安装在一条竖向的中心线上。

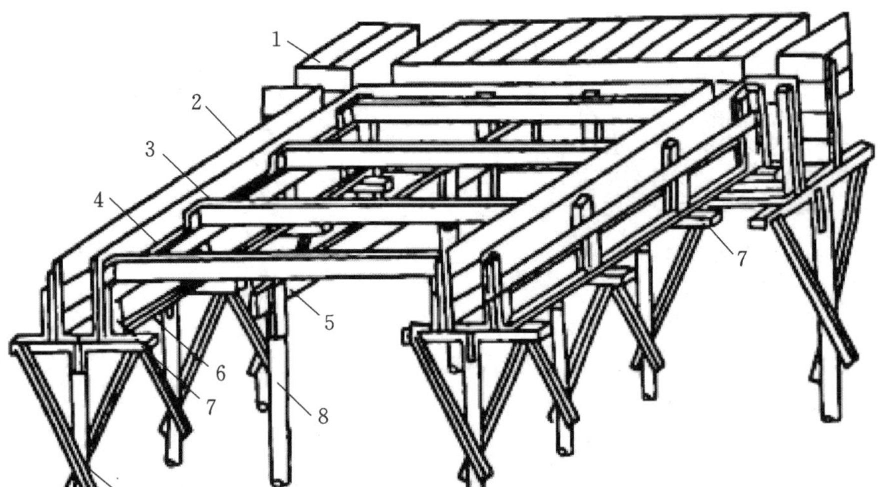

图 4-16　梁、楼板模板

1—楼板模板;2—梁侧模板;3—隔栅;4—横挡;5—牵杠;6—夹条;7—短撑木;8—牵杠撑;9—支柱(琵琶撑)

梁模板应在复核梁底标高线位置无误后进行安装。当梁的跨度大于或等于4m时，应使梁底模中部略微起拱，以防止由于灌注混凝土后跨中梁底下垂；其模板起拱高度宜为梁跨度的1/1000～3/1000，起拱不得减少构件的截面高度。

板模板一般面积大而厚度不大，板模板及支撑系统要保证能承受混凝土自重和施工荷载，保证板不变形、不下垂。模板铺设方向从四周或墙、梁连接处向中央铺设；为方便拆模，木模板宜在两端及接头处钉牢，中间尽量不钉或少钉；阳台、挑檐模板必须撑牢拉紧，防止向外倾覆，确保安全；楼板跨度大于4m时，模板的跨中要起拱，起拱高度为板跨度的1/1000～3/1000。

(4) 墙模板

墙模板(如图4-17所示)由两片模板组成，每片模板由若干块平面模板组成。这些平面模板可横拼也可竖拼，外面用横竖钢楞加固，并用斜撑保持稳定，用对拉螺栓以抵抗混凝土的侧压力和保持两片模板之间的间距。

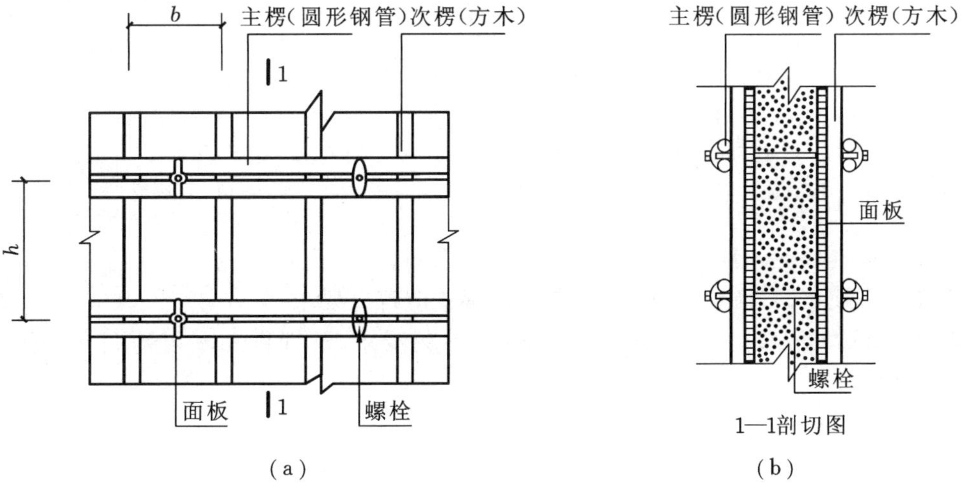

图4-17　墙模板图

(a)墙模板正立面图；(b)墙模板1—1剖面图

(5) 楼梯模板

楼梯与楼板相似，但又有支设倾斜、有踏步的特点。施工前应根据设计放样，施工时先装平台梁板模板，再装楼梯斜梁和楼梯板底模板，然后装楼梯外帮侧板，最后装踏步侧板，楼梯模板剖面见图4-18所示。

2. 模板安装的要求

模板安装应满足以下的要求：

① 模板拼缝要严密。

② 不得发生不允许的下沉与变形。

③ 模板内的杂物应清理干净；模板位置、尺寸应保证准确。

④ 现浇结构模板安装的偏差应符合要求。

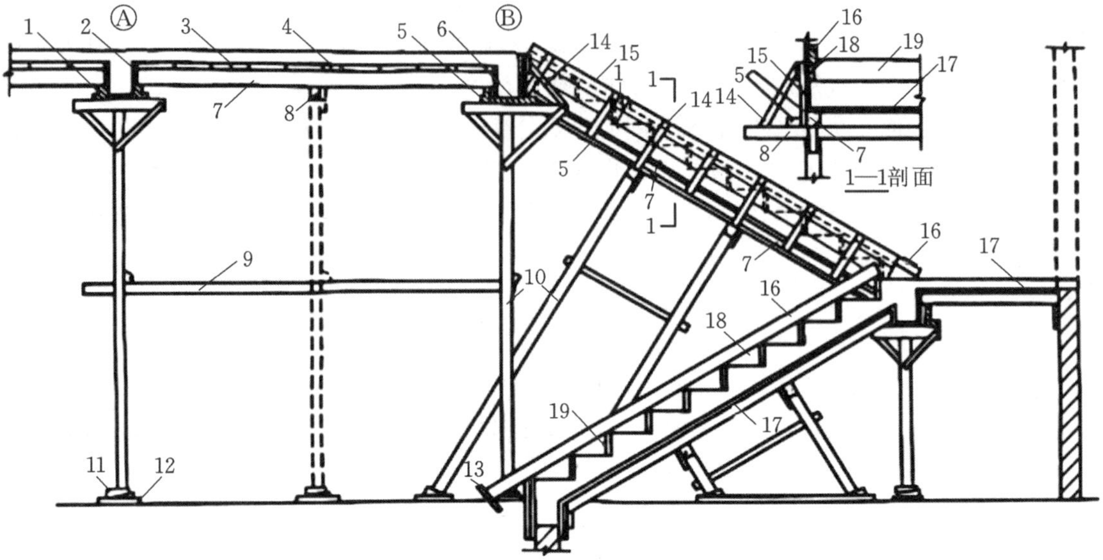

图 4-18　楼梯模板剖面图

1—托板；2—梁侧板；3—定型模板；4—承定型模板；5—固定夹木；6—梁底模板；
7—楞木；8—横木；9—拉条；10—支撑；11—木楔；12—垫板；13—木桩；
14—斜撑；15—边板；16—反扶梯基；17—板底模板；18—三角木；19—踢脚板

⑤ 固定在模板上的预埋件和预留洞均不得遗漏。

⑥ 安装必须牢固，位置必须准确，其允许偏差应符合要求。

现浇结构模板安装的允许偏差应符合表 4-2 的要求，预埋件和预留孔洞允许偏差应符合表 4-3的要求。

表 4-2　现浇结构模板安装的允许偏差(单位：mm)

项目		允许偏差	检验方法
轴线位置		5	钢尺检查
底模上表面标高		±5	水准仪或接线和钢尺检查
截面内部尺寸	基础	±10	尺量检查
	柱、墙、梁	+4，−5	钢尺检查
层高垂直度	全高≤5m	6	经纬仪、吊线、钢尺检查
	全高＞5m	8	
相邻两板表面高低差		2	钢尺检查
表面平整度		5	2m 靠尺和塞尺检查

表 4-3　预埋件和预留孔洞允许偏差(单位:mm)

项目		允许偏差
预埋钢板中心线位置		3
预埋管、预留孔中心线位置		3
插筋	中心线位置	5
	外露长度	+10,0
预埋螺栓	中心线位置	2
	外露长度	+10,0
预留洞	中心线位置	10
	截面内部尺寸	+10,0

4.1.3　模板的设计

模板在其适用范围内使用时,一般不需要设计和验算。但对一些荷载较大,较特殊的结构来说,模板及支架应根据工程结构形式、荷载大小、地基土类别、施工设备和材料供应等条件确定。

模板设计的目的是合理选择模板及支撑体系,确保模板及支撑有足够的承载能力、刚度和稳定性。模板设计的主要原则包括实用性、安全性和经济性等。

1. 模板及支架设计

模板及支架设计内容如下:

① 模板及支架的选型及构造设计;

② 模板及支架上的荷载及其效应计算;

③ 模板及支架的承载力、刚度验算;

④ 模板及支架的抗倾覆验算;

⑤ 绘制模板及支架施工图。

2. 荷载

模板及支架设计验算的荷载共 8 项,包括模板及支架自重,新浇筑混凝土自重,钢筋自重,新浇筑混凝土对模板侧压力,施工人员及设备产生的荷载,振捣混凝土产生的荷载,泵送混凝土或不均匀堆载等因素产生的附加水平荷载、风荷载等。

(1) 模板及支架自重标准值(G_1)

模板及支架的自重,可按图纸或参考表 4-4 确定。

表 4-4　楼板模板自重标准值(单位:kN/m^2)

模板构件	木模板	定型组合钢模板
平板模板及小楞自重	0.3	0.5
楼板模板自重(包括梁模板)	0.5	0.75
楼板模板及其支架自重(楼层高度 4m 以下)	0.75	1.1

(2) 新浇筑混凝土的自重标准值(G_2)

普通混凝土可取 $24kN/m^3$。

(3) 钢筋自重标准值(G_3)

根据设计图纸确定,一般梁板结构钢筋混凝土结构的钢筋自重标准值:楼板 $1.1kN/m^2$,梁 $1.5kN/m^2$。

(4) 新浇筑混凝土对模板侧压力的标准值(G_4)

当采用内部振捣器且浇筑速度不超过 10m/h,混凝土坍落度不大于 180mm 时,新浇筑混凝土对模板的侧压力的标准值可按下列公式分别计算,并取两公式计算结果的较小值;当采用内部振捣器且浇筑速度大于 10m/h,混凝土坍落度大于 180mm 时,则压力(G_4)的标准值可按式(4-2)计算。

$$F = 0.28\gamma_c t_0 \beta V^{\frac{1}{2}} \tag{4-1}$$

$$F = \gamma_c H \tag{4-2}$$

式中 F——新浇筑混凝土对模板的最大侧压力,kN/m^2。

γ_c——混凝土的重力密度,kN/m^3。

t_0——新浇筑混凝土的初凝时间,可按实测确定,当缺乏试验资料时,可采用 $t_0 = 200/(T+15)$ 公式计算(T 为混凝土的温度,℃),h。

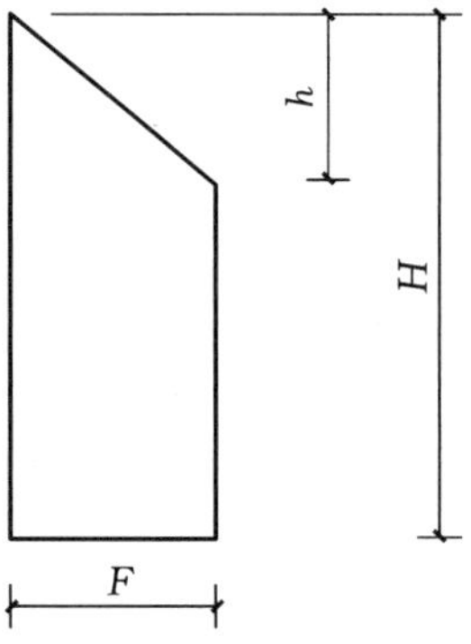

图 4-19 新浇混凝土侧压力分布图

β——混凝土坍落度影响修正系数:当 50mm<坍落度≤90mm 时,取 0.85;当 90mm<坍落度≤130mm 时,取 0.90;当 130mm<坍落度≤180mm 时,取 1.0。

V——混凝土的浇筑速度,取混凝土浇筑高度(厚度)与浇筑时间的比值,m/h。

H——混凝土侧压力计算位置至新浇筑混凝土顶面的总高度,m;混凝土侧压力的计算图形如图 4-19 所示,图中 $h = F/\gamma_c$(h 为有效压头高度,单位为 m;F 为取得的小值)。

(5) 施工人员及设备荷载标准值(Q_1)

① 计算模板及直接支撑模板的小楞时:均布活荷载 $2.5kN/m^2$,另以集中荷载 2.5kN 进行验算,取两者中较大的弯矩值。

② 计算支架立柱及其他支撑结构构件时:均布活荷载 $1.0kN/m^2$。

③ 计算支撑小楞的构件时:均布活荷载 $1.5kN/m^2$。

(6) 振捣混凝土时产生的荷载标准值(Q_2)

水平面模板时取 $2.0kN/m^2$;垂直面模板时取 $4.0kN/m^2$(作用范围在有效压头高度之内)。

(7) 附加水平荷载标准值(Q_3)

泵送、不均匀堆载等造成附加水平荷载,取计算工况下竖向永久荷载标准值的 2%,作用于支架上端水平方向。

(8) 风荷载标准值(Q_4)

风荷载标准值可按现行国家标准《建筑结构荷载规范》(GB 50009—2012)的有关规定确定,此时基本风压可按10年一遇的风压取值,按式(4-3)计算,但基本风压不小于0.20kN/m²。

$$\omega_k=\beta_z\mu_s\mu_z\omega_0 \tag{4-3}$$

式中 ω_k——风荷载标准值,kN/m²;

β_z——高度z处风振系数,脉动风通过引起结构共振而增大结构风压力,荷载规范给出了第1振型起主要作用的高层建筑和高层结构等悬臂结构的风振系数算法(为顺风向;还有非悬臂结构顺风向风振、大刚度围护结构顺风向风振、扭转风振),对模板支架,可取1;

μ_s——风荷载体型系数,查荷载规范表,对梁侧模取1.3(即迎风面$\mu_s=0.8$,背风面$\mu_s=0.5$);

μ_z——风压高度变化系数,查荷载规范表;

ω_0——基本风压,查荷载规范表,kN/m²。

计算模板及其支架结构或构件的强度、刚度、稳定性和连接强度时,应采用荷载设计值。荷载设计值应为荷载标准值乘以相应的荷载分项系数,将上述(1)至(8)项荷载标准值分别乘以表4-5中的相应荷载分项系数,即可计算出模板及其支架的荷载设计值。

表4-5 模板及支架荷载分项系数

项次	荷载类别	分项系数
1	模板及支架自重 G_1	1.3
2	新浇筑混凝土的自重 G_2	
3	钢筋自重 G_3	
4	新浇筑混凝土对模板侧压力 G_4	
5	施工人员及设备荷载 Q_1	1.5
6	振捣混凝土时产生的荷载 Q_2	
7	附加水平荷载 Q_3、风荷载标准值 Q_4	

3. 荷载组合

模板及支架承载力计算采用荷载基本组合,变形计算用永久荷载标准值,参与计算的各项荷载按表4-6确定。

表4-6 荷载组合

计算内容		参与荷载项
模板	底面模板的承载力	$G_1+G_2+G_3+G_4$
	侧面模板的承载力	G_4+Q_2

续表4-6

计算内容		参与荷载项
支架	支架水平杆及节点承载力	$G_1+G_2+G_3+Q_1$
	立杆的承载力	$G_1+G_2+G_3+Q_1+Q_4$
	支架结构的整体稳定性	$G_1+G_2+G_3+Q_1+Q_3$ $G_1+G_2+G_3+Q_1+Q_4$

4. 模板结构的挠度要求

模板结构除必须保证足够的承载能力外，还应保证有足够的刚度。因此，应验算模板及其支架的挠度，其最大变形值不得超过下列允许值。

① 对结构表面外露的模板，为模板构件计算跨度的 1/400。

② 对结构表面隐蔽的模板，为模板构件计算跨度的 1/250。

③ 支架的压缩变形值或弹性挠度，为相应的结构计算跨度的 1/1000。

支架的立柱或桁架应保持稳定，并用撑拉杆件固定。验算模板及其支架在自重和风荷载作用下的抗倾倒稳定性时，应符合有关的专门规定。

4.1.4 模板的拆除

在进行模板的施工设计时，应考虑模板的拆除顺序和拆除时间，以便更多的模板参加周转，减少模板用量，降低工程成本。模板的拆除时间与构件混凝土的强度以及模板所处的位置有关。

1. 模板、支架拆除的顺序

现浇结构的模板及其支架拆除时应符合下列规定：

拆模一般遵循“先支后拆，后支先拆”的原则，先拆非承重模板，后拆承重模板；先拆侧模板，后拆底模板。对于重大复杂的模板拆除，应制定拆模方案。

侧模：应在混凝土强度能保证其表面及棱角不因拆模而受损伤时，方可拆除。

底模及其支架：拆除时的混凝土强度应符合设计要求；当设计无具体要求时，应符合表 4-7的规定，且混凝土强度以同条件养护的试件强度为准。

表 4-7　现浇构件拆模时所需的强度

结构类型	结构跨度/m	按设计的混凝土立方体抗压强度标准值的百分率/%
板	≤2	≥50
	>2，≤8	≥75
	>8	≥100
梁	≤8	≥75
	>8	≥100
悬臂构件	—	≥100

2. 模板拆除的注意事项

模板拆除的注意事项如下：

① 拆模时，操作人员应站在安全处，以免发生安全事故；待该片(段)模板全部拆除后，方可将模板、配件、支架等运出，进行堆放。

② 拆模时不要用力过猛、过急，严禁用大锤和撬棍硬砸硬撬，以避免混凝土表面或模板受到损坏。

③ 模板拆除时，不应对楼层形成冲击荷载。拆下的模板及配件严禁抛扔，要有人接应传递，并按指定地点堆放；要做到及时清理、维修和涂刷好隔离剂，以待备用。

④ 多层楼板施工时，若上层楼板正在浇筑混凝土，下一楼板的模板支架不得拆除，再下一层楼板模板的支架仅可拆除一部分；跨度 4m 及 4m 以上的梁下均应保留支架，其间距不得大于 3m。

⑤ 冬期施工时，模板与保温层应在混凝土冷却到 5℃后方可拆除。当混凝土与外界温差大于 20℃时，拆模后应对混凝土表面采取保温措施，如加设临时覆盖，使其缓慢冷却。

⑥ 在拆除模板过程中，如发现混凝土出现异常现象，可能影响混凝土结构的安全和质量问题时，应立即停止拆模，并经处理认证后，方可继续拆模。

4.2 钢 筋 工 程

钢筋工程是建筑施工中至关重要的环节，它直接关系到建筑物的结构安全、使用性能以及经济效益。钢筋及其加工质量对结构质量起着决定性的作用，钢筋工程又属于隐蔽工程，因此钢筋的验收、加工、连接及安装，都必须进行严格的质量控制，才能确保结构的安全。

钢筋工程的施工工艺流程：钢筋进场验收→钢筋下料及加工→钢筋绑扎安装→钢筋隐蔽验收。

4.2.1 钢筋的种类和验收

1. 钢筋的分类

钢筋按生产工艺可分为热轧钢筋、冷加工钢筋、热处理钢筋等。

钢筋按化学成分可分为碳素钢筋和普通低合金钢筋。碳素钢筋按含碳量多少又可分为低碳钢筋(含碳量低于 0.25%)、中碳钢筋(含碳量 0.25%～0.7%)和高碳钢筋(含碳量 0.7%～1.4%)三种；普通低合金钢筋是在低碳钢和中碳钢的成分中加入少量合金元素，如钛、钒、锰等。

热轧钢筋按屈服强度可分为 HPB300(屈服强度标准值为 300N/mm^2，抗拉强度设计值为 270N/mm^2)、HRB335 钢筋(屈服强度标准值 335N/mm^2，抗拉强度设计值为 300N/mm^2)、HRB400 钢筋(屈服强度标准值为 400N/mm^2，抗拉强度设计值为 360N/mm^2)和 HRB500 钢筋(屈服强度标准值为 500N/mm^2，抗拉强度设计值为 435N/mm^2)等，钢筋的级别越高，强度和硬度越高，塑性逐级降低。

钢筋按外形可分为光圆钢筋(HPB)和带肋钢筋(HRB)，如图4-20所示。钢筋混凝土热轧带肋钢筋强度高，广泛应用于大、中型钢筋混凝土结构的受力钢筋。带肋钢筋表面轧制成人字纹、螺旋纹和月牙纹，钢筋表面刻有不同的纹路，以增强钢筋与混凝土的黏结力，主要用于墩柱、梁等构件中的受力筋。满足结构抗震性能而专门生产的钢筋，牌号后加E(例如HRB400E、HRBF400E)。

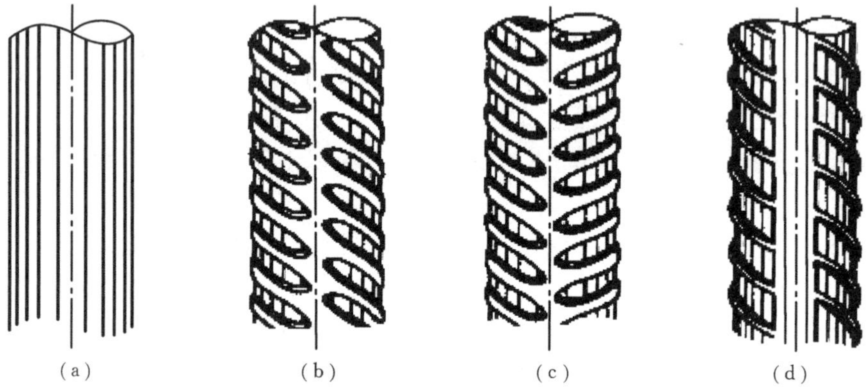

图4-20 钢筋的外形

(a)光圆钢筋；(b)螺旋纹带肋钢筋；(c)人字纹带肋钢筋；(d)月牙纹带肋钢筋

按供应形式，为便于运输，通常将直径为6～10mm的钢筋卷成圆盘，称盘圆或盘条钢筋；将直径大于12mm的钢筋轧成6～12m长一根，称直条或碾条钢筋；钢筋按直径大小可分为钢丝(直径3～5mm)、细钢筋(直径6～10mm)、中粗钢筋(直径12～20mm)和粗钢筋(直径大于22mm)。

混凝土结构中的钢筋按《混凝土结构设计标准》(GB/T 50010—2010)(2024年版)的规定使用，纵向受力普通钢筋宜采用HRB400、HRB500、HRBF400、HRBF500钢筋，也可采用HPB300、HRB335、RRB400钢筋；梁、柱和斜撑构件的纵向受力普通钢筋应采用HRB400、HRB500、HRBF400、HRBF500钢筋；箍筋宜采用HRB400、HRBF400、HPB300、HRB500、HRBF500钢筋。推广400MPa、500MPa级高强热轧带肋钢筋作为纵向受力的主导钢筋，尤其是梁、柱和斜撑构件的纵向受力配筋应优先采用400MPa、500MPa级高强钢筋，500MPa级高强钢筋用于高层建筑的柱、大跨度与重荷载梁的纵向受力配筋更为有利；淘汰直径16mm及以上的HRB335热轧带肋钢筋，保留小直径的HRB335钢筋，主要将其用于中、小跨度楼板配筋以及剪力墙的分布筋配筋，还可用于构件的箍筋与构造配筋。箍筋用于抗剪、抗扭及抗冲切设计时，其抗拉强度设计值发挥受到限制，不宜采用强度高于400MPa级的钢筋。当用于约束混凝土的间接配筋(如连续螺旋配箍或封闭焊接箍等)时，钢筋的高强度可以得到充分发挥，采用500MPa级钢筋具有一定的经济效益。

2. 钢筋的进场验收

钢筋应有出厂质量证明书或试验报告单，每捆(盘)均应有标牌。进场钢筋应分批验收，验收内容包括查对标牌、外观检查、抽取试样进行力学性能试验，必要时还需进行化学成分分析或其他专项检验，合格后方可使用。

钢筋出厂，每捆（盘）应挂有两个标牌（标注厂名、生产日期、钢号、炉罐号、钢筋级别、直径等），并有随货同行的出厂质量证明书和试验报告书。

钢筋进场时，应进行全数外观检查，检查内容包括钢筋是否平直、有无损伤，表面是否有裂纹、油污、颗粒状或片状锈蚀。

钢筋运至现场后，必须严格按等级、牌号、直径和长度等挂牌存放，并注明数量，不得混淆。钢筋应尽量堆放在仓库或料棚等室内，当不具备室内存件条件时，应选择地势较高、土质坚硬的场地存放。此外，为避免锈蚀和污染，钢筋堆放时应在下面加垫木，保证钢筋离地高度不低于 200mm，如图 4-21 所示。

图 4-21 钢筋的现场堆放

钢筋应按国家现行有关标准的规定抽样检验屈服强度、抗拉强度、伸长率、弯曲性能和质量偏差。从每批次钢筋中任选两根，每根取两个试件做上述检验。如有一项试验结果不符合规定，则应从同一批钢筋另取双倍数量的试件重做各项试验，如仍有一个试件不合格，则该批钢筋为不合格品，应不予验收或降级使用。热轧钢筋以同规格、同炉罐（批）号的不超过 60t 钢筋为每批选两根试样钢筋，一根做拉伸试验，一根做冷弯试验，超过 60t 的部分，每增加 40t（或不足 40t 的余数），增加一个拉伸试验试样和一个弯曲试验试样。

4.2.2 钢筋加工

钢筋加工包括钢筋调直、钢筋除锈、钢筋切断和钢筋弯曲成型。

1. 钢筋调直

钢筋调直是为了保证钢筋在构件中的正常受力以便于钢筋准确下料。

钢筋宜采用机械设备进行调直，也可采用冷拉方法进行调直。采用机械设备调直钢筋时，调直设备不应具有延伸功能。采用冷拉方法调直钢筋时，应注意控制冷拉率：热轧光圆钢筋冷拉率不宜大于 4%，热轧带肋钢筋的冷拉率不宜大于 1%。调直后的钢筋应平直，不应有局部弯折。

2. 钢筋除锈

为了保证钢筋与混凝土之间的黏结，在使用钢筋前，可采用除锈机、风砂枪等清理钢筋表面的油渍、漆污、铁锈。钢筋的除锈，可在钢筋冷拉调直过程中进行，对大量钢筋的除锈较为经济省力；除锈方法有调直或冷拉过程中除锈、电动除锈机除锈、手工除锈或喷砂、酸洗除锈。

3. 钢筋切断

钢筋下料切断是保证钢筋成型形状规范、几何尺寸准确的关键环节。钢筋在下料切断前应进行钢筋的下料长度计算。钢筋的下料切断应按钢筋配料单的计算长度进行切断。

钢筋下料切断可采用钢筋切断机或手动液压切断器进行切断。

4. 钢筋弯曲成型

钢筋弯曲成型是保证钢筋成型的形状、几何尺寸准确的决定性环节。弯曲成型的顺序是画线、试弯、弯曲成型。钢筋切断时按照下料长度切断，弯曲前应在直线钢筋上画线。根据钢筋的弯曲类型、弯曲角度伸长值、弯曲的曲率半径和板距等因素综合计算后，将钢筋的各段长度尺寸画在钢筋上。

4.2.3 钢筋配料及代换

钢筋加工前应根据结构施工图计算出各号钢筋下料长度、根数及质量，填写钢筋配料单，作为钢筋备料、加工的依据。

钢筋下料长度的计算是配料计算中的关键，同时是钢筋工程计量的主要依据。由于结构受力上的要求，大多数成型钢筋在中间需要弯曲和两端弯成弯钩。

在实际工程计算中，影响下料长度计算的因素很多，如混凝土保护层厚度、钢筋弯曲后变形、弯钩形状等，我们在进行下料长度计算时，都应该考虑到。各种钢筋下料长度计算如下：

直钢筋下料长度＝构件长度－保护层厚度＋弯钩增加长度

弯起钢筋下料长度＝直段长度＋斜段长度－弯曲调整值＋弯钩增加长度

箍筋下料长度＝箍筋周长＋箍筋调整值

1. 保护层厚度

混凝土保护层是指混凝土结构构件中最外层钢筋的外缘至混凝土构件表面的距离，简称保护层。受力钢筋的保护层厚度不应小于钢筋的公称直径 d；设计使用年限为 50 年的混凝土结构，最外层钢筋的保护层厚度应符合表 4-8 的规定；设计使用年限为 100 年的混凝土结构，最外层钢筋的保护层厚度不应小于表 4-8 中数值的 1.4 倍。

表 4-8　混凝土保护层的最小厚度（单位：mm）

环境类别	板、墙、壳	梁、柱、杆
一	15	20
二 a	20	25
二 b	25	35

续表4-8

环境类别	板、墙、壳	梁、柱、杆
三 a	30	40
三 b	40	50

注:①混凝土强度等级不大于 C25 时,表中保护层厚度数值应增加 5mm;

②钢筋混凝土基础宜设置混凝土垫层,基础中钢筋的混凝土保护层厚度应从垫层顶面算起,且不应小于 40mm。

2. 弯曲调整值

设计图中注明的钢筋尺寸是钢筋的外轮廓尺寸,称为钢筋的外包尺寸。钢筋弯曲后,外皮伸长,内皮缩短,其中心线长度并没有变化,外皮尺寸明显大于钢筋的中心线长度,钢筋量度尺寸和中心线长度之间存在一个差值,在中部称作量度差,其值与钢筋的直径以及弯曲的角度等因素有关。如果按照外包尺寸下料、弯折,就会造成钢筋的浪费,而且也给施工带来不便。因而应该根据弯曲后钢筋成品的中心线总长度下料才是正确的加工方法。

钢筋下料时,其下料长度等于各段外包尺寸之和减去弯曲处的量度差值,再加上末端弯钩的增长值。

(1) 90°弯折的量度差

90°弯折时,HPB300 级钢筋圆弧弯曲直径 $D=2.5d_0$,HRB335 和 HRB400 级钢筋弯曲直径 $D=4d_0$。

HRB400 钢筋 90°弯折时的量度差值如图 4-22 所示。

中心线长:$ACB=\frac{\pi}{4}(D+d_0)\approx 3.93d_0$

量度长度:$A'C'+C'B'=2\times\left(\frac{D}{2}+d_0\right)=6d_0$

量度差值:$A'C'+C'B'-ACB=6d_0-3.93d_0\approx 2d_0$

同理,HPB300 级与 HRB335 级钢筋 90°弯折时扣除的量度差值为 $2d_0$。

(2) 45°弯折的量度差

弯起钢筋中间部位 45°弯折时,弯曲直径 $D=5d_0$,如图 4-23 所示。

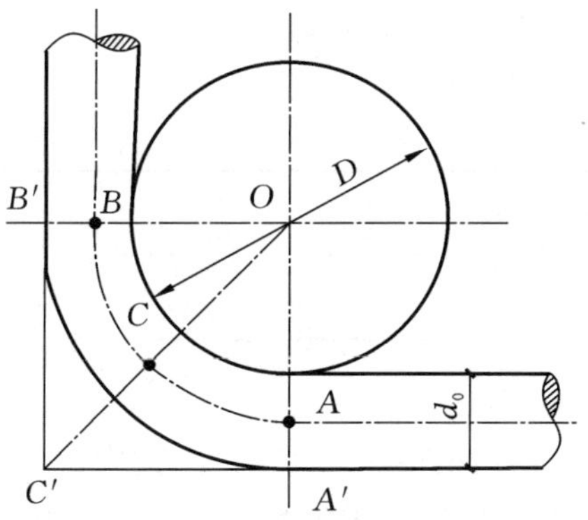

图 4-22 钢筋 90°弯折

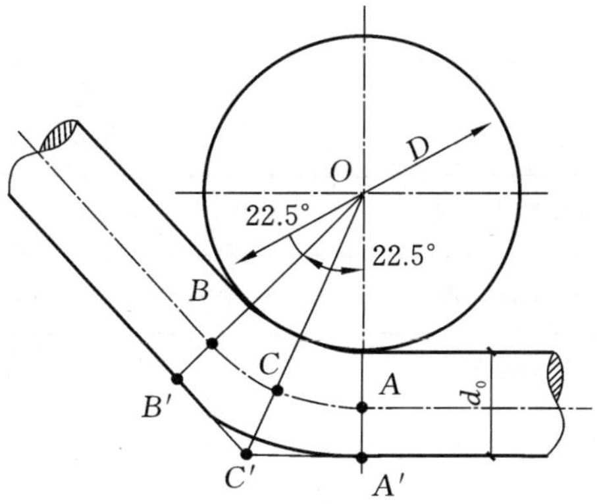

图 4-23 钢筋 45°弯折

中心线长：$ACB=\frac{\pi}{8}(D+d_0)\approx 2.36d_0$

量度长度：$A'C'+C'B'=2\times\left(\frac{D}{2}+d_0\right)\tan 22.5°\approx 2.87d_0$

量度差值：$A'C'+C'B'-ACB=2.87d_0-2.36d_0\approx 0.5d_0$

故钢筋 45°弯折时的扣除量度差值为 $0.5d_0$。

(3) 180°弯折的量度差

光圆钢筋末端需作 180°弯钩(如图 4-24 所示)，其弯心直径 D 不应小于钢筋直径 d_0 的 2.5 倍，平直部分长度不宜小于钢筋直径 d_0 的 3 倍。

弯曲调整值根据理论推算并结合实践经验列于表 4-9 中。

$$A'F'=ABC+CE=\frac{\pi}{2}(D+d_0)+3d_0$$

当 $D=2.5d_0$，此时 $AF\approx 8.5d_0$

弯钩时外包尺寸量至 E'

$$A'E'=\frac{D}{2}+d_0\approx 2.25d_0$$

故每个 180°弯钩增加的长度为：

$$A'F'-A'E'=8.5d_0-2.25d_0=6.25d_0$$

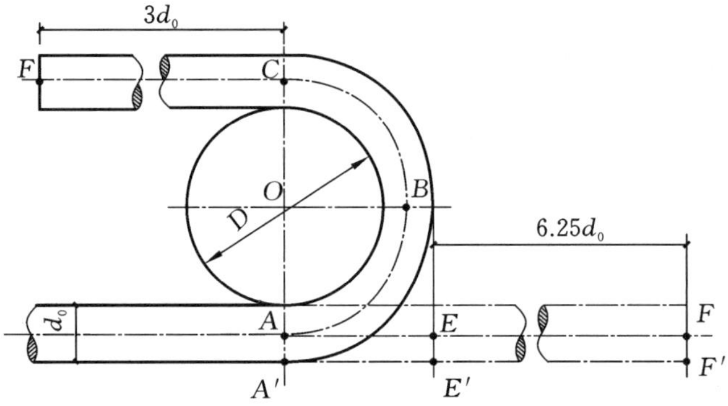

图 4-24　钢筋 180°弯折

根据理论推算并结合实践经验，把弯曲调整值(量度差值)列于表 4-9 中。

表 4-9　钢筋弯曲调整值

钢筋弯曲角度	30°	45°	60°	90°	135°
钢筋弯曲调整值	$0.35d_0$	$0.5d_0$	$0.85d_0$	$2d_0$	$2.5d_0$

注：d_0 为钢筋直径。

钢筋的弯钩形式有三种：半圆弯钩、直弯钩和斜弯钩(如图 4-25 所示)。其中，半圆弯钩是最常用的一种弯钩，直弯钩只用在柱钢筋的下部、箍筋和附加钢筋中，斜弯钩只用在直径较小的钢筋中。

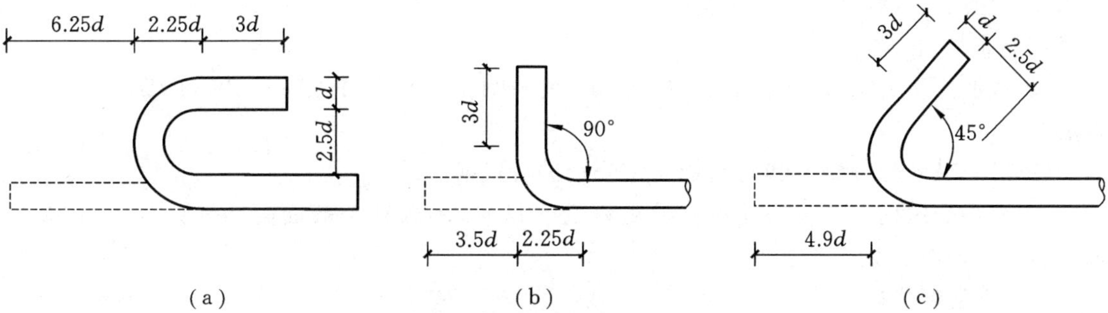

图 4-25　箍筋量度方法

(a)半圆弯钩;(b)直弯钩;(c)斜弯钩

(4) 箍筋调整值

箍筋调整值,即为弯钩增加长度和弯曲调整值两项之差或和,根据箍筋量外包尺寸或内皮尺寸确定(如图 4-26 所示),箍筋调整值见表 4-10。

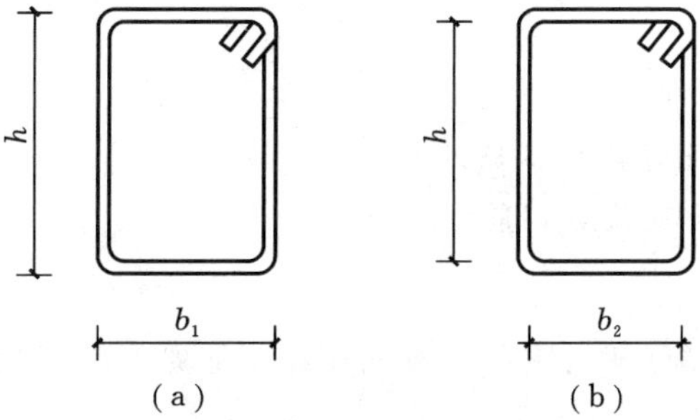

图 4-26　箍筋量度方法

(a)量外包尺寸;(b)量内包尺寸

表 4-10　箍筋调整值(单位:mm)

箍筋量度方法	箍筋直径			
	4～5	6	8	10～12
量外包尺寸	40	50	60	70
量内包尺寸	80	100	120	150～170

3. 钢筋代换

当施工中遇到现场到货的钢筋品种或规格与设计要求不符时,征得设计部门同意后,可按下列原则进行代换。

(1) 钢筋代换原则

① 不同品种、级别的钢筋的代换,应按钢筋受拉承载力设计值相等的原则进行。

② 对某些重要构件,如吊车梁、薄腹梁、桁架下弦等,不宜用 HPB300 级光圆钢筋代替 HRB335 级和 HRB400 级带肋钢筋。

③ 当构件配筋受裂缝宽度或挠度控制时,钢筋代换后应进行裂缝宽度或挠度验算。

④ 代换后,应满足混凝土结构设计规范中所规定的最小配筋率、钢筋间距、锚固长度、最小钢筋直径、根数等要求。

⑤ 对重要受力构件,不宜使用 HPB300 级光圆钢筋代替 HRB335 和 HRB400 级带肋钢筋。

⑥ 梁的纵向受力钢筋和弯起钢筋应分别进行代换。

⑦ 偏心受压构件或偏心受拉构件做钢筋代换时,不取整个截面配筋量计算,应按受力面(受压或受拉)分别代换。

(2) 等强度代换

当构件受强度控制时,钢筋可按强度相等原则进行代换。

如设计图中所用的钢筋设计强度为 f_{y1},钢筋总面积为 A_{s1},代换后的钢筋设计强度为 f_{y2},钢筋总面积为 A_{s2},则应使

$$f_{y2} \cdot A_{s2} \geqslant f_{y1} \cdot A_{s1} \tag{4-4}$$

即

$$n_2 \geqslant \frac{n_1 d_1^2 f_{y1}}{d_2^2 f_{y2}} \tag{4-5}$$

式中 d_1,d_2——代换前及代换后钢筋的直径,mm;

n_1,n_2——代换前及代换后钢筋的根数。

(3) 等面积代换

当构件按最小配筋率配筋时,钢筋可按面积相等原则进行代换。

$$A_{s2} \geqslant A_{s1} \tag{4-6}$$

式中 A_{s1},A_{s2}——代换前及代换后钢筋的总面积,mm²。

4.2.4 钢筋的连接方法

钢筋连接方式应根据设计要求和施工条件选用。目前钢筋的连接方式有绑扎连接、焊接连接和机械连接三种。

机械连接具有连接可靠、作业不受天气影响、连接速度快等优点,已广泛应用于粗钢筋的连接。焊接连接和绑扎连接是传统的钢筋连接方法。与绑扎连接相比,焊接连接可节约钢材、改善结构受力性能、提高工效、降低成本,目前对大直径的钢筋已不推荐采用绑扎连接。

1. 钢筋连接的原则

① 钢筋接头宜设置在受力较小处,同一根钢筋不宜设置 2 个以上接头,同一构件中的纵向受力钢筋接头宜相互错开。

② 有抗震设防要求的结构中,梁端、柱端箍筋加密区范围内不宜设置接头,且不应进行钢筋搭接。

③ 同一纵向受力钢筋不宜设置两个或两个以上的接头。

④ 接头末端至钢筋弯起点的距离不应小于钢筋公称直径的 10 倍。

⑤ 板、次梁与主梁交接处，板的钢筋在上，次梁钢筋居中，主梁钢筋在下；框架节点梁纵筋宜放在柱纵筋内侧；剪力墙水平筋宜放在外侧。

2. 钢筋绑扎连接

钢筋绑扎连接主要是使用规格为 20～22 号镀锌铁丝或绑扎钢筋专用的火烧丝将两根钢筋搭接绑扎在一起。这种方法工艺简单、工效高，不需要连接设备；绑扎搭接钢筋的搭接长度与钢筋直径有关，当钢筋较粗时，相应地需增加接头钢筋长度，会浪费钢材。

钢筋在绑扎和安装前，应首先熟悉钢筋图，核对钢筋配料单和料牌，根据工程特点、工作量大小、施工进度、技术水平等，研究与有关工种的配合，确定施工方法。

(1) 绑扎搭接接头的规定

① 直径大于 12mm 以上的钢筋，应优先采用焊接接头或机械连接接头。

② 同一构件内的接头宜相互错开。各接头的横向净距不应小于钢筋直径，且不应小于 25mm。

③ 轴心受拉及小偏心受拉构件的纵向受力钢筋，不得采用绑扎搭接接头；当受拉钢筋的直径 $d>25$mm 及受压钢筋 $d>28$mm 时，不宜采用绑扎搭接接头。

④ 直接承受动力荷载的结构构件中，其纵向受拉钢筋不得采用绑扎搭接接头。

(2) 接头面积允许百分率

同一连接区段内纵向钢筋搭接接头面积百分率，为该区段内有搭接接头的纵向受力钢筋截面面积与全部纵向受力钢筋截面面积的比值。钢筋绑扎搭接接头连接区段的长度为$l=1.3l_l$（l_l 为搭接长度），凡该连接区段长度内的搭接接头，均属于同一连接区段（见图 4-27）。

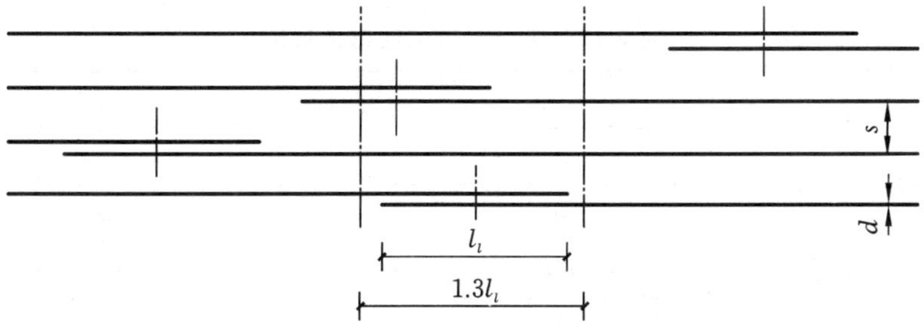

图 4-27 钢筋绑扎搭接接头连接区段

同一连接区段内，纵向受拉钢筋搭接接头面积百分率应符合设计要求；当设计无具体要求，应符合下列规定：

① 同一构件中相邻纵向受力钢筋的绑扎搭接接头宜相互错开，位于同一连接区段内的受拉钢筋搭接接头面积百分率：对梁类、板类及墙类构件不宜大于 25%，对柱类构件不宜大于 50%。

② 当工程中确有必要增大接头面积百分率时，对梁类构件不应大于 50%；对板、墙、柱及预制构件的拼接处，可根据实际情况放宽。

(3) 绑扎搭接长度范围内的箍筋设置

在梁、柱类构件的纵向受力钢筋搭接长度范围内，应按设计要求配置箍筋。当设计无具体要求时，应符合下列规定。

① 箍筋的直径不应小于搭接钢筋较大直径的 25%。

② 受拉区段的箍筋的间距不应大于搭接钢筋较小直径的 5 倍，且不应大于 100mm。

③ 受压区段的箍筋的间距不应大于搭接钢筋较小直径的 10 倍，且不应大于 200mm。

④ 当柱中纵向受力钢筋直径大于 25mm 时，应在搭接接头两个端面外 100mm 范围内各设置两个箍筋，其间距宜为 50mm。

(4) 钢筋搭接长度

纵向受拉钢筋绑扎搭接接头的搭接长度，应根据位于同一连接区段内的钢筋搭接接头面积百分率，按下列公式计算：

$$l_l = \xi l_a \tag{4-7}$$

式中 l_a——纵向受拉钢筋的锚固长度，mm。

纵向受拉钢筋搭接长度修正系数 ξ，按表 4-11 取用。

表 4-11 纵向受拉钢筋搭接长度修正系数

纵向受拉钢筋搭接接头面积百分率/%	≤25	50	100
ξ	1.2	1.4	1.6

纵向受拉钢筋的搭接长度与混凝土强度、钢筋强度等级和钢筋直径大小有关。混凝土强度等级越低，搭接长度越长；钢筋强度等级越高，搭接长度越短。纵向受拉钢筋的绑扎搭接最小搭接长度应符合表 4-12 的规定。

表 4-12 纵向受拉钢筋搭接长度

钢筋种类及同一区段内搭接钢筋面积百分率		混凝土强度等级							
		C25	C30	C35	C40	C45	C50	C55	≥C60
300 级	<25%	41d	36d	34d	30d	29d	28d	26d	25d
	50%	48d	42d	39d	35d	34d	32d	31d	29d
	100%	54d	48d	45d	40d	38d	37d	35d	34d
400 级	<25%	48d	42d	38d	35d	34d	32d	31d	30d
	50%	56d	49d	45d	41d	39d	38d	36d	35d
	100%	64d	56d	51d	46d	45d	43d	42d	40d

注：①d 为钢筋直径；

②直径大于 25mm 的带肋钢筋，乘 1.1 系数；

③受压钢筋搭接长度按受拉钢筋乘以 0.7，且不小于 200mm；

④搭接区内箍筋间距：受拉区不大于 5d 和 100mm，受压区不大于 10d 和 200mm。

纵向受拉钢筋的最小搭接长度确定后，可按下列规定进行修正，但在任何情况下，受拉钢筋的搭接长度不应小于 300mm。

① 环氧树脂涂层的带肋钢筋，其最小搭接长度应按表 4-12 中数值乘以系数 1.25 取用。

② 施工过程中受力钢筋易受扰动时，其最小搭接长度应按表 4-12 中数值乘以系数 1.1 取用。

③ 抗震要求的受力钢筋的最小搭接长度，一、二级抗震等级应按表 4-12 中相应数值乘以系数 1.15 采用；三级抗震等级应按表 4-12 中相应数值乘以系数 1.05 采用。

如果构件中的纵向受压钢筋搭接连接时，其受压搭接长度不应小于纵向受拉钢筋搭接长度的 70%，且不应小于 200mm。

钢筋的绑扎搭接接头应在接头中心和两端用铁丝扎牢，并应抽查连接接头的搭接长度。

3. 焊接连接

焊接连接方法可改善结构的受力性能，节约钢筋用量，提高工作效率，保证工程质量，故在工程施工中得到广泛应用。

钢筋常用的焊接方法有闪光对焊、电弧焊、电渣压力焊、电阻点焊和气压焊等。

（1）钢筋闪光对焊

钢筋闪光对焊是指将两钢筋安放成对接形式，利用电阻热使接触点金属熔化，产生强烈飞溅，形成闪光，迅速施加顶锻力完成的一种压焊方法。闪光对焊不需要焊药，施工工艺简单，工作效率高，成本较低，应用广泛。闪光对焊主要适用于直径为 8～40mm 的 HRB335 级、HRB400 级和直径为 8～22mm 的 HPB300 级钢筋连接。钢筋闪光对焊常用设备是手动对焊机，其原理如图 4-28 所示。

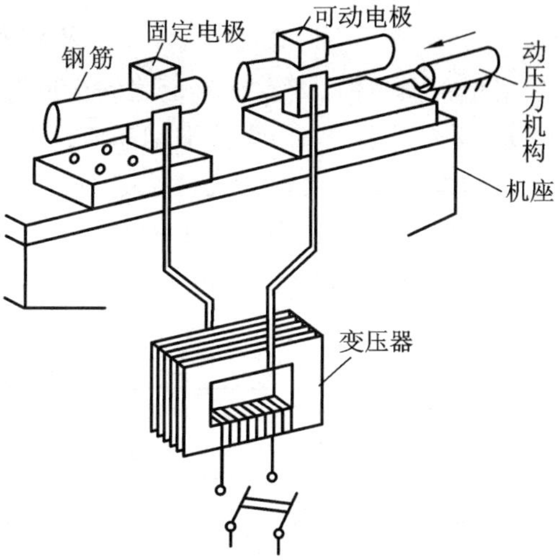

图 4-28 钢筋闪光对焊机原理图

钢筋闪光对焊可采用连续闪光焊、预热闪光焊和闪光-预热闪光焊工艺方法，根据钢筋品种、直径、焊机功率、施焊部位等因素选用。

进行连续闪光焊施焊时，先闭合一次电路，使两根钢筋端面轻微接触，此时端面的间隙中即喷射出火花般熔化的金属微粒——闪光，接着缓慢移动钢筋使两端面仍保持轻微接触，形成连续闪光。当闪光到预定的长度，使钢筋端头加热到将近熔点时，就以一定的压力迅速进行顶锻。先带电顶锻，再无电顶锻到一定长度，焊接接头即告完成。

预热闪光焊是在连续闪光焊前增加一次预热过程，以扩大焊接热影响区。其工艺过程包括：预热、闪光和顶锻过程。施焊时先闭合电源，然后使两根钢筋端面交替地接触和分开，钢筋端面的间隙中发出断续的闪光，是为预热过程。当钢筋达到预热温度后进入闪光阶段，随后顶锻而成。

闪光-预热闪光焊是在预热闪光焊前加一次闪光过程，目的是使不平整的钢筋端面烧平整，使预热均匀。其工艺过程包括：一次闪光、预热、二次闪光及顶锻过程。

（2）钢筋电弧焊

钢筋电弧焊属于熔焊，利用焊接电流通过产生的电弧热进行焊接。钢筋电弧焊包括帮条焊、搭接焊、坡口焊、窄间隙焊等接头形式。

钢筋帮条焊(图 4-29)宜采用双面焊;当不能进行双面焊时,可采用单面焊。当帮条牌号与主筋相同时,帮条直径可与主筋相同或小一个规格;当帮条直径与主筋相同时,帮条牌号可与主筋相同或低一个牌号。

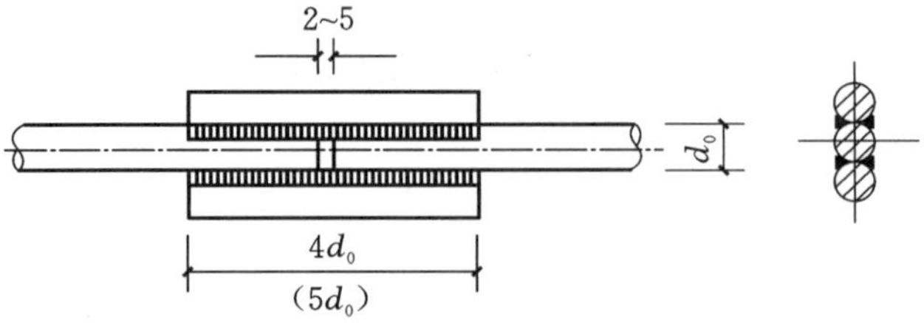

图 4-29　钢筋帮条焊

采用帮条焊时,两主筋端面之间的间隙应为 2～5mm,帮条和主筋之间应采用四点定位焊固定;采用搭接焊时,焊接端钢筋应预弯,并应使两钢筋的轴线在一直线上,应采用两点固定。定位焊缝与帮条端部或搭接端部的距离应大于或等于 20mm。

搭接焊(图 4-30)用于 HPB300 级、HRB335 级及 HRB400 级钢筋,焊接时宜采用双面焊。当不能进行双面焊时,可采用单面焊。

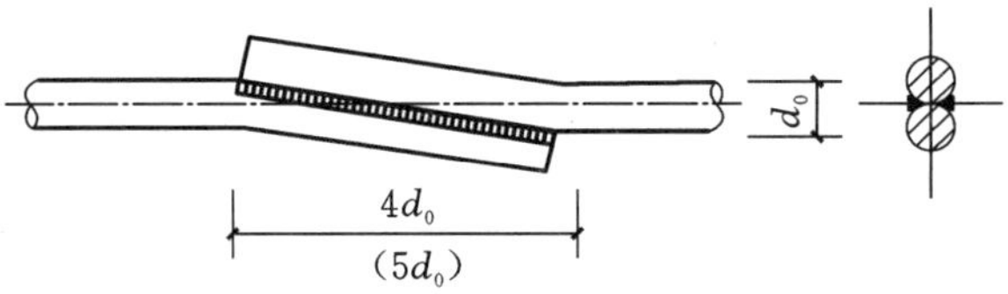

图 4-30　钢筋搭接焊

钢筋坡口焊施工前在焊接钢筋端部切口形成坡口。坡口焊分为平焊和立焊,如图 4-31 所示。坡口焊适用于装配式框架结构的节点,将两钢筋安放成水平对接形式,并置于铜模内,中间留有少量间隙,用焊条从接头根部引弧,连续向上焊接完成的一种电弧焊方法,适用于直径为 16mm 以上的水平钢筋。

坡口平焊时,坡口角度为 55°～65°;坡口立焊时,坡口角度为 45°～55°,其中下钢筋为 0°～10°,上钢筋为 35°～45°。

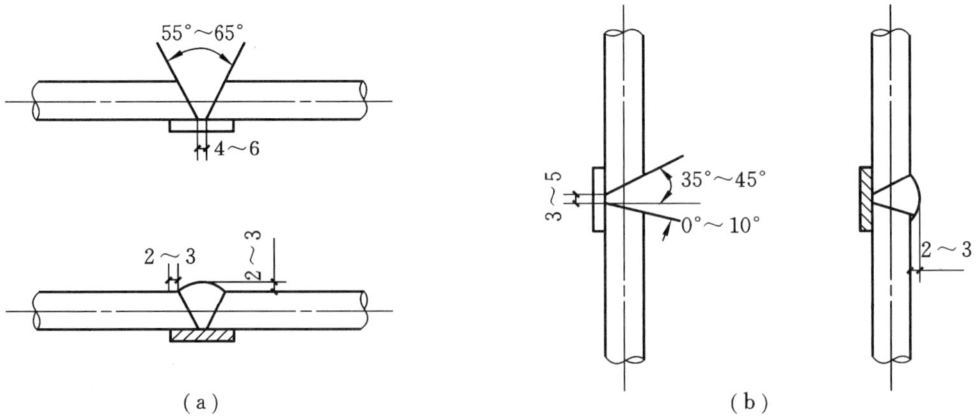

图 4-31　坡口焊接头

(a)平焊;(b)立焊

(3) 电渣压力焊

电渣压力焊是指将两钢筋安放成竖向对接形式,利用焊接电流通过两钢筋端面间隙,在焊剂层下形成电弧和电渣过程,产生电弧热和电阻热,熔化钢筋,加压完成的一种连接方法。

电渣压力焊的操作简单、易掌握、工作效率高、成本较低、施工条件也较好,主要用于现浇钢筋混凝土结构中竖向或斜向钢筋的接长。

电渣压力焊的焊接设备包括焊接电流、焊接机头、控制箱、焊剂填装盒等。

(4) 电阻点焊

钢筋电阻点焊是指将两钢筋安放成交叉叠接形式,压紧于两电极之间,利用电阻热熔化母材金属,加压形成焊点的一种压焊方法。混凝土结构中钢筋焊接骨架和钢筋焊接网,宜采用电阻点焊制作。

利用点焊机进行交叉钢筋的焊接,可成型为钢筋网片或骨架,以代替人工绑扎。同人工绑扎相比较,点焊具有工效高、节约劳动力、成品整体性好、节约材料、降低成本等特点。

4. 钢筋机械连接

钢筋机械连接是指通过连接件的机械咬合作用或钢筋端面的承压作用将两根钢筋端头连接在一起的连接方法。钢筋机械连接的接头区变形能力与母材基本相同,作业效率高,连接可靠,能全天候作业。常用的钢筋机械连接方式有套筒挤压连接、直螺纹套筒连接和锥螺纹套筒连接。

(1) 套筒挤压连接

套筒挤压连接(图 4-32)是把两根待接带肋钢筋的端头先插入一个优质钢套筒,然后用挤压机在侧向加压,直至套筒发生塑性形变并与带肋钢筋紧密咬合。这种连接性能可靠、操作简便、施工速度快、可与母材等强,但操作工人工作强度大、连接速度较慢,有时液压油会污染钢筋,综合成本较高。

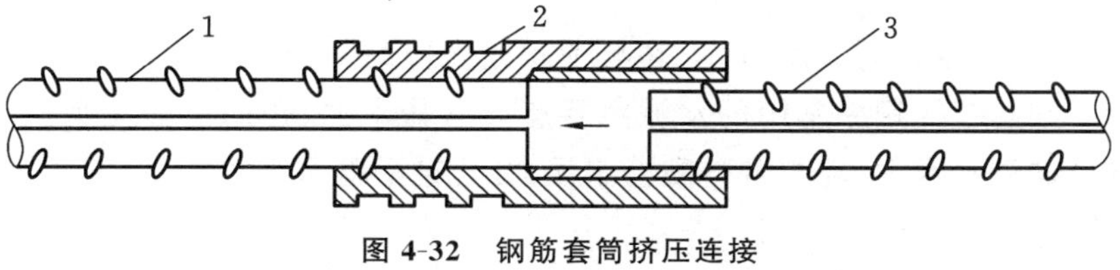

图 4-32 钢筋套筒挤压连接

1—已挤压的钢筋;2—钢套筒;3—未挤压的钢筋

套筒挤压连接适用于钢筋直径 16～40mm 的 HRB335 级、HRB400 级和 HRB500 级带肋钢筋连接。

(2) 螺纹套筒连接

螺纹套筒连接分锥螺纹连接与直螺纹连接两种。

钢筋锥螺纹接头(如图 4-33 所示)是把钢筋的连接端加工成锥形螺纹,通过锥螺纹连接套把两根带丝头的钢筋按规定的力矩连接成一体的钢筋接头。

这种连接方法,具有使用范围广、施工工艺简单、连接质量好、生产效率高、节省钢材、适应性强、有利于环境保护等优点。此种接头方式适用于 16～40mm 的Ⅰ、Ⅱ级同级钢筋的同径或异径钢筋的连接。

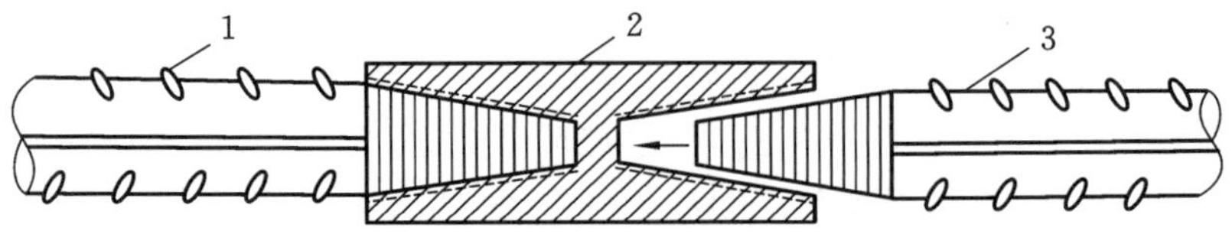

图 4-33　钢筋锥螺纹套筒连接

1—已连接的钢筋；2—锥螺纹套筒；3—待连接的钢筋

直螺纹连接是将两根待连接钢筋端部加工成直螺纹，旋入带有直螺纹的套筒中，从而将两端的钢筋连接起来。与锥螺纹接头相比，其接头强度更高，安装更方便。

4.3　混凝土工程

混凝土工程是钢筋混凝土结构工程的一个重要组成部分，其质量好坏直接关系到结构的承载能力和使用寿命。混凝土工程包括配料、拌制、运输、浇筑、养护等施工过程。在整个工艺过程中，各工序紧密联系又相互影响，若对其中任一工序处理不当，都会影响混凝土工程的最终质量。因此，在施工中应对每一个环节采取合理的措施，以确保混凝土工程的质量。

4.3.1　混凝土的制备

1. 混凝土的配料

混凝土的原材料包括水泥、细集料、粗集料、水和外加剂。

（1）水泥

水泥作为混凝土主要的胶凝材料，其品种和强度等级对混凝土性能和结构的耐久性都很重要。目前，在建筑工程中常用的水泥主要有硅酸盐水泥、普通硅酸盐水泥、矿渣硅酸盐水泥、火山灰质硅酸盐水泥、粉煤灰硅酸盐水泥、复合硅酸盐水泥等。

水泥的选用应符合下列规定：

① 水泥品种与强度等级应根据设计、施工要求以及工程所处环境条件确定。

② 普通混凝土结构宜选用通用硅酸盐水泥；有特殊需要时，也可选用其他品种水泥。

③ 对于有抗渗、抗冻融要求的混凝土，宜选用硅酸盐水泥或普通硅酸盐水泥。

④ 处于潮湿环境的混凝土结构，当使用碱活性集料时，宜采用低碱水泥。

水泥进场时，供方应提供相应的质量证明文件，并对其品种、强度等级、包装或散装仓号、出厂日期等内容进行检查验收。

水泥进场应对水泥的强度、安定性、凝结时间及其他必要指标进行检验。同一生产厂家、同一品种、同一等级且连续进场的水泥袋装不超过 200t 为一检验批，散装不超过 500t 为一检验批。

当符合下列条件之一时，复验时可将检验批容量扩大一倍：对经产品认证机构认证符合要求的产品；来源稳定且连续三次检验合格；同一厂家的同批出厂材料，用于同时施工且属于同一工程项目的多个单位工程。

当在使用中对水泥质量有怀疑或水泥出厂超过三个月（快硬硅酸盐水泥超过一个月）时，应进行复验，并应按复验结果使用。

不同品种和标号的水泥应分别贮存，不得混杂在一起。

(2) 细集料

粒径为0.15～5mm的集料称为细集料，混凝土配制中所用细集料一般为砂。混凝土用砂有天然砂（由自然条件作用而形成的，粒径在5mm以下的岩石颗粒）和人工砂（岩石经除土、机械破碎、筛分而成的粒径在5mm以下的岩石颗粒）两大类，一般常用天然砂作为混凝土的细集料。砂根据其平均粒径或细度模数可分为粗砂、中砂、细砂和特细砂四种。

混凝土用砂要求颗粒坚硬、洁净，砂中有害杂质的含量应严格控制在一定范围内。有害杂质是指黏土、淤泥、云母、轻物质、硫化物和硫酸盐及有机质等。其中，黏土、淤泥、云母及轻物质的含量过多会降低混凝土强度；硫化物和硫酸盐会影响混凝土的耐久性，并会引起钢筋的锈蚀；有机质会影响混凝土强度。

(3) 粗集料

混凝土级配中所用粗集料指的是碎石或卵石，由天然岩石或卵石经破碎、筛分而得的，粒径大于5mm的岩石颗粒，称为碎石。由于自然条件作用而形成的粒径大于5mm的岩石颗粒，称为卵石。卵石表面光滑，空隙率与表面积较小，故相对碎石水泥用量稍少，但与水泥浆的黏结性也差一些，故卵石混凝土的强度与碎石混凝土相比要低一些。碎石则刚好相反，所需水泥用量稍多，与水泥浆的黏结性好一些，故碎石混凝土的强度较高，但其成本也较高。碎石或卵石的颗粒级配和最大粒径对混凝土的强度影响较大，级配越好，混凝土的和易性和强度也越高。混凝土中凡粒径大于5mm的集料，称为粗集料。

粗集料宜选用粒形良好、质地坚硬的洁净碎石或卵石，并应符合下列规定：

① 粗集料最大粒径不应超过构件截面最小尺寸的1/4，且不应超过钢筋最小净间距的3/4；对实心混凝土板，粗集料的最大粒径不宜超过板厚的1/3，且不应超过40mm。

② 粗集料宜采用连续粒级，也可用单粒级组合成满足要求的连续粒级。

③ 含泥量、泥块含量应符合有关规定。

(4) 水

含有有害杂质的水会影响水泥的正常凝结和硬化，降低混凝土强度，因此对混凝土拌合用水的质量要严格要求。

混凝土拌合用水一般采用饮用水，当采用其他来源水时，水质必须符合国家现行标准《混凝土用水标准》(JGJ 63—2006)的规定。主要是要求水中不能含有影响水泥正常硬化的有害杂质，如污水、工业废水及pH值小于4的酸性水和硫酸盐含量超过水重1%的水不得用于混凝土中。

未经处理的海水严禁用于钢筋混凝土和预应力混凝土的拌制和养护。

混凝土生产厂及商品混凝土厂搅拌设备的洗刷水，可用作拌和混凝土的部分用水。但要注意洗刷水所含水泥和外加剂品种对所拌和混凝土的影响，并且最终拌合水中氯化物、硫酸盐及硫化物的含量应满足有关规定。

(5) 外加剂

在混凝土拌和过程中掺入的能按要求改善混凝土性能的材料，称为外加剂。在混凝土中掺入少量外加剂，可改善混凝土的性能，加速工程进度或节约水泥，满足混凝土在施工和使用中的一些特殊要求，保证工程顺利进行。外加剂的种类很多，按其主要功能分为四类：

① 改善混凝土拌和流动性能的外加剂，包括各种减水剂、引气剂和泵送剂等。

② 调节混凝土凝结时间、硬化性能的外加剂，包括缓凝剂、早强剂和促凝剂等。

③ 改善混凝土耐久性的外加剂，包括引气剂、防水剂和阻锈剂等。

④ 改善混凝土其他性能的外加剂，包括加气剂、膨胀剂、着色剂、防冻剂、防水剂和泵送剂等。

2. 混凝土的制备

(1) 混凝土施工配合比

混凝土的配合比一般指的是实验室配合比，即砂、石等原材料处于完全干燥状态下。现场施工的砂、石两种原材料都采用露天堆放，不可避免地含有一些水分，而且含水量随季节和气候变化。如果不考虑现场砂、石含水率而按照实验室配合比投料，其结果是改变了实际砂、石用量和用水量，造成各种原材料用量的比例不符合原来配合比的要求。及时调整砂、石和拌合用水的用量，才能保证混凝土配合比准确，从而保证混凝土的质量。施工时按砂、石实际含水率对实验室配合比进行修正，调整以后的配合比称为混凝土施工配合比。

混凝土的施工配合比要满足结构设计规定的混凝土强度等级；满足抗冻性、抗渗性的要求；满足施工对混凝土和易性的要求；满足合理使用材料、节约水泥的经济性要求。

设实验室配合比为水泥：砂：石＝1：X：Y，水灰比为 W/C；现场测得的砂含水率为 ω_x、石含水率为 ω_y，则施工配合比为：

$$\text{水泥}:\text{砂}:\text{石}=1:X(1+\omega_x):Y(1+\omega_y) \tag{4-8}$$

按实验室配合比 1m^3 混凝土水泥用量为 C(kg)，则实际材料用量为：

水泥用量为 $C'=C$，砂子用量为 $G'_{砂}=CX(1+\omega_x)$，石子用量为 $G'_{石}=CY(1+\omega_y)$，

实际用水量为 $W'=W-CX\omega_x-CY\omega_y$。

(2) 混凝土的搅拌

混凝土的拌制是指将水泥、水、粗集料、细集料和外加剂等原材料混合在一起均匀拌和的过程。搅拌后的混凝土要求匀质，且达到设计要求的和易性及强度。

① 混凝土搅拌机

混凝土搅拌方式分为人工搅拌和机械搅拌。混凝土搅拌机按照搅拌的原理可以分为自落式和强制式两类。

自落式搅拌机主要是利用拌筒内材料的自重进行工作，比较节约能源。这种搅拌机的优点是筒体和叶片磨损较小，易于清洁；缺点是搅拌量小、动力消耗大、生产效率低。它适用于搅拌塑性混凝土和低流动性混凝土，正日益被强制式搅拌机所代替。

反转出料式搅拌机是一种应用较广的自落式搅拌机，见图 4-34。其拌筒为双锥形，内壁焊有叶片，可带动物料上升到一定高度后，再利用自重下落，不断循环从而完成搅拌工作。其工作特点是正转搅拌、反转出料，结构较简单。

强制式搅拌机是根据剪切机理设计的。强制式搅拌机的轴上装有叶片，通过叶片强制搅拌装在搅拌筒中的物料，使物料沿环向、径向和竖向运动，从而拌和成均匀的混合物。它

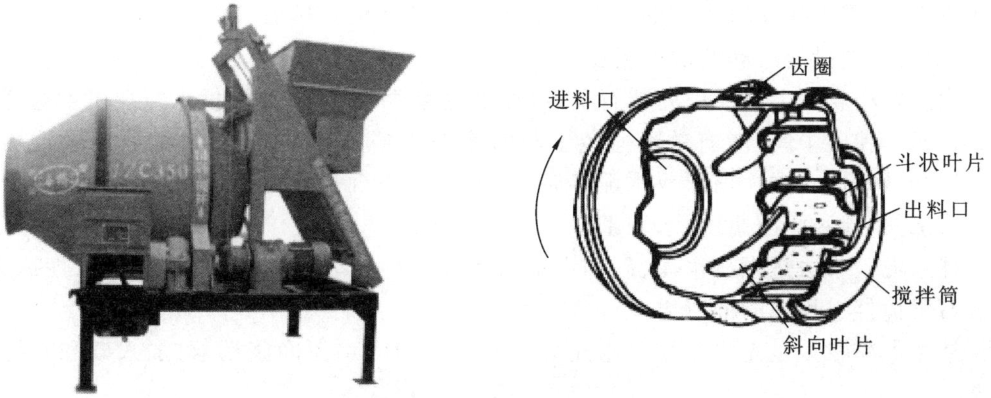

图 4-34 自落式搅拌机

适用于搅拌低流动性混凝土、干硬性混凝土和轻集料混凝土。强制式搅拌机如图 4-35 所示。

② 搅拌作业

为了获得均匀优质的混凝土拌合物，除合理选择搅拌机外，还必须正确确定搅拌制度，即搅拌时间、投料顺序和进料容量等。

a. 搅拌时间

从原材料全部投入搅拌筒内起，至混凝土拌合物卸出所经历的全部时间称为搅拌时间。若搅拌时间过短，混凝土拌和不均匀，其强度将降低；但若搅拌时间过长，不仅会降低生产效率，而且会使混凝土的和易性降低或产生分层离析现象。混凝土搅拌的最短时间可按表 4-13 采用。

图 4-35 强制式搅拌机

表 4-13 混凝土搅拌的最短时间(单位：s)

混凝土的坍落度/mm	搅拌机类型	搅拌机出料量/L		
		<250	250～500	>500
≤30	自落式	90	120	150
	强制式	60	90	120
>30	自落式	90	90	120
	强制式	60	60	90

注：① 掺有外加剂时，搅拌时间应适当延长。

② 全轻混凝土宜采用强制式搅拌机搅拌；轻砂混凝土可用自落式搅拌机搅拌，搅拌时间均应延长 60～90s。

③ 轻集料宜在搅拌前预湿。采用强制式搅拌机搅拌的加料顺序：先加粗细集料和水泥搅拌 60s，再加水继续搅拌。采用自落式搅拌机的加料顺序：先加 1/2 的用水量，然后加粗细集料和水泥，均匀搅拌 60s，再加剩余用水量继续搅拌。

④ 当采用其他形式搅拌设备时，搅拌的最短时间应按设备说明书的规定或经试验确定。

b. 投料顺序

投料顺序应从提高搅拌质量、减少叶片和衬板的磨损、减少拌合物与搅拌筒的黏结、减少水泥飞扬、改善工作环境等方面综合考虑确定。按照原材料加入搅拌筒内投料顺序的不同，常用的有一次投料法和两次投料法等。

一次投料法就是上料斗中先装石子，再加水泥和砂，然后一次性投入搅拌机。这样可使水泥夹在石子和砂中间，能有效地避免上料时水泥飞扬，同时也可使水泥及砂不致黏住斗底。水泥和砂先进入搅拌筒形成水泥砂浆，可缩短包裹石子的时间。二次投料法分为预拌水泥砂浆法、预拌水泥净浆法、水泥裹砂石法三种方式。

预拌水泥砂浆法是先将水泥、砂和水加入搅拌筒内充分搅拌，成为均匀的水泥砂浆后，再投入石子搅拌成均匀的混凝土。

预拌水泥净浆法是先将水泥和水充分搅拌成均匀的水泥净浆后，再加入砂和石搅拌成混凝土。

实验表明，由于预拌水泥砂浆或水泥净浆对水泥有一种活化作用，因而搅拌质量明显高于一次加料法。

水泥裹砂石法混凝土搅拌工艺是在日本研究的造壳混凝土的基础上结合我国的国情研究成功的，它分两次加水，两次搅拌。100％的石子、砂和70％的拌合水倒入搅拌机，拌和15s使集料湿润，倒入100％的水泥进行造壳搅拌30s左右，加入30％的拌合水再进行糊化搅拌60s左右。水泥裹砂石法能提高混凝土强度，是因为改变投料和搅拌次序后，使水泥和砂石的接触面增大，水泥的潜力得到充分发挥。

二次投料法与一次投料法相比较，若水泥用量不变，混凝土强度可提高15％左右；在混凝土强度相同的情况下，可减少水泥用量15％～20％。

c. 进料容量

搅拌前各种材料的体积总和，又称干料容量。

不同类型的搅拌机具有不同的装料容积，一般来说装料容积是搅拌机拌筒几何容积的1/3～1/2。若实际装料容积超过额定装料容积一定数值，则各种原材料不易拌和均匀，影响混凝土拌合物的均匀性。反之，如果装料过少，则降低了搅拌机的工作效率。

目前市场上有商品混凝土，商品混凝土能保证混凝土的质量，节约材料，减少施工临时用地，实现文明施工，国内有的城市已经规定在一定范围内必须采用商品混凝土，不得现场拌制。

4.3.2 混凝土的运输

1. 混凝土运输基本要求

混凝土运输基本要求如下：

① 保持原有的均匀性，避免产生分层离析。

② 运至浇筑地点，混凝土应符合浇筑时所规定的坍落度。

③ 混凝土初凝前能有充分的时间进行浇筑和捣实。

④ 运输工作应保证混凝土的浇筑工作连续进行。

为此，应以最少的转运次数和最短的时间将混凝土从搅拌地点运至浇筑现场，普通混凝土从搅拌机卸出后到浇筑完毕的延续时间不宜超过表4-14的规定，以分钟为单位，温度越高时间就越短，混凝土强度越高，时间就越短。

表 4-14　混凝土从搅拌机中卸出后到浇筑完毕的延续时间(单位:min)

混凝土强度等级	气温	
	<25℃	≥25℃
≤C30	120	90
>C30	90	60

2. 混凝土运输设备

混凝土主要运输设备分为水平运输设备和垂直运输设备两类。

水平运输主要是指地面、楼面的运输，工地内短距离水平运输主要是手推车、机动翻斗车等，运距较远的地面运输使用混凝土搅拌运输车、自卸汽车等。

混凝土搅拌运输车适用于混凝土长距离运输，是商品混凝土必备的运输机械。混凝土搅拌运输车是在载重汽车或专用汽车的底盘上装置一个梨形反转出料的搅拌机，然后将混凝土搅拌站生产的混凝土拌合物灌装入搅拌筒内，直接运至施工现场，供浇筑作业需要。它兼有运载混凝土和搅拌混凝土的双重功能。它可在运送混凝土的同时，对其缓慢地搅拌，以防止混凝土产生离析或初凝，从而保证混凝土的质量；也可在开车前装入一定配合比的干混合料，在到达浇筑地点前 15～20min 加水搅拌，到达后即可使用。常用的水平运输设备如图 4-36 所示。

(a)

(b)

(c)

(d)

图 4-36　水平运输设备

(a)搅拌运输车；(b)手推车；(c)自卸汽车；(d)机动翻斗车

垂直运输设备主要有塔式起重机、井架、混凝土泵等。井架可以垂直运输，同时配以双轮手推车进行水平运输；塔式起重机既能水平运输也能垂直运输；混凝土泵运输是利用混凝土泵的压力将混凝土通过管道输送到浇筑地点，一次完成水平运输和垂直运输。混凝土泵及泵车以泵为动力，沿管道输送混凝土，是一种高效的混凝土运输方式。

混凝土泵具有输送能力大、效率高、作业连续、节省人力等优点，目前已广泛应用于建筑、桥梁、地下等工程中，混凝土泵车与混凝土搅拌运输车配套使用。常见的垂直运输设备如图 4-37 所示。

(a) (b) (c) (d)

图 4-37　垂直运输设备

(a)固定式混凝土泵；(b)移动式混凝土泵；(c)塔式起重机；(d)井架

3. 泵送混凝土应注意的问题

采用泵送的混凝土必须具有良好的可泵性。粗集料优先选用卵石，当水灰比相同时，卵石混凝土比碎石混凝土流动性好，与管道摩阻力小。为减小混凝土与输送管内壁的摩阻力，对粗集料最大粒径与输送管径之比的要求如表 4-15 所示。

表 4-15 粗集料最大粒径与输送管径之比

泵送高度/m	<50	50～100	>100
粗集料最大粒径与输送管径之比	不大于 1∶3(碎石)和 1∶2.5(卵石)	宜在 1∶4～1∶3	宜在 1∶5～1∶4

砂宜采用中砂，通过 0.315mm 筛孔的砂粒不少于 15%，砂率宜为 35%～45%。水泥用量不宜少于 300kg/m^3，水泥用量少，混凝土容易产生离析现象；水灰比宜为 0.4～0.6；坍落度根据泵送的高度来确定，泵送高度越大，坍落度越大，混凝土的流动性更好，更容易泵送。不同泵送高度入泵时混凝土坍落度按表 4-16 选用。

表 4-16 不同泵送高度入泵时混凝土坍落度选用值

泵送高度/m	<30	30～60	60～100	>100
坍落度/mm	100～140	140～160	160～180	180～200

泵送混凝土施工时应遵循如下规定：

① 混凝土的供应必须保证混凝土泵能连续工作。

② 输送管线的布置应尽量直，转弯宜少且缓，管接头严密。

③ 为减小泵送阻力，泵送前应先用适量的与混凝土内成分相同的水泥浆或水泥砂浆润滑输送管内壁。

④ 预计泵送间歇时间超过 45min 或混凝土出现离析现象时，应立即用压力水或其他方法冲洗管内残留的混凝土。

⑤ 泵送混凝土时，泵的受料斗内应充满混凝土，防止吸入空气形成阻塞。

⑥ 泵送结束要及时清洗泵体和管道，方便下一次使用。

4.3.3 混凝土浇筑和振捣

混凝土的浇筑成型过程包括浇筑与捣实，是混凝土施工的关键，对于混凝土的密实性、结构的整体性和构件的尺寸准确性都起着决定性的作用。

1. 浇筑的时候应该注意的问题

(1) 防止离析

浇筑混凝土时，混凝土拌合物从料斗、混凝土输送管、运输车内卸出时，如果自由倾落高度过大，粗集料在重力作用下，克服黏着力后的下落动能大，下落速度相较于砂浆快，可能形成混凝土离析。为此，混凝土的自由倾倒高度一般不宜超过 2m；在竖向结构(如墙、柱)中混凝土的倾落高度不得超过 3m；如果高度比较大，我们可以采用串筒、斜槽、溜管或振动溜管等辅助设施下料。斜槽及串筒下料如图 4-38 所示。

(a)

(b)

图 4-38　辅助下料

(a)斜槽下料;(b)串筒下料

(2) 正确留置施工缝

施工缝就是由于施工技术和施工组织因素,结构不能连续整体浇筑,且超过混凝土初凝时间时,先后浇筑的混凝土之间存在的界面,它是结构的薄弱部位。施工缝的位置应设置在结构受剪力较小且便于施工的部位。施工缝留设界面应垂直于结构构件和纵向受力钢筋,柱、墙应留水平缝,梁、板应留垂直缝。

柱子的施工缝留置在基础的顶面、梁的下面、吊车梁牛腿的下面、吊车梁的上面、无梁楼板的柱帽下面,如图 4-39 所示。

有主次梁的楼板,宜顺着次梁方向浇筑,施工缝留置在次梁跨度中间 1/3 的范围内,如图 4-40 所示。

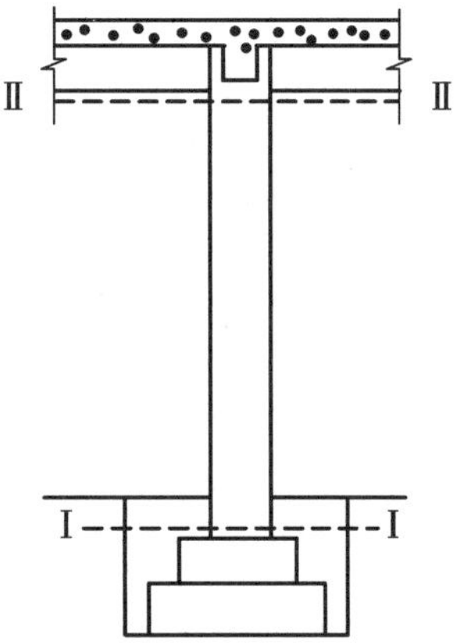

(a)

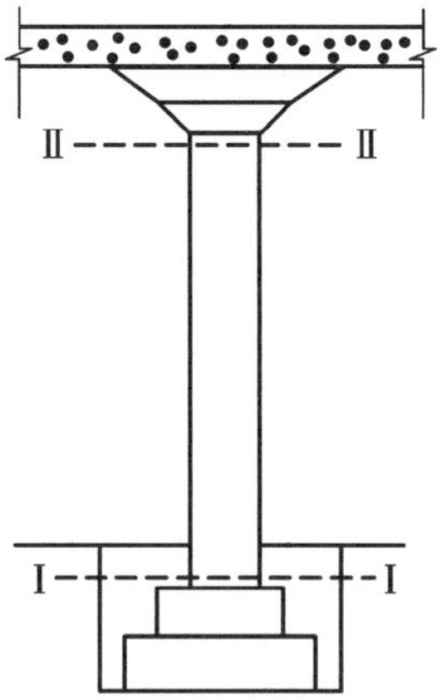

(b)

图 4-39　浇筑柱的施工缝位置

(a)梁板式结构;(b)无梁楼盖结构

Ⅰ—Ⅰ、Ⅱ—Ⅱ表示施工缝的位置

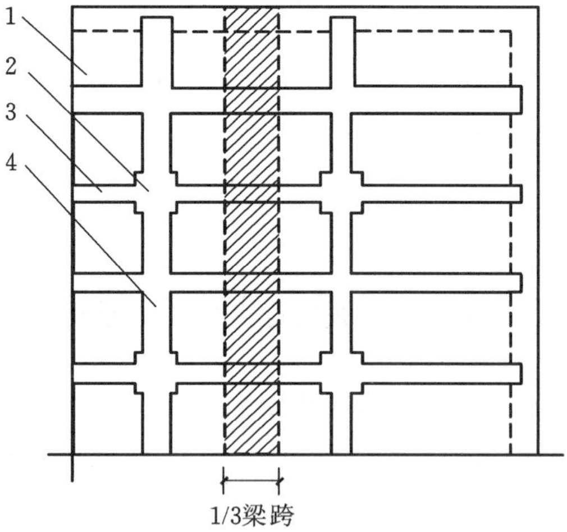

图 4-40　有主次梁楼板施工缝位置

1—板;2—柱;3—次梁;4—主梁

与板连成整体的大截面梁,施工缝留置在板底面以下 200～300mm 处。当板下有梁托时,留置在梁托下部;当板下有梁托时,留置在梁托下部,如图 4-41 所示。

单向板的施工缝留置在平行于板的短边的任何位置。

墙的施工缝留置在门洞口过梁跨中 1/3 的范围内，也可留置在纵横墙的交接处。

梁板式、板式楼梯混凝土施工缝应留置在楼梯跨度的 1/3 范围内。

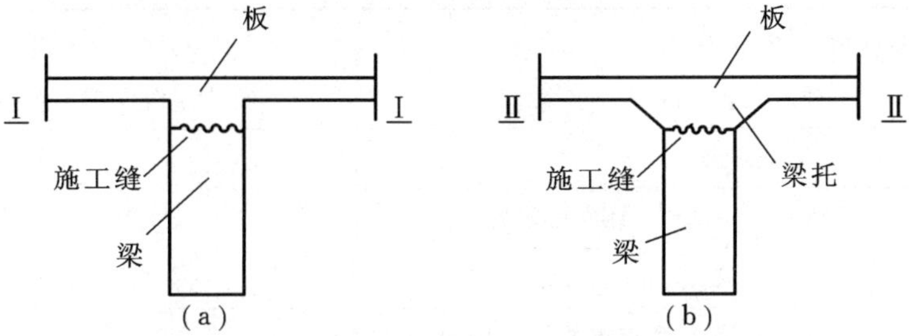

图 4-41 浇筑与板连成整体的梁的施工缝位置

(a)无梁托的整体梁板；(b)有梁托的整体梁板

双向受力板、大体积混凝土结构、拱、弯拱、壳、蓄水池、斗仓、多层钢架及其他结构复杂的工程，施工缝的位置应按设计要求留置。

承受冲击荷载作用的设备基础、有抗渗要求的基础混凝土，不应留施工缝；当必须留置时，应征得设计单位的同意。

(3) 施工缝处理方法

在施工缝处继续浇筑混凝土时，已浇筑混凝土的抗压强度不应小于 1.2MPa；清理已硬化混凝土表面的水泥和松动石子以及软弱混凝土层；充分湿润并将表面冲洗干净，且不得积水；浇筑混凝土前，宜先在施工缝处铺一层水泥浆或与混凝土成分相同的水泥砂浆；继续浇筑混凝土时，需仔细振捣密实，使新旧混凝土结合紧密。

(4) 后浇带的留置与施工

后浇带是指在现浇混凝土结构施工过程中，为减少由于收缩、沉降等产生有害裂缝而设置的临时施工缝。后浇带的保留时间应根据设计确定，若设计无要求时，一般至少保留 28d 以上。后浇带的宽度应考虑施工简便，避免应力集中，一般其宽度为 700～1000mm。后浇带内的钢筋应完好，后浇带在浇筑混凝土前，必须将整个混凝土表面按照施工缝的要求进行处理。填充后浇带混凝土可采用微膨胀或无收缩水泥，也可采用普通水泥加入相应的外加剂拌制，但必须要求填筑混凝土的强度等级比原结构强度提高一级，并保持至少 15d 的湿润养护。施工后浇带如图 4-42 所示。

图 4-42 施工后浇带

(5) 混凝土的浇筑方法

① 浇筑厚度

混凝土浇筑的时候要分层浇筑，分层浇筑应符合表 4-17 规定的分层振捣厚度要求。混凝土浇筑层的厚度由采用的捣实方法、构件类型以及配筋情况来确定。在下层混凝土凝结前，完成上层的浇筑和振捣，每层浇筑厚度为200～300mm。

表4-17 混凝土浇筑层厚度

<table>
<tr><th colspan="2">捣实混凝土的方法</th><th>浇筑层厚度/mm</th></tr>
<tr><td colspan="2">插入式振捣</td><td>振动器作用部分长度的1.25倍</td></tr>
<tr><td colspan="2">表面振动</td><td>200</td></tr>
<tr><td rowspan="3">人工捣固</td><td>在基础、无筋混凝土中</td><td>250</td></tr>
<tr><td>在梁、墙板、柱结构中</td><td>200</td></tr>
<tr><td>在配筋密集的结构中</td><td>150</td></tr>
<tr><td rowspan="2">轻集料混凝土</td><td>插入式振捣</td><td>300</td></tr>
<tr><td>表面振动(振动时需加荷)</td><td>200</td></tr>
</table>

② 连续浇筑

混凝土应连续浇筑，应在前层混凝土凝结前将次层浇筑完毕；混凝土浇筑的间歇时间不得超过表4-18的规定，否则应留设施工缝。

表4-18 混凝土浇筑的间歇时间(单位：min)

混凝土强度等级	气温	
	≤25℃	>25℃
≤C30	180	150
>C30	240	210

③ 主体结构的浇筑

对于结构层，应逐层浇筑；对于同一层，先浇筑竖向构件(柱、墙)，后浇筑水平构件(梁、板)；一般分两次浇，也可一次浇筑完成；浇筑须注意对称，防止模板及其支架倾斜；每一施工层的每一施工段中，墙、柱应连续浇筑到顶；柱墙混凝土设计强度比梁板高一个等级时，柱墙位置梁板高度范围内的混凝土经设计单位确认，可采用与梁板混凝土等级相同的混凝土进行浇筑。

(6) 大体积混凝土的浇筑

大体积混凝土是指厚度大于或等于1m，且长度和宽度都较大的结构，如工业建筑中的设备基础，在高层建筑中地下室底板、结构转换层，各类结构的厚大桩基承台或基础底板以及桥梁的墩台等。

① 混凝土温度裂缝的产生原因

大体积混凝土施工时必须采取相应的技术措施，妥善处理水化热引起的混凝土内外温度差值，合理解决温度应力并控制裂缝开展。大体积混凝土裂缝主要是温度裂缝和收缩裂缝两种。

温度裂缝的形成分初期和后期两部分。

混凝土浇筑初期：大体积混凝土浇筑后水泥水化热大量聚集，造成混凝土结构内外温差很大，在体内产生压应力，而表面产生拉应力。如温差过大，混凝土表面可能产生裂缝。

混凝土浇筑后期：当混凝土内部逐渐散热冷却而收缩时，由于受到基底或已浇筑混凝土体内各质点的约束，接触处将产生很大的剪应力，在混凝土正截面形成拉应力，当拉应力超过混凝土极限抗拉强度时，便产生收缩裂缝，严重者会贯穿整个混凝土块体。

② 防止温度裂缝的措施

采取有效措施控制大体积混凝土裂缝，保证混凝土的施工质量，关键是减小温度应力，为此须减小混凝土内外温差、自身体积收缩和外界约束。

具体措施为：优先选用水化热低的水泥，如矿渣水泥、火山灰水泥或粉煤灰水泥等；降低水泥用量，掺入适量的粉煤灰；采取蓄水法或覆盖法保温，或人工降温措施，控制内外温差不超过 25℃；分段、分层浇筑，降低浇筑速度和减小浇筑层厚度；当大体积混凝土平面尺寸过大时，可以适当设置后浇缝，以减小外应力和温度应力，同时也有利于散热，降低混凝土的内部温度。

③ 浇筑方案的选择

大体积混凝土的浇筑方案根据结构大小、混凝土供应等实际情况决定，一般分为全面分层、分段分层和斜面分层三种方案，如图 4-43 所示。

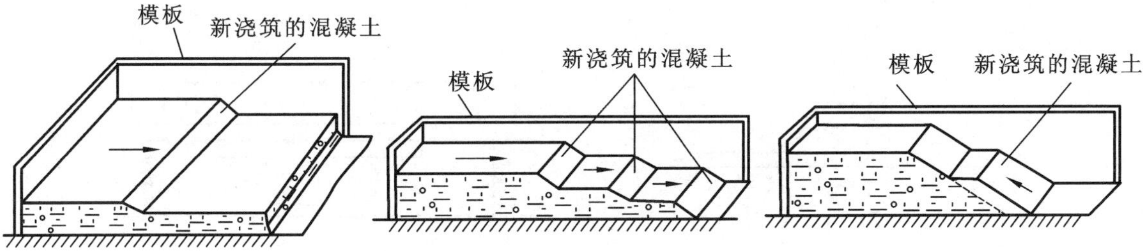

图 4-43 大体积混凝土浇筑方案

(a)全面分层；(b)分段分层；(c)斜面分层

全面分层：就是在整个结构内全面分层浇筑混凝土，要求每一层的混凝土浇筑必须在下层混凝土初凝前完成。此浇筑方案适用于平面尺寸不太大的结构，施工时宜从短边开始，顺着长边方向推进，有时也可从中间开始向两端进行或从两端向中间推进。

分段分层：如采用全面分层浇筑方案，混凝土的浇筑强度太高，施工难以满足时，则可采用分段分层浇筑方案。它是将结构从平面上分成几个施工段，厚度上分成几个施工层，混凝土从底层开始浇筑，进行一定距离后就回头浇筑第二层混凝土，如此依次浇筑以上各层。施工时要求在第一层第一段末端混凝土初凝前，开始第二段的施工，以保证混凝土接触面结合良好。该方案适用于厚度不大而面积或长度较大的结构。

斜面分层：当结构的长度超过厚度的 3 倍，宜采用斜面分层浇筑方案。施工时，混凝土的振捣需从浇筑层下端开始，逐渐上移，以保证混凝土的施工质量。

2. 混凝土的振捣

混凝土浇筑到模板中后，由于集料间的摩擦阻力和水泥浆的黏结作用，不能自动充满模板，其内部是疏松的，有一定体积的孔洞和气泡，不能达到要求的密实度。而混凝土的密实性直接影响其强度和耐久性。所以在混凝土浇筑到模板内后，必须捣实，使之具有设计要求的结构形状、尺寸和强度等级。

振捣原理：在混凝土受到振动机械振动力作用后，混凝土中的颗粒不断受到冲击力的作用而引起颤动，这种颤动使混凝土拌合物的性质发生了变化。

常用的混凝土振动机械按其工作方式分为内部振动器、外部振动器、表面振动器和振动台，如图 4-44 所示。这些振动机械的构造原理基本相同，主要是利用偏心锤的高速旋转，使振动设备因离心力而产生振动。它们各有自己的工作特点和适用范围，需根据工程实际情况进行选用。

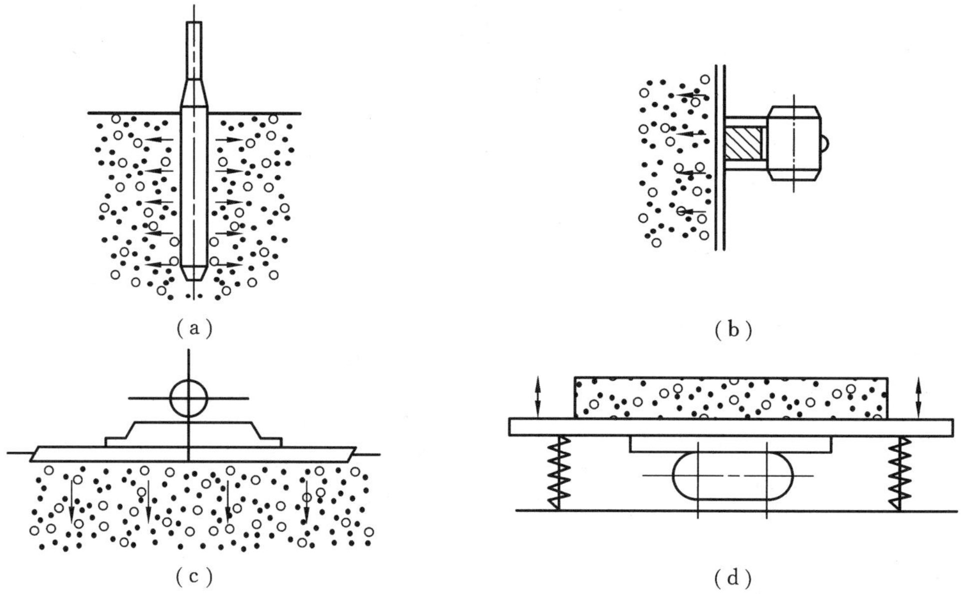

图 4-44　混凝土振动机械

(a)内部振动器；(b)外部振动器；(c)表面振动器；(d)振动台

(1) 内部振动器

内部振动器又称插入式振动器，常用来捣实梁、柱、墙、基础和大体积混凝土，如图 4-45 所示。

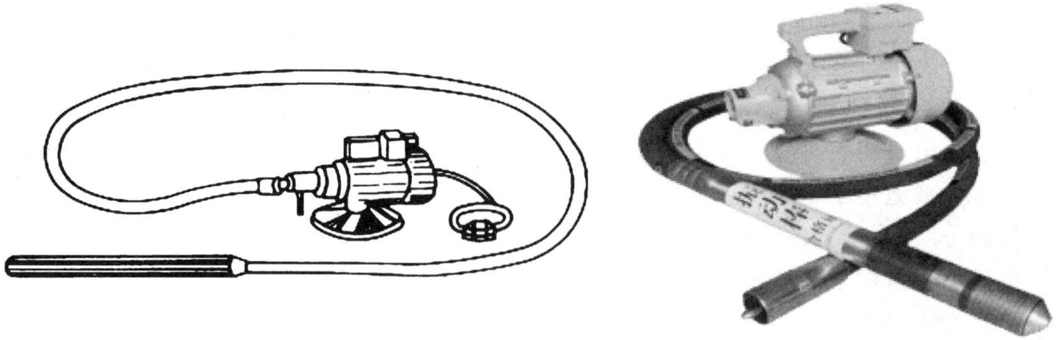

图 4-45　插入式振动器

内部振动器操作要点："直上和直下，快插与慢拔；插点要均匀，切勿漏插点；上下要插动，层层要扣搭；时间掌握好，密实质量佳"。

振捣时应"快插慢拔"、垂直插入至下层尚未初凝的混凝土层中50～100mm，以促使上下层相互结合。快插是为了防止先将表面混凝土振实而无法振捣下部混凝土，与下面混凝土发生分层、离析现象；慢拔是为了使混凝土填满振动棒抽出时所形成的空隙。振动过程中，宜将振动棒上下略微抽动，以使上下混凝土振捣均匀。插点的分布有行列式和交错式两种方式。普通混凝土插点间距不应大于1.5R（R为振动器作用半径，$R=300\sim400$mm）；对轻集料混凝土，插点间距不应大于1.0R。与模板、钢筋的距离不大于0.5R，应插入下一层未初凝混凝土不小于50mm，每一插点的振捣时间以20～30s为宜。

（2）外部振动器

外部振动器（如图4-46所示）是将一个带偏心块的电动振动器利用螺栓或钳形夹具固定在构件模板的外侧，不与混凝土直接接触，振动力通过模板传给混凝土。外部振动器的振动作用深度小，适用于振捣钢筋较密、厚度较小及不宜使用插入式振动器的构件，如墙体、薄腹梁等。

图4-46　外部振动器

使用外部振动器时，一般距离1.0～1.5m设置一台，振动器的侧向影响深度约为250mm。当构件尺寸较厚时，需在构件两侧安设振动器同时进行振捣。当钢筋较密和构件断面较深较窄时，亦可采取边浇筑边振动的方法。

（3）表面振动器

表面振动器又称平板振动器，是将一个带偏心块的电动振动器安装在钢板或木板上，振动力通过平板传给混凝土。表面振动器的振动深度小，适用于振捣表面面积大而厚度小的结构，如现浇楼板、地坪或预制板。使用表面振动器振捣时，必须保持振动器与混凝土表面黏结，不能脱开，才能把振动波传入混凝土，否则形成捣击，失去振实效果。表面振动器有效作用深度取决于拌合料的流动性和振动参数，一般不超过200mm。表面振动器相互搭接30～50mm，最好振捣两遍，方向互相垂直。第一遍主要使混凝土密实，第二遍主要使其表面平整。每一位置的延续时间一般为25～40s，以混凝土表面均匀出现浮浆为准。

外部振动器和表面振动器都是在混凝土的外表面施加振动，而使混凝土振捣密实。

（4）振动台

振动台是支承在弹性支座上的工作台。工作台框架由型钢焊成，台面为钢板。工作台下面装设振动机构，振动机构转动时，带动工作平台强迫振动，使平台上的构件混凝土被振实。

振动时应将模板牢固地固定在振动台上（可利用电磁铁固定），否则模板的振幅和频率将小于振动台的振幅和频率，且振幅沿模板分布不均匀，振动时噪声过大。

4.3.4 混凝土养护

混凝土浇筑振捣以后，需要对混凝土进行养护，养护的目的就是给混凝土提供一个较好的强度增长环境。混凝土的凝结硬化，主要是水泥水化作用的结果，而水化作用需要适当的湿度和温度。温度越高，水化反应的速度越快，而湿度高则可避免混凝土内水分丢失，从而保证水泥水化作用充分，当然水化反应还需要足够的时间，时间越长，水化越充分，强度就越高。因此混凝土养护实际上是为混凝土硬化提供必要的温度、湿度条件。

选择养护方式应考虑现场条件、环境温湿度、构件特点、技术要求、施工操作等因素。混凝土养护的方法，按养护工艺分为自然养护和人工养护两类，现场施工多采用自然养护。

混凝土的自然养护，即指在平均气温高于5℃的自然气温条件下，于一定时间内使混凝土保持湿润状态。人工养护是指用人工来控制混凝土的养护温度和湿度，确保混凝土强度增长，如蒸汽养护、热水养护、太阳能养护等，主要用于预制构件。

混凝土的自然养护可采用洒水、覆盖、喷涂养护剂等方式。

1. 混凝土的养护时间

混凝土的养护在混凝土浇筑完毕后12h以内进行，养护时间应符合下列规定：

① 采用硅酸盐水泥、普通硅酸盐水泥或矿渣硅酸盐水泥配制的混凝土，不应少于7d；采用其他品种水泥时，养护时间应根据水泥性能确定。

② 采用缓凝型外加剂、大掺量矿物掺合料配制的混凝土，不应少于14d。

③ 抗渗混凝土、强度等级C60及以上的混凝土，不应少于14d。

④ 后浇带混凝土的养护时间不应少于14d。

2. 洒水养护

洒水养护是指用麻袋或草帘等材料将混凝土表面覆盖，并经常洒水使混凝土表面处于湿润状态的养护方法。洒水养护应符合下列规定：

① 洒水养护宜在混凝土裸露表面覆盖麻袋或草帘后进行，也可采用直接洒水、蓄水等养护方式；洒水养护应保证混凝土处于湿润状态。

② 大面积结构如地坪、楼板、屋面等可采用蓄水养护。

③ 当日最低温度低于5℃时，不应采用洒水养护。

3. 覆盖养护

覆盖养护是指以塑料薄膜为覆盖物，使混凝土表面与空气隔绝，可防止混凝土内的水分蒸发，水泥依靠混凝土中的水分完成水化作用而凝结硬化，从而达到养护目的。覆盖养护应符合下列规定：

① 覆盖养护宜在混凝土裸露表面覆盖塑料薄膜、塑料薄膜加麻袋、塑料薄膜加草帘时进行。

② 塑料薄膜应紧贴混凝土裸露表面，塑料薄膜内应保持有凝结水。

③ 覆盖物应严密，覆盖物的层数应按施工方案确定。

4. 喷涂养护剂养护

喷涂养护剂养护是指将养护剂喷涂在混凝土表面，溶液挥发后在混凝土表面结成一层塑料薄膜，使混凝土表面与空气隔绝，封闭混凝土内的水分不再被蒸发，从而完成水泥水化作用。喷涂养护剂养护应符合下列规定：

① 应在混凝土裸露表面喷涂覆盖致密的养护剂进行养护。

② 养护剂应均匀喷涂在结构构件表面，不得漏喷；养护剂应具有可靠的保湿效果，保湿效果可通过试验检验。

③ 养护剂使用方法应符合产品说明书的有关要求。

4.3.5 混凝土的冬季施工

当室外日平均气温连续 5 天稳定低于 5℃，即满足冬季施工条件。工程进入冬季施工阶段，混凝土工程应相应采取冬季施工措施。

冬季施工应解决的问题，一是如何确定混凝土最短的养护龄期，二是如何防止混凝土早期冻害，三是如何保证混凝土后期强度和耐久性满足要求。

混凝土中的水结冰后，体积膨胀 8%～9%，在混凝土内部产生冰胀应力，很容易使强度较低的混凝土内部产生微裂缝。同时，减弱混凝土和钢筋之间的黏结力，从而极大地影响结构构件的质量。受冻的混凝土在解冻后，其强度虽能继续增长，但已不能达到原设计的强度等级。

试验证明，混凝土遭受冻结带来的危害与遭冻的时间早晚、水灰比有关。遭冻时间越早、水灰比越大，则后期混凝土强度损失越多。当混凝土达到一定强度后，再遭受冻结，由于混凝土已具有的强度足以抵抗冰胀应力，其最终强度将不会受到损失。因此为避免混凝土遭受冻结带来危害，混凝土在受冻前达到的这一强度被称为混凝土冬期施工的临界强度。

冬季施工中，就是尽量不让混凝土受冻，或受冻时，混凝土已达到临界强度值且能保证混凝土最终强度不受到损失。

1. 混凝土冬季施工的材料选择及搅拌

冬季施工配制混凝土宜选用硅酸盐水泥或普通硅酸盐水泥(具有早期强度增长快、水化热高等特点)。用于冬季施工混凝土的粗、细集料中，不得含有冰、雪冻块及其他易冻裂物质，冬季施工混凝土配合比应根据施工期间环境气温、原材料、养护方法、混凝土性能要求等经试验确定，并宜选择较小的水灰比和坍落度。

(1) 原材料预热

冬季施工混凝土搅拌前，原材料的预热应符合下列规定：

① 宜加热拌合水。当仅加热拌合水不能满足热工计算要求时，可加热集料。拌合水与集料的加热温度可通过热工计算确定，加热温度不应超过表 4-19 的规定。

表 4-19　拌合水及集料最高加热温度(单位:℃)

水泥强度等级	拌合水	集料
42.5 以下	80	60
42.5、42.5R 及以上	60	40

② 水泥、外加剂、矿物掺合料不得直接加热,应事先贮于暖棚内预热。

(2) 混凝土搅拌

冬季施工混凝土搅拌应符合下列规定:

① 液体防冻剂使用前应搅拌均匀,由防冻剂溶液带入的水分应从混凝土拌合水中扣除。

② 蒸汽法加热集料时,应加大对集料含水率测试频率,并应将由集料带入的水分从混凝土拌合水中扣除。

③ 混凝土搅拌前应对搅拌机械进行保温或采用蒸汽进行加温,搅拌时间应比常温搅拌时间延长 30～60s。

④ 混凝土搅拌时应先投入集料与拌合水,预拌后再投入胶凝材料与外加剂。胶凝材料、引气剂或含引气组分外加剂不得与 60℃以上热水直接接触。

⑤ 混凝土卸出拌合机时的最高允许温度为 40℃,低温早强混凝土的拌合温度不高于 30℃。

2. 混凝土冬季施工方法

冬季施工中混凝土养护的方法很多,有蓄热法、蒸汽加热法、电热法、暖棚法、掺外加剂法等。

(1) 蓄热法

蓄热法就是采用保温材料覆盖在混凝土的表面,尽量减少混凝土中水泥水化热和热拌混凝土中的原有热量的散失,延缓混凝土的冷却速度,保证混凝土在冻结前达到所要求的强度的一种冬季施工方法。

蓄热法适用于室外最低气温不低于 －15℃时,对地面以下的工程或表面系数不大于 $5m^{-1}$ 的结构,并应对结构易受冻部位加强保温措施。

蓄热法养护具有施工简单、不需外加热源、节能、费用低等特点。因此,在混凝土冬季施工时应优先考虑采用该方法,只有当确定蓄热法不能满足要求时,才考虑选择其他方法。

(2) 蒸汽加热法

蒸汽加热养护分为湿热养护和干热养护两类。湿热养护是让蒸汽与混凝土直接接触,利用蒸汽的湿热作用来养护混凝土,常用的有棚罩法、蒸汽套法以及内部通汽法;而干热养护则是将蒸汽作为热载体,通过某种形式的散热器,将热量传导给混凝土使其升温,有毛管法和热模法等。

(3) 电热法

电热法施工主要有电极法、电热毯法、工频涡流加热法、远红外线养护法等。电极法是在混凝土浇筑时插入电极(A6～A12 钢筋),通以交流电,利用混凝土作导体,将电能转变为热能,对混凝土进行养护。为保证施工安全,防止热量散失,应在混凝土表面覆盖后进行电加热。加热时,混凝土的升、降温速度应满足规范规定的要求。

电热法具有施工方便、设备简单、适应范围广等优点,但在加热过程中需耗费大量电能,成本较高,不太经济,故只在其他养护方法不能满足要求的前提下才采用。

(4) 暖棚法

在所要养护的结构或构件周围用保温材料搭起暖棚,棚内设置热源,以维持棚内的正温环境,可使混凝土的浇筑和养护如同在常温下一样。暖棚内的加热宜优先选用热风机,可采用强力送风的移动式轻型热风机。采用暖棚法养护混凝土时,棚内温度不得低于5℃,并应保持混凝土表面湿润。因搭设暖棚需大量材料和人工,能耗大,费用较高,故暖棚法一般只用于地下结构工程和混凝土量比较集中的结构工程。

(5) 掺外加剂法

在冬季混凝土施工中掺入适量的外加剂,可使其强度尽快增长,在冻结前达到要求的临界强度,或改善混凝土的某些性能,以满足冬季施工的需要。这是冬季施工的有效方法,可简化施工工艺、节约能源、降低成本,但掺用外加剂应符合冬季施工工艺要求的有关规定。目前冬季施工中常用的外加剂有早强剂、防冻剂、减水剂和引气剂。

练 习 题

一、单选题

1. 现场施工中,柱子竖向钢筋的连接应优先采用(　　)。

A.闪光对焊　　B.绑扎连接　　C.电渣压力焊　　D.电弧焊

2. 当跨距为6m的梁拆模时,混凝土强度应达到设计强度的(　　)。

A.50%　　B.70%　　C.75%　　D.100%

3. 构件按最小配筋率配筋时,其钢筋代换应按代换前后(　　)相等的原则进行。

A.质量　　B.承载力　　C.面积　　D.间距

4. 箍筋弯钩的转折角度,对一般结构,不应小于90°;对抗震结构,应为(　　)。

A.90°　　B.135°　　C.150°　　D.180°

5. 影响混凝土受冻临界强度的因素是(　　)。

A.集料粒径　　B.水灰比　　C.水泥品种　　D.构件尺寸

6. 在混凝土结构施工中,拆装方便、通用性较强、周转率高的模板是(　　)。

A.大模板　　B.滑升模板　　C.组合钢模板　　D.爬升模板

7. 电渣压力焊适用于(　　)焊接。

A.钢筋与钢板　　B.交叉钢筋　　C.预应力钢筋　　D.结构中的竖向钢筋

8. 量度差值是指(　　)。

A.外包尺寸与内包尺寸间差值　　B.外包尺寸与轴线间差值

C.轴线与内包尺寸间差值　　D.下料长度与轴线间差值

9. 冬季进行混凝土拌和作业时,需对原材料进行加热以提高混凝土温度,应优先加热的原材料是(　　)。

A.水　　B.水泥　　C.砂　　D.石

10. 在浇筑结构混凝土时，其自由倾落高度不宜超过（　　）。

A.2m　　B.4m　　C.5m　　D.6m

二、简答题

1. 简述模板拆除时间的确定及拆模顺序。

2. 简述施工中模板结构的基本要求。

3. 如何进行施工缝的处理及接缝？

4. 简述浇筑大体积混凝土时，预防混凝土产生温度裂缝的措施。

三、计算题

1. 某混凝土实验室配合比为1∶2.27∶4.16，水灰比$W/C=0.55$，每立方米混凝土水泥用量为300kg，现场实测砂子含水率6%，石子含水率5%。试计算施工配合比及各组成材料用量和水灰比。

2. 已知C30混凝土实验室配合比为1∶1.89∶3.55，水灰比$W/C=0.40$，每立方米混凝土使用强度等级为42.5的普通硅酸盐水泥370kg，现场实测砂含水率3%，石子含水率1%，试写出该混凝土的施工配合比。若施工现场使用JZ350型搅拌机，计算每盘混凝土的各种材料用量。

5 预应力混凝土工程

【本章主要内容】

本章主要内容：先张法张拉设备和机具，先张法施工工艺；后张法张拉设备和机具，后张法施工工艺；无黏结预应力混凝土结构施工工艺。

【学习目标】

通过本章学习，了解预应力筋的种类，理解预应力混凝土的特点，掌握预应力混凝土先张法和后张法、无黏结预应力的施工工艺；了解先张法、后张法、无黏结预应力的设备。

预应力混凝土是指在结构或构件承受使用荷载之前，预先在混凝土受拉区施加一定的预压应力并产生一定压缩变形的混凝土。

预应力混凝土结构相较于普通钢筋混凝土结构具有如下特点：①截面小，质量轻，刚度大；②抗裂性、耐久性好；③可充分利用高强度钢筋；④在较大跨度结构中，综合经济效益好。

预应力混凝土按施加预应力的方法不同分为：先张法预应力混凝土和后张法预应力混凝土。先张法是指在混凝土浇筑前张拉钢筋，依靠钢筋与混凝土之间的黏结力将钢筋中的预应力传递给混凝土；后张法是指在浇筑混凝土并达到一定强度后张拉钢筋，依靠锚具传递预应力。在后张法中，按预应力筋的黏结状态又可分为有黏结预应力混凝土和无黏结预应力混凝土。前者在张拉后通过孔道灌浆使预应力筋与混凝土黏结在一起，共同工作；后者由于预应力筋涂有油脂，与混凝土接触面之间不存在黏结作用，此时锚具的作用显得更为重要。

预应力筋是指在预应力结构中用于建立预加应力的单根或成束的预应力钢丝、钢绞线或钢筋等。预应力筋按材料类型可分为钢丝、钢绞线、钢筋（钢棒）和非金属预应力筋等，要求高强、低松弛、耐腐蚀。

在预应力混凝土构件中，混凝土强度等级不宜低于 C40，且不应低于 C30。承受重复荷载的钢筋混凝土构件，混凝土强度等级不应低于 C30。

5.1 先张法预应力施工

5.1.1 先张法张拉设备和机具

先张法是在构件浇筑混凝土之前，首先张拉预应力筋，并将其临时锚固在台座或钢模上，然后浇筑构件混凝土，待混凝土达到一定强度后放松预应力筋，借助混凝土与预应力筋的黏结力，使混凝土产生预压应力，如图 5-1 所示。先张法适用于生产定型的中小型构件，如空心板、屋面板、吊车梁、檩条等。

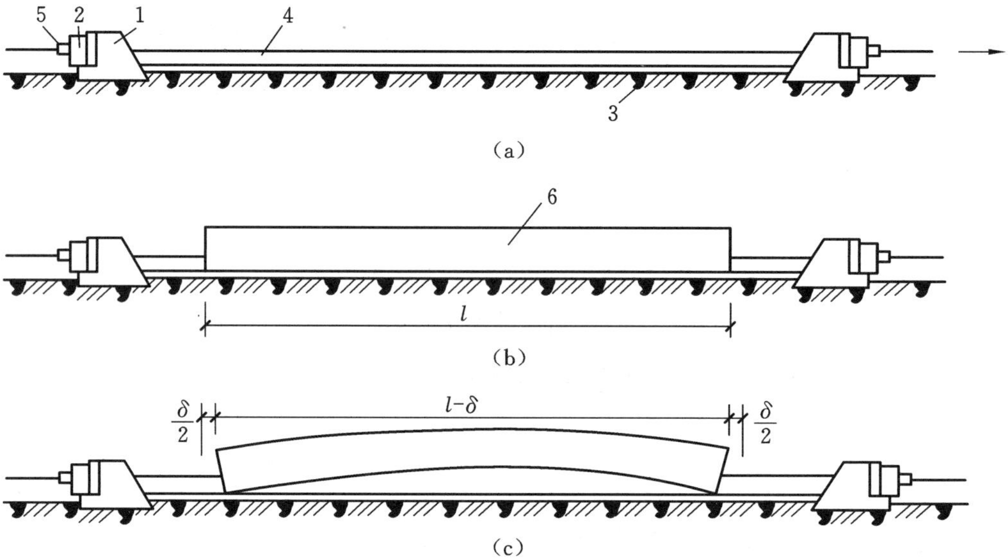

图 5-1　先张法预应力工艺流程

(a)张拉预应力筋；(b)浇筑混凝土；(c)放张预应力筋

1—台座承力结构；2—横梁；3—台面；4—预应力筋；5—夹具；6—构件

1. 台座

台座是先张法施工张拉和临时固定预应力筋的支撑结构，它承受预应力筋的全部张拉力，因此要求台座具有足够的强度、刚度和稳定性。台座按构造形式不同，可分为墩式台座和槽式台座。

(1) 墩式台座

墩式台座(如图 5-2 所示)由承力台墩、台面和横梁组成，长度宜为 50～150m，宽度一般不大于 2m。目前常用的墩式台座是将台墩与台面相连，共同受力。台座的荷载应根据构件张拉力的大小来确定，一般可按台座每米宽为 200～500kN 的力来设计。墩式台座适用于生产空心板、平板等构件，张拉力较小的情况。墩式台座应进行强度和稳定性的验算。

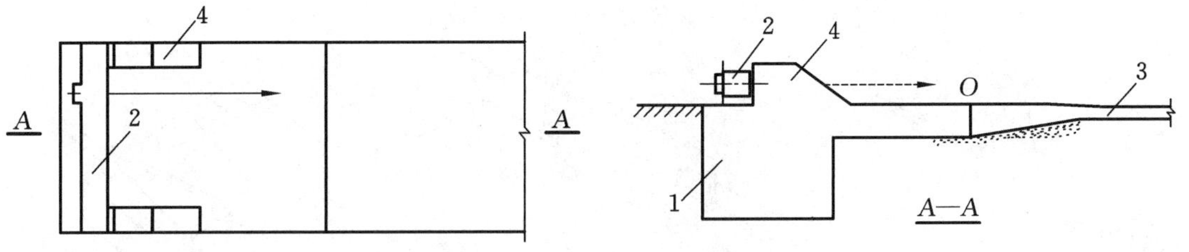

图 5-2 墩式台座

1—混凝土台墩；2—横梁；3—台面；4—预应力筋

(2) 槽式台座

槽式台座(如图 5-3 所示)是由端柱、传力柱、上横梁、下横梁及砖墙组成的，既可承受张拉力，又可作为蒸汽养护槽，适用于张拉吨位较大的大型构件。台座的长度一般不超过 50m，宽度随构件外形及制作方式而定，一般不小于 1m。其中，端柱和传力柱是槽式台座的主要受力结构，采用钢筋混凝土结构；砖墙一般为一砖厚，起挡土作用，同时又是蒸汽养护的保温侧墙。

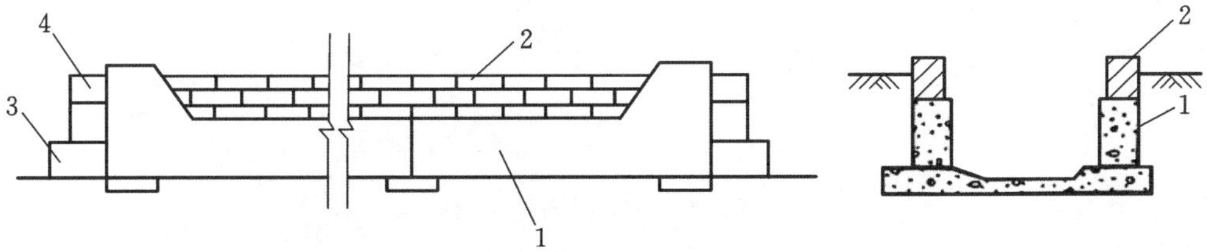

图 5-3 槽式台座

1—钢筋混凝土墙和柱；2—砖墙；3—下横梁；4—上横梁

为便于混凝土运输和蒸汽养护，槽式台座多低于地面。槽式台座也应进行强度和稳定性的验算。

2. 夹具和锚具

夹具是先张法预应力混凝土构件施工时为保持预应力筋拉力并将其固定在张拉台座上的临时锚固装置。锚具是后张法预应力混凝土构件中为保持预应力筋的拉力并将其传递到混凝土上所用的永久性锚固装置。

夹具是预应力筋进行张拉和临时固定的工具。根据夹具的工作特点，可将其分为张拉夹具和锚固夹具。

(1) 钢丝的夹具

常用的锚固夹具有：圆锥齿板式夹具、圆锥槽式夹具、楔形夹具，如图 5-4 所示。

张拉夹具有：钳式夹具、偏心式夹具、楔形夹具，如图 5-5 所示。钢丝的张拉分为单根张拉和多根张拉。

(2) 钢筋、钢绞线的夹具

先张法中钢筋多用锚具固定，钢绞线多用镦头锚具和夹片式锚具等进行锚固。

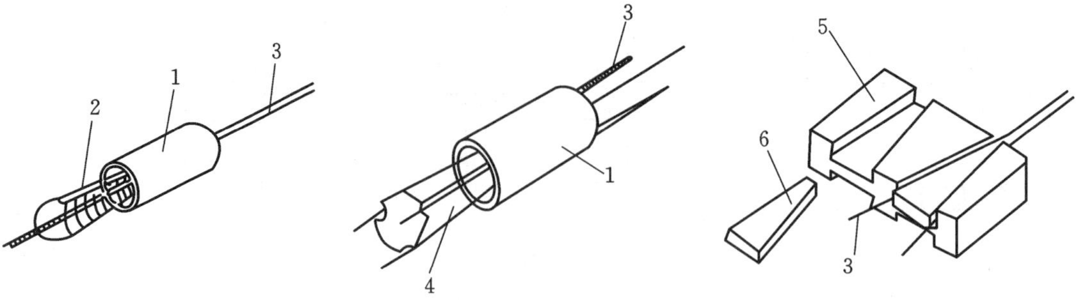

图 5-4　钢丝的锚固夹具

(a)圆锥齿板式;(b)圆锥槽式;(c)楔形

1—套筒;2—齿板;3—钢丝;4—锥塞;5—销板;6—楔块

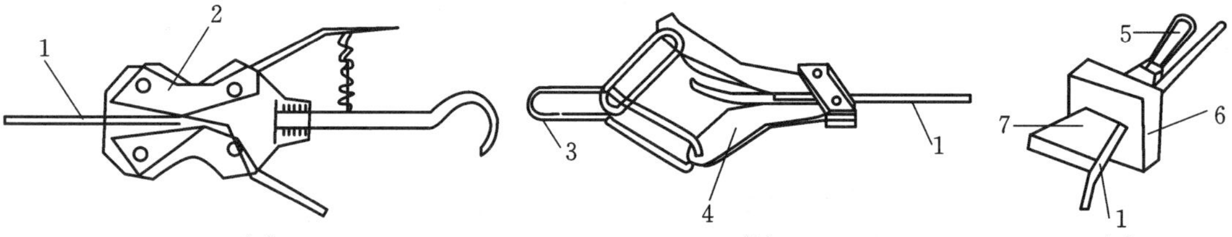

图 5-5　钢丝的张拉夹具

(a)钳式;(b)偏心式;(c)楔形

1—钢丝;2—钳齿;3—拉钩;4—偏心齿条;5—拉环;6—锚板;7—楔块

3. 张拉设备

张拉设备有电动张拉机、液压张拉机,分别用于先张法单根钢筋张拉,先张法和后张法各类预应力筋张拉。

电动张拉机按传动方式可分为:电动螺杆张拉机和电动卷筒张拉机。

液压张拉机主要由液压千斤顶、油泵与压力表等组成。

5.1.2　先张法施工工艺

先张法预应力混凝土施工工艺流程如图 5-6 所示。

1. 预应力筋的张拉

预应力筋的张拉程序是指使预应力筋达到预应力值的工艺过程。在预应力筋张拉前,应设计出具体完整的施工方案即张拉程序,以保证预应力筋达到预应力值,减少应力松弛损失。

预应力筋的张拉控制应力,应符合设计要求;若采用超张拉,可比设计要求提高 5%,如表 5-1 所示。

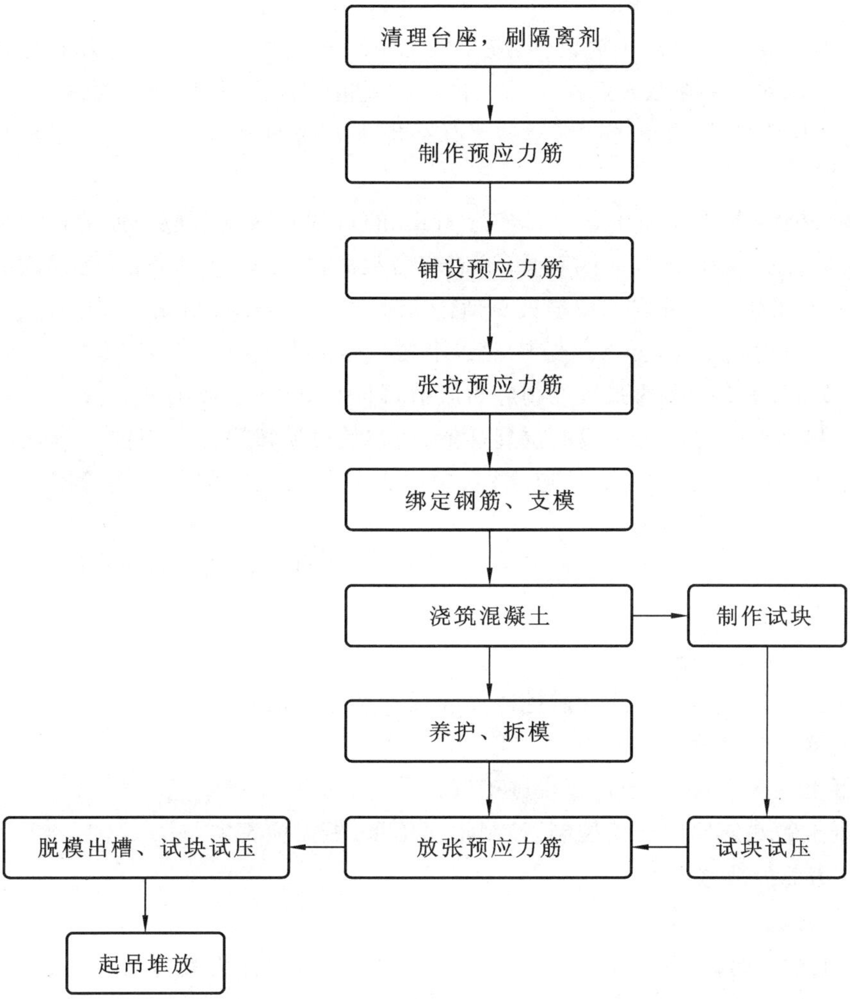

图 5-6 先张法预应力混凝土施工工艺流程

表 5-1 预应力筋张拉控制应力 σ_{con} 取值(单位:N/mm²)

预应力筋种类	张拉控制应力 σ_{con}	
	一般情况	超张拉情况
消除应力钢丝、钢绞线	$\leqslant 0.75 f_{ptk}$	$\leqslant 0.80 f_{ptk}$
中强度预应力钢丝	$\leqslant 0.70 f_{ptk}$	$\leqslant 0.75 f_{ptk}$
预应力螺纹钢筋	$\leqslant 0.85 f_{pyk}$	$\leqslant 0.90 f_{pyk}$

注:① f_{ptk} 为预应力钢丝和钢绞线的抗拉强度标准值;

② f_{pyk} 为预应力螺纹钢筋的屈服强度标准值。

施工中为减少预应力筋松弛等引起的预应力损失,一般要进行超张拉。预应力筋张拉程序一般可按下列程序之一进行。

① 第一种程序:$0 \rightarrow 1.03\sigma_{con}$。

② 第二种程序：0→$1.05\sigma_{con}$（持荷 2min）→σ_{con}。

所谓应力松弛是指钢材在常温、高应力状态下由于塑性变形而使应力随时间的延续而降低的现象。这种现象在张拉后的头几分钟内发展得特别快，往后趋于缓慢。

第一种张拉程序中，超张拉 3%是为了弥补预应力筋的松弛损失，这种张拉程序施工简便，一般常被采用。

第二种张拉程序中，超张拉 5%并持荷 2min 的目的是减少预应力筋的松弛损失。钢筋松弛的数值与控制应力、延续时间有关，控制应力越高，松弛也就越大，同时还随着时间的延续不断增加，但在第一分钟内完成损失总值的 50%左右，24h 内则完成 80%。上述程序中，超张拉 $5\%\sigma_{con}$，持荷 2min，可以减少 50%以上的松弛损失。

下列情况下，表 5-1 中的张拉控制应力限值可提高 $0.05f_{ptk}$ 或 $0.05f_{pyk}$。

① 为了提高构件在施工阶段的抗裂性能，而在使用阶段受压区内设置预应力筋；

② 为了部分抵消由于松弛、孔道摩擦、预应力筋与台座之间的温差等因素产生的预应力损失。

另外规定，预应力筋的实际伸长值与设计计算理论伸长值的相对允许偏差为±6%。

2. 浇筑混凝土

浇筑混凝土要求如下：

① 混凝土未达到一定强度前避免碰撞和踩动预应力筋；

② 振动器不应碰撞预应力筋；

③ 混凝土一次浇筑，不允许留设施工缝；

④ 混凝土的水灰比应严格控制，控制水泥用量，振捣应密实。

3. 预应力筋的放张

(1) 放张要求

预应力筋放张时，混凝土的强度应符合设计要求；当设计无具体要求时，不应低于设计的混凝土立方体抗压强度标准值的 75%。

(2) 放张顺序

轴心受压构件：同时放张。

偏心构件：先同时放张预应力较小区域内的预应力筋；再同时放张预应力较大区域内的预应力筋。

如不能满足上述要求，应分阶段、对称、相互交错进行放张。

(3) 放张方法

对钢丝、热处理钢筋不得用电弧切割，宜用砂轮锯或切断机切断。

配筋不多的中小型构件可逐根放张。采用砂轮锯或切断机进行切割。

配筋多的构件，钢丝应同时放张。如逐根放张，则最后几根钢丝将由于承受过大的拉力而突然断裂，易使构件端部开裂。预应力钢筋数量较多时，可采用砂箱、楔块、千斤顶等。

5.2 后张法预应力施工

5.2.1 后张法张拉设备和机具

后张法是指先制作混凝土构件，待混凝土达到一定强度后，再张拉预应力筋并用锚具锚固，通过锚具对混凝土施加预应力。后张法施工示意图如图 5-7 所示。

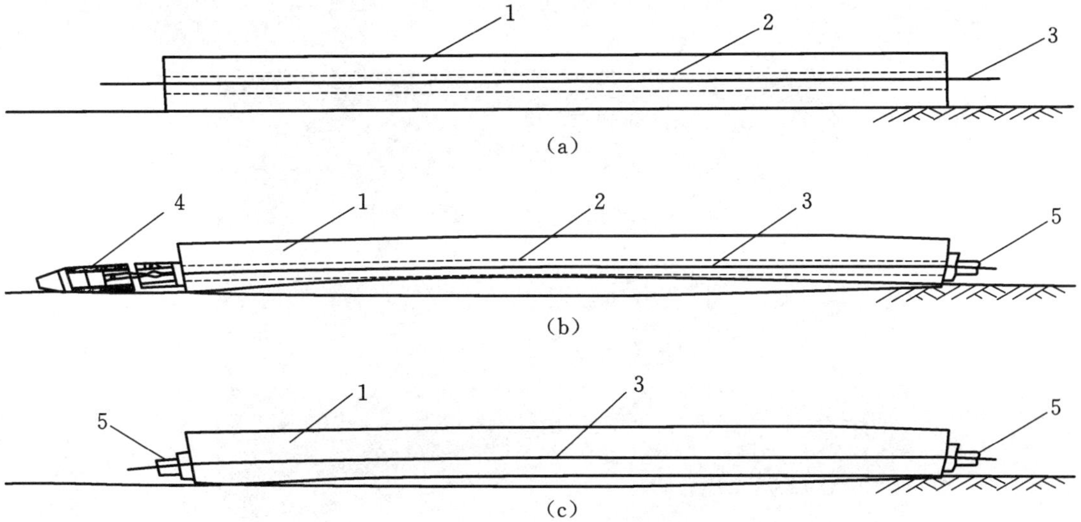

图 5-7 后张法施工示意图

(a)制作混凝土构件；(b)张拉预应力筋；(c)预应力筋的锚固与孔道灌浆

1—混凝土构件；2—预留孔道；3—预应力筋；4—千斤顶；5—锚具

后张法适用于现浇预应力混凝土结构，也可用于大型预应力预制混凝土构件。主要应用于房屋建筑中的薄腹梁、吊车梁和屋架等，桥梁工程中的 T 形梁、箱形梁、悬索和斜拉索等。

后张法的特点是：不需要台座，直接在混凝土构件上张拉预应力筋；现场生产，避免了构件的长途运输和搬运；锚具留在构件上，施工工艺较复杂，费用较高。

常用的预应力钢筋主要有螺纹钢筋、预应力钢丝和预应力钢绞线，如图 5-8 所示。

预应力混凝土用螺纹钢筋，亦称精轧螺纹钢筋，是一种热轧成带有不连续的外螺纹的直条钢筋，可直接用配套的连接器接长和用螺母锚固。这种钢筋具有锚固简单、无须冷拉焊接、施工方便等优点。

预应力钢丝是采用优质高碳钢盘条经酸洗或磷化后冷拔制成的。根据深加工的要求不同，可分为冷拉钢丝、消除应力钢丝、刻痕钢丝等；根据表面形状的不同，可分为光圆钢丝和螺旋肋钢丝(如图 5-9 所示)。

(a)

(b)

(c)

图 5-8　常用预应力钢筋

(a)螺纹钢筋；(b)预应力钢丝；(c)预应力钢绞线

图 5-9　预应力钢丝

预应力钢绞线(如图 5-10 所示)一般是用 7 根冷拉钢丝在绞线机上以一根钢丝为中心，其余 6 根钢丝围绕中心进行螺旋状绞合，并经消除应力回火处理制成。钢绞线的破断力大，柔性好，施工方便，是预应力混凝土工程的主要材料。

图 5-10　预应力钢绞线

在后张法中，锚具是为保持预应力筋拉力并将其传递到混凝土上的永久性锚固装置。

1. 锚具的种类

锚具按锚固原理和构造型式不同分为螺杆锚具、夹片锚具、锥销式锚具和镦头锚具四种；按张拉过程中锚具所在位置与作用不同分为张拉端锚具和固定端锚具；按锚具锚固预应力筋的类型和数量分为单根粗钢筋锚具、钢丝锚具和钢筋束、钢绞线束锚具。

(1) 单根粗钢筋锚具

常用的单根粗钢筋锚具有螺丝端杆锚具和帮条锚具两种，如图 5-11 所示。

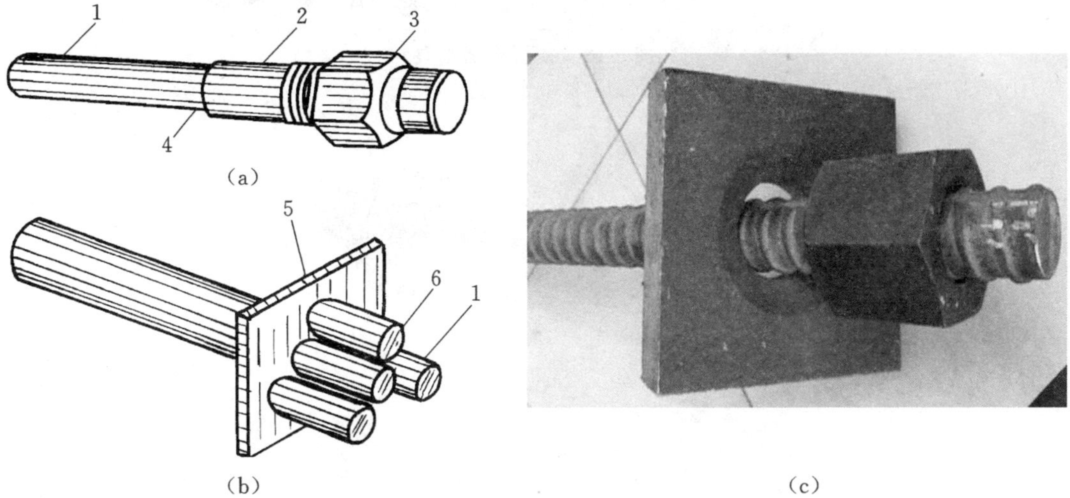

图 5-11 常用预应力钢筋及锚具

(a)螺丝端杆锚具；(b)帮条锚具；(c)螺丝端杆锚具实物

1—钢筋；2—螺丝端杆；3—螺母；4—焊接接头；5—衬板；6—帮条

螺丝端杆锚具由螺丝端杆、螺母和垫板等组成。螺丝端杆与预应力筋用对焊连接，焊接应在预应力筋冷拉之前进行。

帮条锚具由帮条和衬板等组成。帮条焊接亦宜在钢筋冷拉前进行，焊接时需防止烧伤预应力筋。

(2) 钢丝锚具

常用的钢丝锚具主要有钢质锥形锚具和墩头锚具。

钢质锥形锚具由锚环与锚塞组成，如图 5-12 所示。锚环在构件混凝土浇筑前埋置在构件前部，锚塞中间有小孔作锚固后灌浆用。锚固时，由双作用千斤顶张拉钢丝，然后将锚塞顶压入锚环内，利用钢丝在锚塞与锚环之间的摩擦力锚固钢丝。

钢质锥形锚具使用时应保证锚环孔中心、预留孔道中心和千斤顶轴线三者同心，以防止压伤钢丝或造成断丝。锚塞的预压力宜为张拉力的 50%～60%。

墩头锚具是利用钢丝两端的墩粗头来锚固预应力钢丝的一种锚具，具有加工简单、张拉方便、锚固可靠、成本低的优点，但对钢丝束的等长要求较严。

常用镦头锚具分为 A 型和 B 型，A 型由锚杯和螺母组成，用于张拉端；B 型为锚板，用于固定端。墩头锚具如图 5-13 所示。

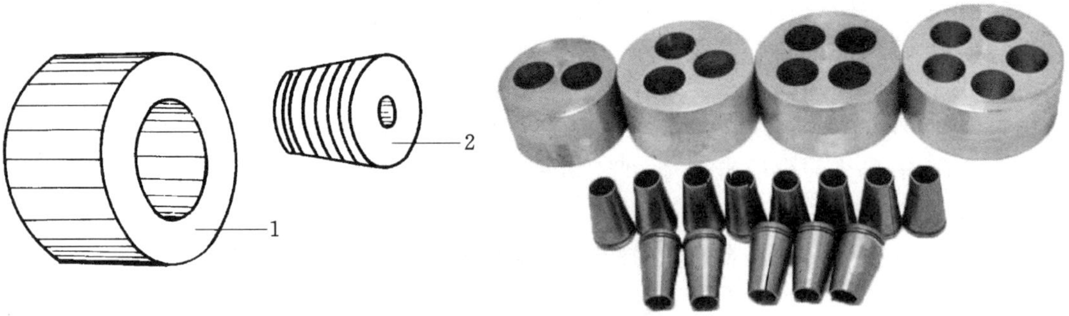

图 5-12　钢质锥形锚具

1—锚环;2—锚塞

图 5-13　墩头锚具

1—A 型;2—B 型

(3) 钢绞线束锚具

钢绞线束锚具主要是夹片式锚具,分为单孔夹片锚具和多孔夹片锚具,由工作锚板、工作夹片、锚垫板、螺旋筋组成,如图 5-14 所示。

单孔夹片锚固体系适用于锚固单根无黏结预应力钢绞线。多孔夹片锚具在后张法有黏结预应力混凝土中,用于锚固钢绞线束,每束钢绞线的根数不受限制。

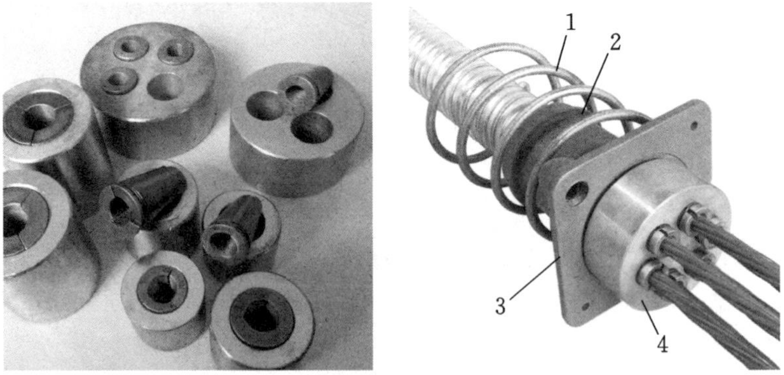

图 5-14　钢绞线束锚具

1—螺旋筋;2—锚垫板;3—工作锚板;4—工作夹片

2. 张拉的设备

后张法主要张拉设备有千斤顶和高压油泵。液压张拉千斤顶按机型不同可分为拉杆式千斤顶、锥锚式千斤顶、穿心式千斤顶等。

(1) 拉杆式千斤顶

拉杆式千斤顶(如图 5-15 所示)主要用于张拉带有螺丝端杆锚具的粗钢筋、锥形螺杆锚具钢丝束及镦头锚具钢丝束。

图 5-15 拉杆式千斤顶

(2) 锥锚式千斤顶

锥锚式千斤顶(如图 5-16 所示)是一种具有张拉、顶锚和退楔功能的三作用千斤顶,仅用于张拉采用钢质锥形锚具的钢丝束。锥锚式千斤顶由张拉油缸、顶压油缸、锥形卡环、楔块和退楔装置等组成。

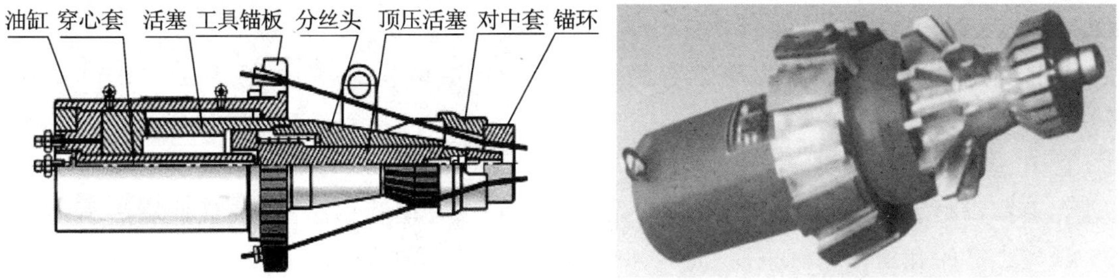

图 5-16 锥锚式千斤顶

(3) 穿心式千斤顶

穿心式千斤顶(如图 5-17 所示)是一种利用双液压缸张拉预应力筋和顶压锚具的双作用千斤顶,由张拉油缸、顶压油缸、顶压活塞和回程弹簧等组成。其广泛用于先张法、后张法的预应力施工。

(4) 高压油泵

高压油泵(如图 5-18 所示)向液压千斤顶的油缸高压供油。油泵的额定压力应等于或大于千斤顶的额定压力。高压油泵的额定压力为 40～80MPa。

千斤顶张拉时,张拉力的大小是通过油泵上的油压的读数来控制的。油压表的读数表示千斤顶张拉油缸活塞单位面积的油压力。

图 5-17　穿心式千斤顶

图 5-18　高压油泵

5.2.2　后张法施工工艺

后张法施工步骤是先制作构件，预留孔道，待构件混凝土达到规定的强度后，在孔道内穿放预应力筋，张拉预应力筋并锚固，最后进行孔道灌浆。后张法预应力混凝土构件的施工流程如图 5-19 所示。

后张法施工工艺与预应力施工有关的主要是孔道留设、预应力筋张拉和孔道灌浆三部分。

1. 孔道留设

孔道留设是后张法施工中的关键。孔道留设方法有钢管抽芯法、胶管抽芯法和预埋管法。预应力筋的孔道形状有直线、曲线和折线三种。钢管抽芯法只用于直线孔道；胶管抽芯法和预埋管法则适用于直线、曲线和折线孔道。

孔道的直径与布置根据构件的受力性能、张拉锚固体系特点及尺寸确定。

粗钢筋的孔道直径应比对焊接头外径或需穿过孔道的锚具、连接器外径大 10～15mm。

钢丝、钢绞线的孔道直径应比预应力束外径或锚具外径大 5～10mm，且孔道面积宜为预应力筋净面积的 3～4 倍。

孔道至构件边缘的净距不小于 40mm，孔道之间的净距不小于 50mm；端部的预埋钢板应垂直于孔道中心线；凡需起拱的构件，预留孔道应随构件同时起拱。

2. 张拉要求

张拉前，应将构件端部预埋钢板与锚具接触处的焊渣、毛刺、混凝土残渣等清除干净。

后张预应力筋采用一端或两端张拉，当设计无具体要求时应符合下列规定：

① 有黏结预应力筋长度不大于 20m 时可一端张拉；大于 20m 时宜两端张拉；预应力筋为直线可延长至 35m。

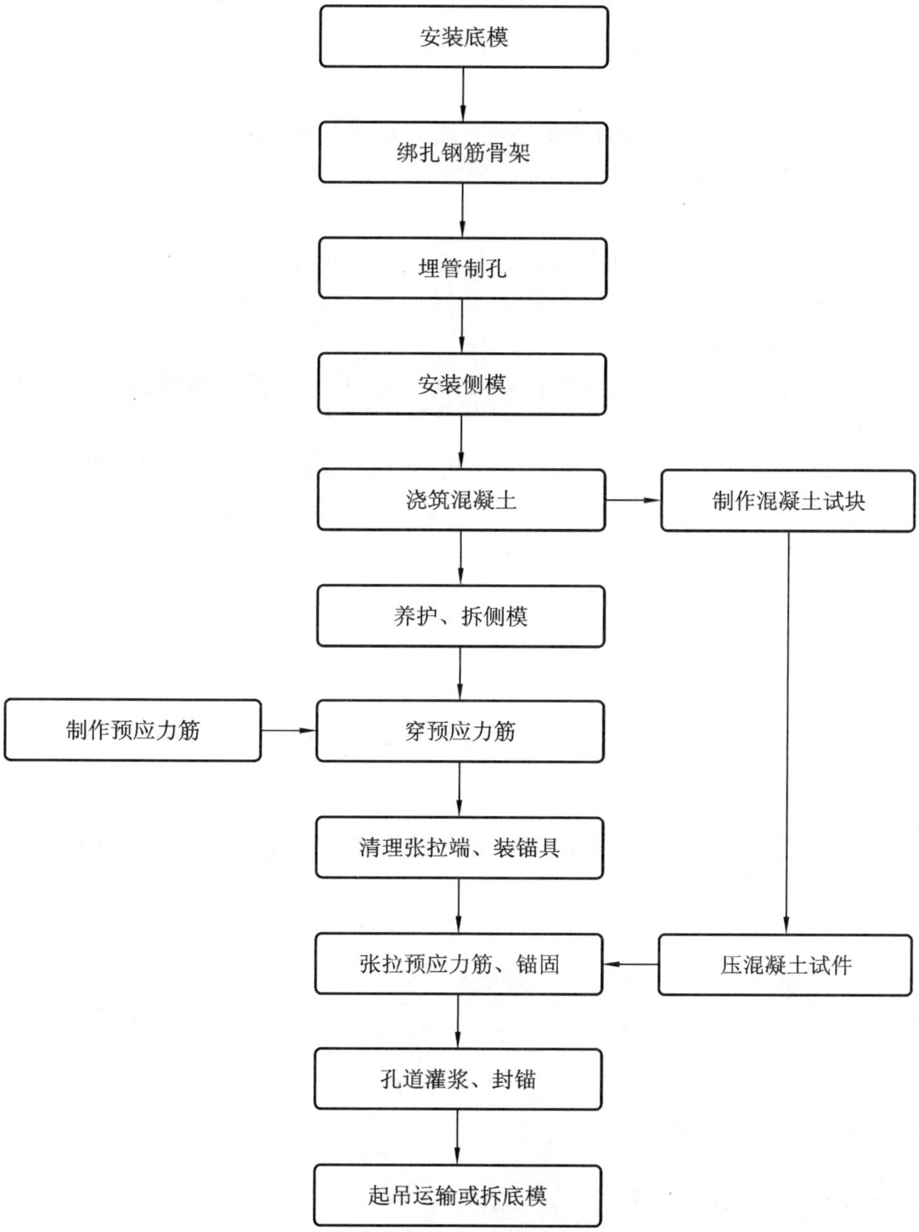

图 5-19　后张法预应力混凝土施工工艺流程

② 无黏结预应力筋长度不大于 40m 时可一端张拉，大于 40m 时宜两端张拉。

③ 现浇预应力混凝土楼盖，宜先张拉楼板、次梁的预应力筋，后张拉主梁的预应力筋。

预应力筋宜按均匀对称的原则张拉。

现浇预应力混凝土框架结构，宜先张拉楼板、次梁的预应力筋，后张拉主梁的预应力筋。

对预制屋架等平卧叠浇构件，应从上而下逐榀张拉。

后张法预应力混凝土屋架等构件，一般在施工现场平卧重叠制作，重叠层数为 3～4 层，其张拉顺序宜先上后下逐层进行。

为减少上下层之间摩擦引起的预应力损失，可逐层增加张拉力。

3. 孔道灌浆

灌浆的目的是为了防止预应力筋锈蚀，提高结构耐久性，减少预应力松弛损失，预应力筋张拉后，应及时进行孔道灌浆。灌浆可以使预应力筋与混凝土构件黏结成整体，提高结构的抗裂性能和承载力。

灌浆所用材料是水泥浆。孔隙大的孔道，可掺适量的细砂；用不低于 42.5 号的普通硅酸盐水泥；水泥浆和水泥砂浆的强度不低于 30MPa；水灰比 0.40～0.45。

孔道灌浆施工要点如下：

① 灌浆前应全面检查构件孔道及灌浆孔、泌水孔、排气孔是否畅通。

② 灌浆顺序应先下后上。

③ 直线孔道灌浆应从构件的一端到另一端，曲线孔道灌浆应从孔道最低处开始向两端进行。用连通器连接的多跨预应力筋的孔道，应张拉完一跨随即浇筑一跨，不得最后统一灌浆。

④ 灌浆应缓慢均匀地进行，不得中断，并应排气通畅。

⑤ 灌浆压力以 0.5～0.7MPa 为宜。

5.3 无黏结预应力混凝土施工

无黏结预应力混凝土是指配有无黏结预应力筋，并依靠锚具传力的一种预应力混凝土，采用后张法施工。

无黏结预应力混凝土后张法施工示意如图 5-20 所示。

图 5-20 楼面无黏结预应力混凝土施工

无黏结预应力混凝土施工是先将无黏结预应力筋安装固定在模板内，然后浇筑混凝土，待混凝土达到规定强度后，再进行张拉锚固。

这种预应力工艺的特点是：

① 无须留孔与灌浆，施工简便。

② 张拉时摩擦力较小。

③ 预应力筋易弯成曲线形状，最适于曲线配筋的结构。

④ 对锚具要求较高。

无黏结预应力混凝土施工适用于双向连续平板、密肋楼板和多跨连续梁等现浇预应力混凝土结构。

1. 无黏结预应力筋的制作与铺设

无黏结预应力筋由预应力钢筋、涂料层和护套组成，如图 5-21 所示。在施加预应力后，预应力筋全长与四周混凝土无黏结。

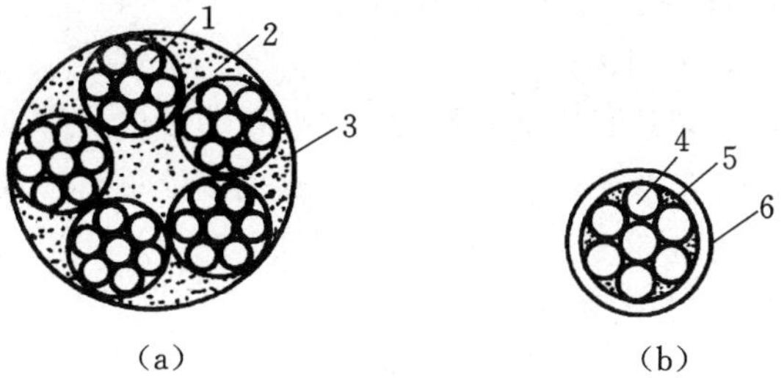

图 5-21 无黏结筋横截面示意图

(a)无黏结钢绞线束；(b)无黏结钢绞线束或单根钢绞线

1—钢绞线；2—沥青涂料；3—塑料布外包层；4—钢丝；5—油脂涂料；6—塑料管、外包层

预应力钢筋一般选用钢丝、钢绞线等柔性较好的钢材制作。

涂料层应具有良好的化学稳定性，对周围材料无侵蚀作用；不透水，不吸湿，抗腐蚀性能强；润滑效果好，摩阻力小；在规定温度范围内不流淌，低温不脆化，并具有一定的延展性和韧性。常用的材料有油脂、环氧树脂或塑料等。

无黏结筋的护套材料应具有足够的韧性、抗磨及抗冲击性；材料的防水性及抗腐蚀性强；对周围材料应无侵蚀作用；低温不脆化，高温化学稳定性好。目前常用较理想的材料为高密度的聚乙烯或聚丙烯。

无黏结预应力筋的铺设，通常是在底部钢筋铺设后进行。水电管线一般宜在无黏结筋铺设后进行，且不得变动无黏结筋的竖向位置。

在单向板中，无黏结预应力筋的铺设与非预应力筋铺设基本相同；在双向板中，应先铺低的，再铺高的，尽量避免两个方向的无黏结筋相互穿插铺设。

无黏结预应力筋应按设计要求的位置进行固定。垂直位置宜用支撑钢筋或钢筋马凳控制，其间距为 1～2m；水平位置应保持顺直。

在支座部位，无黏结筋可直接绑扎在梁或墙的顶部钢筋上。张拉端模板应按施工图中无黏结预应力筋的位置钻孔。

张拉端的承压板应采用钉子固定在端模板上或用电焊固定在钢筋上。当张拉端采用凹入式做法时，可采用塑料穴模或泡沫塑料等形成凹口。

无黏结预应力筋铺设固定完毕后，应进行隐蔽工程验收。当确认合格后，方可浇筑混凝土。混凝土浇筑时，严禁踏压碰撞无黏结预应力筋、支撑钢筋及端部预埋件；张拉端与固定端混凝土必须振捣密实。

2. 混凝土的浇筑

无黏结预应力筋铺设固定完毕后，应进行隐蔽工程验收。当确认合格后，方可浇筑混凝土。混凝土浇筑时，严禁踏压碰撞无黏结预应力筋、支撑钢筋及端部预埋件，张拉端与固定端混凝土必须振捣密实。

3. 无黏结预应力钢筋张拉

当同条件养护的混凝土试块达到设计强度后，无黏结预应力筋方可进行张拉。无黏结预应力筋与有黏结预应力筋后张法的张拉程序基本相同。张拉需要注意以下几点：

① 强度要求：预应力筋张拉时，混凝土强度应符合设计要求，当设计无要求时，混凝土的强度应达到设计强度的75%方可开始张拉。

② 张拉程序：一般采用 $0 \sim 1.03\sigma_{con}$。

③ 张拉顺序：应根据预应力筋的铺设顺序进行，先铺设的先张拉，后铺设的后张拉。

④ 张拉端的设置：当预应力筋的长度小于25m时，宜采用一端张拉；若长度大于25m时，宜采用两端张拉；长度超过50m时，宜采取分段张拉。

⑤ 宜采用多次重复张拉工艺来降低摩阻损失值。

⑥ 张拉过程中，严防钢丝被拉断，要控制同一截面的断裂根数不得大于3%。

⑦ 预应力筋的张拉伸长值应按设计要求进行控制。

4. 锚头端部处理

张拉完无黏结预应力筋后，应及时对锚固区进行保护。为严防水汽进入产生锈蚀，锚固区必须采取严格的密封防护措施，无黏结预应力筋的外露长度不应小于30mm，可用砂轮锯切割多余部分。锚头端部处理过程如下：

① 在锚具和承压板表面涂防水涂料，锚具端头涂防腐油脂。

② 罩上封端塑料盖。

③ 凹入式锚固区采用微膨胀混凝土或低收缩防水砂浆密封；凸出式锚固区采用外包钢筋混凝土圈梁封闭；留有后浇带的锚固区，可采用二次浇筑混凝土锚固。

对留有后浇带的锚固区，利用二次浇筑混凝土的方法封锚。

锚具的保护层厚度不小于50mm；预应力筋的保护层厚度，正常环境下不少于20mm，易受腐蚀的环境下不小于50mm。

练　习　题

一、单选题

1. 预应力钢筋张拉程序中的持荷2min的作用是（　　）。

A.降低钢筋的塑性变形　　B.提高钢筋的强度

C.减少钢筋预应力损失　　D.保证张拉施工安全

2. 在先张法预应力筋放张时，构件混凝土强度不得低于强度标准值的（　　）。

A.25%　　B.50%　　C.75%　　D.100%

3. 先张法预应力筋放张时，如设计无专门要求，构件混凝土强度不得低于设计的混凝土立方体抗压强度标准值的（　　）。

A.50% B.65% C.75% D.85%

4. 钢管抽芯法的抽管时间应在混凝土(　　)。

A.初凝前 B.初凝后,终凝前 C.终凝后 D.达75%设计强度后

5. 钢筋张拉程序中,超张拉的目的是为了减少钢筋(　　)引起的预应力损失。

A.锚具 B.孔道摩擦 C.松弛 D.混凝土收缩

二、填空题

1. 常用的预应力混凝土的施工工艺有(　　　　　　)和(　　　　　　)。

2. 后张法有黏结预应力孔道留设的常用方法包括钢管抽芯法、(　　　　)和(　　　　)。

3. 先张法中所用的夹具,按用途不同可分为(　　　　　　)夹具和(　　　　　　)夹具。

4. 先张法预应力筋的张拉力,主要是由(　　　　　　)传递给混凝土,使混凝土产生预压应力。

5. 后张法确定预应力筋张拉顺序时,应采用(　　　　　　)、(　　　　　　)张拉原则。

6. (　　　　　　)法适用于工业化大批量生产定型的中小型预应力混凝土构件。

三、名词解释

1. 先张法

2. 后张法

四、简答题

1. 什么是先张法? 什么是后张法?

2. 什么是预应力混凝土? 预应力混凝土的优缺点及应用范围是什么?

3. 预应力混凝土构件孔道留设方法有哪几种?

6 单层工业结构安装工程

【本章主要内容】

本章主要内容：起重机械设备的类型、构造、作业特点；各种结构构件的吊装工艺、结构安装方案及其优缺点；单层工业厂房结构安装施工工艺。

【学习目标】

通过本章学习，应了解起重机械及索具设备的类型、主要构造和技术性能；了解结构安装的工艺过程。掌握柱、吊车梁、屋架等主要构件的绑扎、吊升、就位、临时固定、校正、最后固定方法。

结构安装工程就是将结构设计成许多单独的构件，分别在施工现场或工厂预制成型，然后在现场用起重机械将各种预制构件吊起并安装到设计位置的全部施工过程。

结构安装工程有以下几个特点：

(1) 预制构件类型多

构件类型多，易影响构件平面布置和安装效率。

(2) 预制质量影响大

构件制作外形尺寸的正确与否、混凝土强度能否达到设计要求，都将直接影响安装的质量与进度。

(3) 结构受力变化复杂

构件施工阶段的受力状态与使用阶段不同，如：构件在运输和起吊时，因吊点和支承点与使用阶段不同，可能使结构构件内力的大小、性质有所改变。因此，必要时应对构件进行施工阶段的承载力和稳定性验算，并采取相应的措施。

(4) 高空作业多

预制构件量多、体大，工作面窄，高空作业多，施工时易发生工伤事故，因此必须加强安全技术措施。

6.1 起 重 机 具

6.1.1 起重机械

结构安装工程中常用的起重机械有：桅杆式起重机、自行杆式起重机和塔式起重机三大类。

1. 桅杆式起重机

桅杆式起重机是指将桅杆式的起重支杆设立于地面上进行起吊构件的起重机械。它具有结构简单、装拆方便、起重量较大(可达 100t)、受地形限制小的特点,但它的灵活性差、服务半径小、移动困难,需要拉设较多的缆风绳。一般只适用于安装工程量比较集中的工程,或无电源的地方及无大型设备的施工企业。

桅杆式起重机按其构造不同,可分为独脚拔杆起重机、人字拔杆起重机、悬臂拔杆起重机和牵缆式拔杆起重机等。

(1) 独脚拔杆起重机

独脚拔杆起重机由一根拔杆、起重滑轮组、卷扬机、缆风绳和锚碇等组成。

使用时,拔杆应保持不大于 10°的倾角,以便吊装的构件不致碰撞拔杆,底部设置在硬木或钢制的支座上。缆风绳数量一般为 6～12 根,与地面夹角为 30°～45°,角度过大则对拔杆产生较大的压力。拔杆起重能力,应按实际情况加以验算。独脚拔杆起重机的特点是只能举升重物,不能把重物作水平移动。

根据制作材料的不同,独脚拔杆起重机分为木独脚拔杆起重机、格构式独脚拔杆起重机、钢管独脚拔杆起重机,如图 6-1 所示。

木独脚拔杆常用圆木制作,圆木直径 20～32cm,起重高度为 15m 以内,起重量 10t 以下;格构式独脚拔杆起重机起重高度达 70～80m,起重量可达 100t 以上;钢管独脚拔杆起重机一般起重高度在 30m 以内,起重量可达 30t。

(2) 人字拔杆起重机

人字拔杆起重机(如图 6-2 所示)由两根圆木或两根钢管在顶部相交成 20°～30°夹角,以钢丝绳绑扎或以铁件铰接起来,下悬起重滑轮组,底部设置拉杆或拉索,以平衡拔杆本身的水

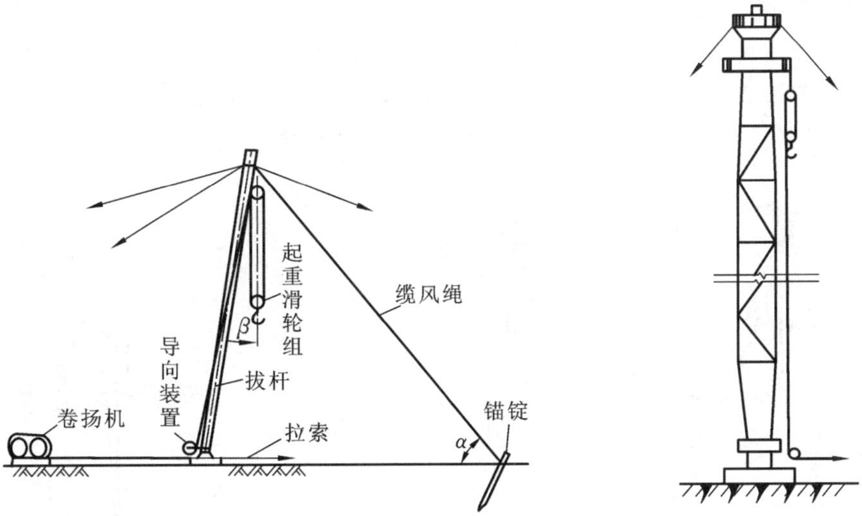

(a)　　　　(b)

(c)

图 6-1　独脚拔杆起重机

(a)木独脚拔杆起重机;(b)格构式独脚拔杆起重机;(c)钢管独脚拔杆起重机

水平推力。拔杆下端两脚距离为高度的 1/3～1/2。人字拔杆的优点是侧向稳定性好,缆风绳较少;缺点是构件起吊后活动范围小,一般仅用于安装重型构件或作为辅助设备以吊装厂房屋盖体系上的轻型构件。

(3) 悬臂拔杆起重机

悬臂拔杆起重机(如图 6-3 所示)是在独脚拔杆的中部 2/3 高度处装上一根起重臂,即成悬臂拔杆。起重臂可以回转和起伏,可以固定在某一部位,亦可根据需要沿杆升降。为了使起重臂铰接处的拔杆部分得到加强,可用撑杆和拉条或钢丝绳进行加固。其特点是有较大

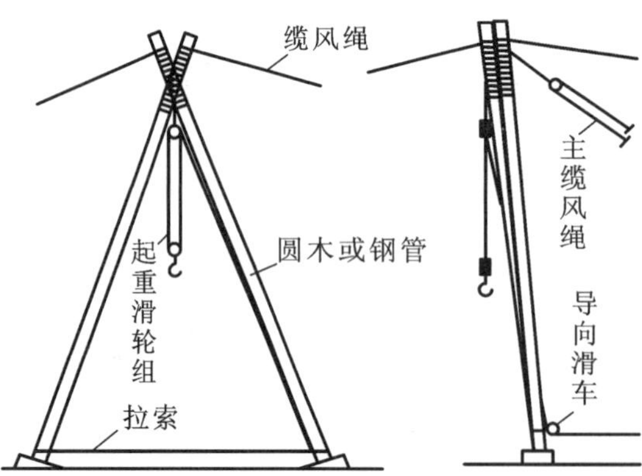

图 6-2　人字拔杆起重机

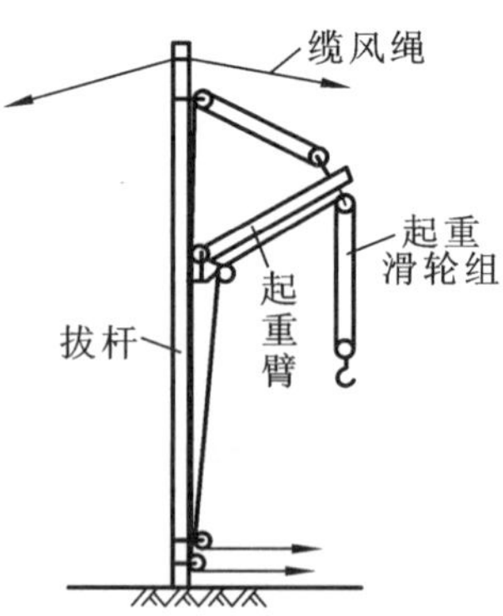

图 6-3　悬臂拔杆起重机

的起重高度和起重半径；悬臂起重杆左右摆动角度大，一般为120°～270°，使用方便。但因起重量较小，适于吊装高度较大的轻型构件。

(4) 牵缆式拔杆起重机

牵缆式拔杆起重机（如图6-4所示）是在独脚拔杆的下端装上一根可以回转和起伏的起重臂而组成。整个机身可作360°回转，具有较大的起重半径和起重量，并有较好的灵活性。该起重机的起重高度可达80m，多用于构件多、质量大且集中的结构安装工程。其缺点是缆风绳用量较多。

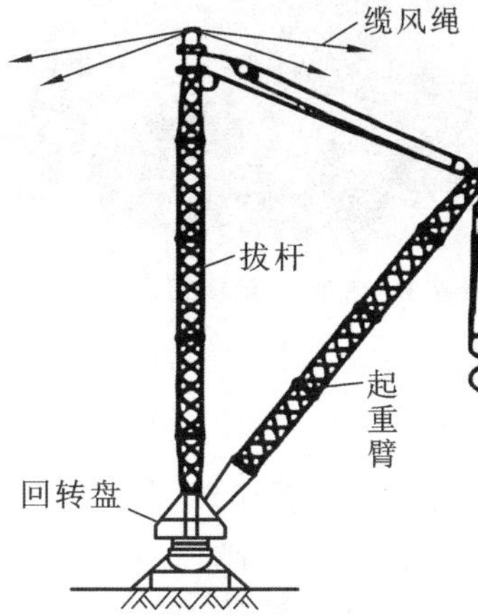

图6-4　牵缆式拔杆起重机

2. 自行杆式起重机

常用的自行杆式起重机有履带式起重机、汽车式起重机和轮胎式起重机三种。

(1) 履带式起重机

履带式起重机（如图6-5所示）由行走机构、回转机构、机身及起重臂等部分组成。其起重量和起重高度较大，常用的起重量为100～500kN，目前最大起重量达3000kN，最大起重高度达135m。行走机构为两条链式履带；回转机构为装在底盘上的转盘，机身可回转360°。起重臂下端铰接于机身上，随机身回转，顶端设有两套滑轮组，钢丝绳通过起重臂顶端滑轮组连接到机身内的卷扬机上，起重臂可分节制作并接长。

履带式起重机操作灵活，使用方便，有较大的起重能力，在平坦坚实的道路上还可负载行走，更换工作装置后可成为挖土机或打桩机，是一种多功能机械，故多用于单层工业厂房及城市桥梁等结构吊装。履带式起重机的缺点：一是行走速度慢，对路面破坏性大，长距离转移需平板拖车运输；二是稳定性较差，未经验算不得超负荷吊装。

(2) 汽车式起重机

汽车式起重机（如图6-6所示）是一种使用汽车底盘的轮式起重机，广泛用于构件装卸和结构吊装。汽车式起重机多为液压式伸缩臂，按起重量分为轻型、中型和重型。

优点：行驶速度快，转移迅速，对地面破坏小。缺点：安装作业时稳定性差，为增加其稳定性，设有可伸缩的支腿，起重时必须支腿落地；这种起重机不能负荷行驶；由于机身长，行驶时的转弯半径大。

图 6-5　履带式起重机

图 6-6　汽车式起重机

适用范围:特别适用于流动性大,经常变换地点的作业。

(3) 轮胎式起重机

轮胎式起重机(如图 6-7 所示)在构造上与履带式起重机相似,但其行走装置为轮胎。

与汽车式起重机相比,轮胎式起重机优点有:轮距较宽、稳定性好、车身短、转弯半径小、可在 360°范围内工作。缺点:行驶时对路面要求较高,不适于在松软泥泞的地面上工作,常用于作业地点相对固定而作业量较大的吊装作业。

图 6-7　轮胎式起重机

随着起重量的大小不同,底盘上装有若干根轮轴,配有 4～10 个或更多个轮胎,并有可伸缩的支腿;起重时,利用支腿增加机身的稳定,并保护轮胎。必要时,支腿下可加垫块,以扩大支承面。

3. 塔式起重机

塔式起重机的起重臂安装在塔身顶部,可作 360°回转,具有较高的起重高度、工作幅度和起重能力,在多层、高层结构的吊装和垂直运输中应用最广。

塔式起重机可分为轨道式塔式起重机、爬升式塔式起重机、附着式塔式起重机,其中附着式塔式起重机使用最为普遍。

(1) 轨道式塔式起重机

轨道式塔式起重机(如图 6-8 所示)能负荷行走,同时完成水平和垂直运输,且能在直线和曲线轨道上运行,使用安全、生产效率高,起重高度可按需要增减塔身、互换节架。缺点是需铺设轨道、占用施工场地过大,塔架高度和起重量较固定式小。

图 6-8 轨道式塔式起重机

(2) 爬升式塔式起重机

爬升式塔式起重机(如图 6-9 所示)是指安装在建筑物内部电梯井、框架梁或其他合适开间的结构上,随建筑物的升高向上爬升的起重机械。其塔身短,不需轨道和附着装置,不占

图 6-9 爬升式塔式起重机

施工场地。缺点是全部荷载由建筑物承受，拆除时需在屋面架设辅助起重设施。主要用于高层框架结构安装及高层建筑施工。

（3）附着式塔式起重机

附着式塔式起重机（如图 6-10 所示）在建筑物外部布置，塔身借助顶升系统向上接高，每隔 14～20m 采用附着式支架装置将塔身固定在建筑物上。适用于与塔身高度适应的高层建筑施工。

图 6-10　附着式塔式起重机

6.1.2　索具设备

在构件安装过程中，常要使用一些吊装工具，如卷扬机、钢丝绳、滑轮组、横吊梁。

1. 卷扬机

电动卷扬机主要由减速机、电动机、电磁抱闸、卷筒等部件组成。在建筑施工中常用的电动卷扬机有快速和慢速两种。

快速卷扬机主要用于垂直运输和打桩作业；慢速卷扬机主要用于结构吊装、钢筋冷拉和预应力钢筋张拉作业。快速电动卷扬机如图 6-11 所示。

2. 钢丝绳

结构吊装中常用的钢丝绳是先由若干根钢丝捻成股，再由若干股围绕绳芯捻成绳，其规格主要有 6×19、6×37 和 6×61 三种，依次可用于缆风绳、滑轮组和起重吊索。钢丝绳如图 6-12 所示。

图 6-11 快速电动卷扬机

(a) (b) (c)

图 6-12 钢丝绳

(a)6×19 普通钢丝绳;(b)钢丝绳断面;(c)钢丝绳表面

3. 滑轮组

滑轮组是由一定数量的定滑轮和动滑轮以及穿绕的钢丝绳组成,具有省力和改变力的方向的功能,是起重机械的重要组成部分。滑轮组中共同负担重物的钢丝绳根数,称为工作线数。滑轮组的名称,以组成滑轮组的定滑轮与动滑轮的数目来表示,如由 4 个定滑轮和 4 个动滑轮组成的滑轮组称四四滑轮组;5 个定滑轮和 4 个动滑轮所组成的滑轮组称五四滑轮组。

4. 横吊梁

横吊梁(如图 6-13 所示)又称铁扁担,在吊装中可减小起吊高度,满足吊索水平夹角的要求,使构件保持垂直、平衡,便于安装。横吊梁的形式有滑轮横吊梁,一般用于吊重力小于

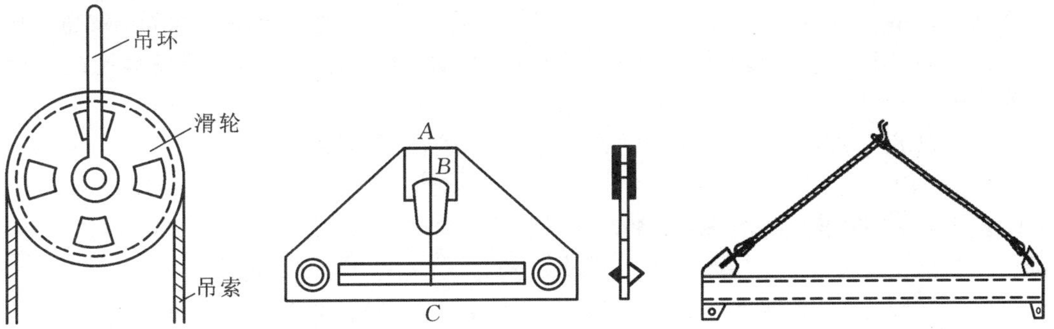

(a) (b) (c)

图 6-13 横吊梁

(a)滑轮横吊梁;(b)钢板横吊梁;(c)钢管横吊梁

80kN 的柱；钢板横吊梁用于吊重力在 100kN 以下的柱；钢管横吊梁长 6～12m，一般用于吊屋架。

6.2 构件吊装工艺

单层工业厂房由于其占地面积大、构件类型少、数量多等特点，因此，一般多采用装配式钢筋混凝土结构，以促进建筑工业化，加快建设速度。单层工业厂房的构件有柱、基础梁、吊车梁、连系梁、托架、屋架、天窗架、屋面板、墙板及支撑等，如图 6-14 所示。

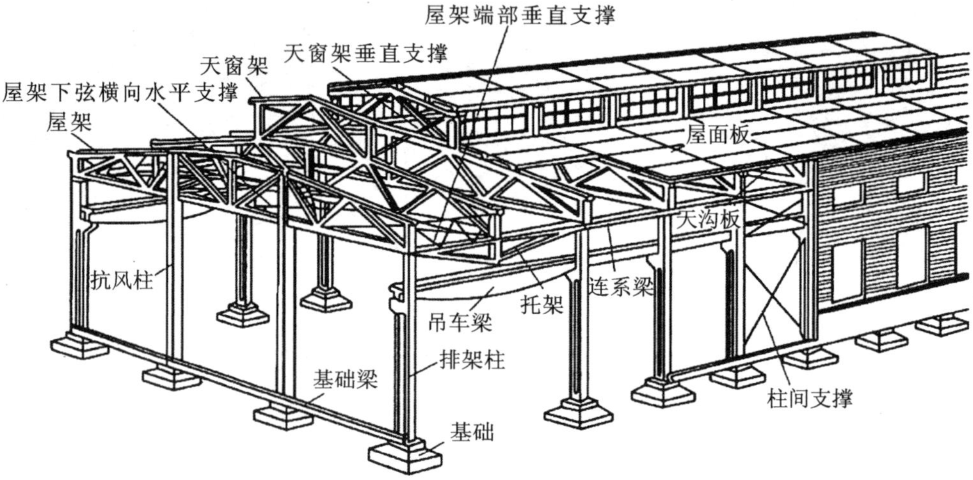

图 6-14　单层工业厂房结构组成

结构安装工程则是装配式单层工业厂房施工的主导工程，它直接影响整个工程的施工进度、劳动生产率、工程质量、施工安全和工程成本，必须予以充分重视。单层工业厂房的结构吊装方法有很多，合理地选择吊装方法可以节省时间，劳动效率大大提高。

根据厂房的平面尺寸、跨度大小、结构特点，构件的类型、质量和安装的位置标高，设备基础施工方案，现有起重机械的性能，以及施工现场的具体条件等，来合理选择起重机械，使其能满足起重量、起重高度和起重半径的要求。然后根据所选起重机械的性能，来确定构件吊装工艺、结构安装方法、起重机开行路线和停机位置，再据此进行构件现场预制的平面布置和就位布置。

构件的吊装工艺有绑扎、吊升、对位、临时固定、校正、最后固定等工序。

6.2.1 吊装前的准备工作

在构件吊装之前，必须切实做好各项准备工作，包括场地清理，道路的修筑，基础的准备，构件的运输、就位、堆放、拼装加固、检查清理、弹线编号以及吊装机具的准备等。

1. 清理场地、平整压实道路、敷设水电管线

构件吊装前，应按现场施工平面布置图，标出起重机的开行路线，压实平整道路，敷设水

电管线，做好道路排水。

2. 构件的质量检查

首先，吊装前应检查构件型号与数量、构件的外形尺寸。

其次，检查混凝土强度。为了防止构件在运输过程中由于受振动而损坏，钢筋混凝土构件的混凝土强度，当设计无具体规定时，不应小于设计的混凝土强度标准值的 75%；对于屋架、薄腹梁等构件不应小于设计的混凝土强度标准值的 100%。

3. 构件的运输与堆放

应按照进度计划和平面布置图将构件运至现场并准确就位，避免二次搬运。

要合理选择运输机具，运输时将构件固定牢靠，避免其开裂、变形。堆放场地要坚实平整、排水良好，垫点及堆高应符合设计要求，垫木要在同一条垂直线上。

4. 构件的弹线与编号

柱子应在柱身的三个面上弹出吊装准线，如图 6-15 所示。柱的吊装准线应与柱基础杯口上的中心线相吻合，在柱顶面和牛腿上弹出屋架及吊车梁的安装准线。对矩形截面柱可按几何中线弹吊装准线；对工字形截面柱，为便于观测及避免视差，则应靠柱边弹吊装准线。在吊车梁的两端及顶面弹出安装中心线。屋架上弦顶面上应弹出几何中心线，并将中心线延伸至屋架两端下部，再从跨度中央向两端分别弹出天窗架、屋面板的安装定位线。

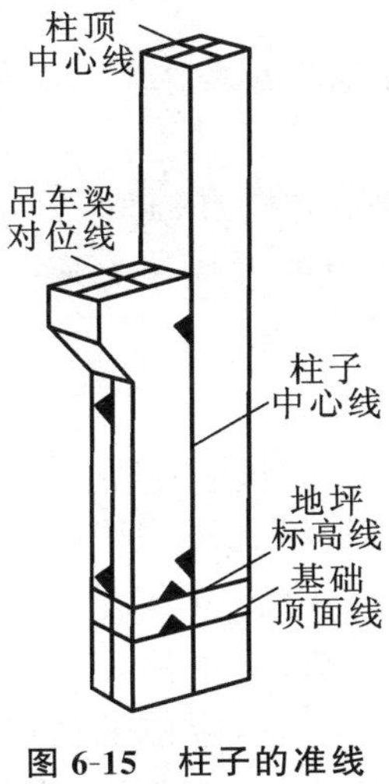

图 6-15 柱子的准线

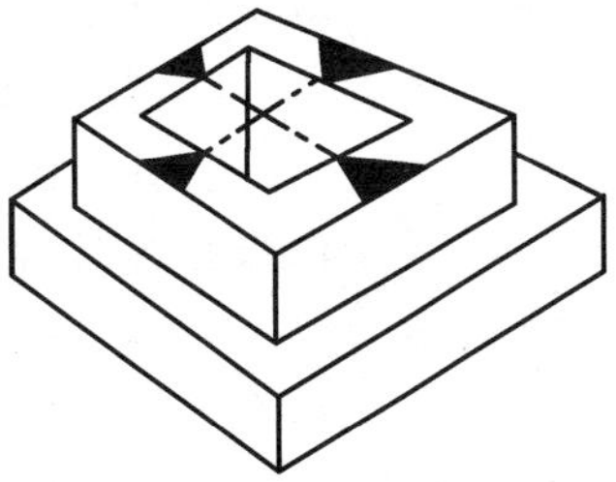

图 6-16 基础的准线

5. 基础的准备

装配式混凝土柱一般为杯形基础。在浇筑杯形基础时，应保证定位轴线及杯口尺寸准确。同时，为了便于调整柱子牛腿面的标高，杯底浇筑后的标高较设计标高低 50mm。在吊装前要对杯底标高进行调整，以保证校正安装后牛腿标高符合设计要求。此外，在基础杯口面上弹出建筑的纵、横定位轴线和柱的吊装准线，作为柱对位、校正的依据，基础的准线如图 6-16 所示。

进行杯底标高调整，首先量测各柱从柱脚至牛腿面的长度及相应的杯底标高，再根据安装后柱牛腿面的设计标高计算出杯底应调整的高度，并用水泥砂浆或细石混凝土填抹至所需要的标高。

6.2.2 构件吊装

1. 柱的吊装

单层工业厂房钢筋混凝土柱一般均为现场预制，其截面形式有矩形、工字形、双肢形等。当混凝土的强度达到75%混凝土强度标准值时方可吊装。

柱的绑扎方法、绑扎位置和绑扎点数，应根据柱的形状、长度、截面、配筋、起吊方法和起重机性能等因素确定。由于柱起吊时吊离地面的瞬间由自重产生的弯矩最大，其最合理的绑扎点位置，应按柱子产生的正负弯矩绝对值相等的原则来确定。

一般中小型柱，即自重13t以下，大多数绑扎一点；重型柱或配筋少而细长的柱，如抗风柱，为防止起吊过程中柱的断裂，常需绑扎两点甚至三点。对于有牛腿的柱，其绑扎点应选在牛腿以下200mm处；工字形断面和双肢柱，应选在矩形断面处，否则应在绑扎位置用方木加固翼缘，防止翼缘在起吊时损坏。

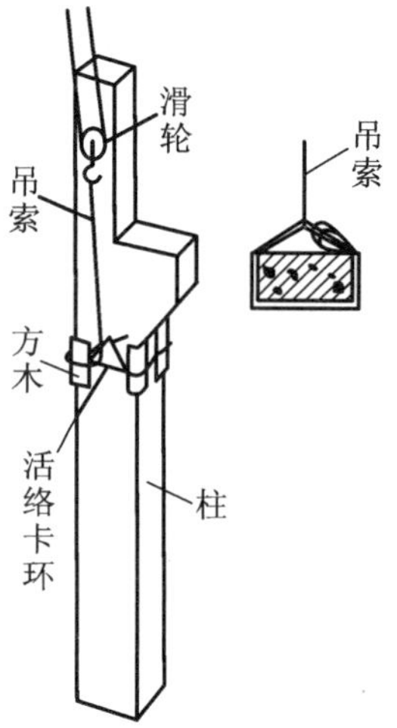

图6-17 柱的斜吊绑扎法

(1) 柱的绑扎方法

根据柱起吊后柱身是否垂直，分为斜吊法和直吊法，相应的绑扎方法有斜吊绑扎法和直吊绑扎法两种。

① 斜吊绑扎法

当柱平卧起吊的抗弯强度满足要求时，可采用斜吊绑扎法，如图6-17所示。

斜吊绑扎法的特点是柱不需翻身，起重钩可低于柱顶，当柱身较长，起重机臂长不够时，用此方法较方便。但因柱身倾斜，就位对中不太方便。

② 直吊绑扎法

当柱平卧起吊的抗弯强度不足时，吊装前需先将柱翻身后再绑扎起吊，这时就要采取直吊绑扎法，如图6-18所示。

直吊绑扎法的吊索从柱子两侧引出，上端通过卡环或滑轮挂在铁扁担上，柱身呈垂直状态，便于插入杯口，就位校正。但由于铁扁担高于柱顶，须用较长的起重臂。此时，为便于立直，应使下扎点距柱中心近些。直吊绑扎法的特点是柱翻身后刚度大，抗弯能力强；起吊后柱与基础杯底垂直，容易对位；起重机吊钩超过柱顶，需要的起重高度较大，起重臂较长。此外，当柱较重、较长，需采用两点起吊时，也可采用两点斜吊绑扎法和两点直吊绑扎法(如图6-19所示)。

(2) 柱的吊装方法

柱子的吊装方法根据柱子质量、长度、起重机性能和现场施工条件而定。根据柱在吊升过程中的特点，柱的吊升可分为旋转法和滑行法两种。

① 旋转法

起重机边起钩、边旋转，使柱身绕柱脚旋转而逐渐吊起的方法称为旋转法。其要点是保持柱脚位置不动，并使柱的吊点、柱脚中心和杯口中心三点共圆，如图6-20所示。采用旋转法吊柱时，柱脚宜近基础，柱的绑扎点、柱脚与基础中心三者宜位于起重机的同一起重半径的圆弧上。

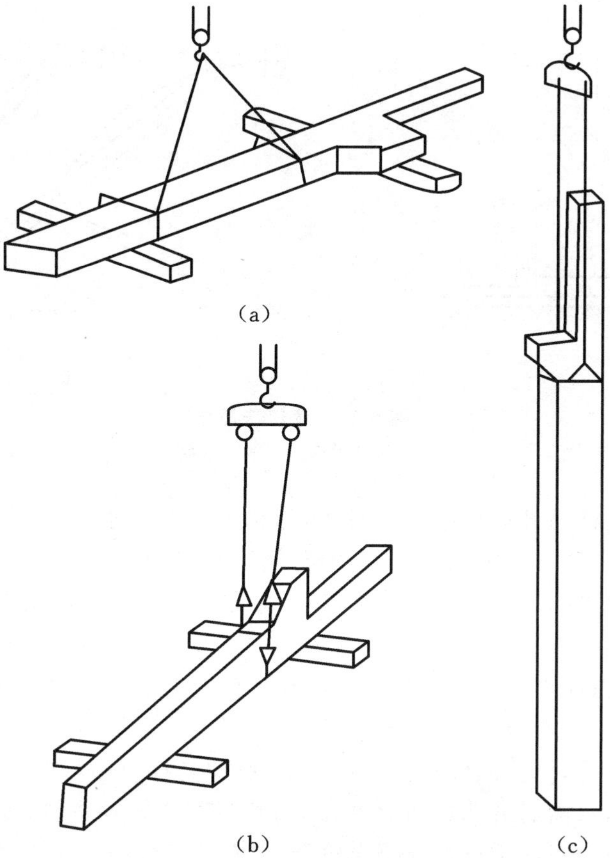

图 6-18 柱的翻身及直吊绑扎法

(a)柱翻身前绑扎法;(b)柱直吊时绑扎法;(c)柱的吊升

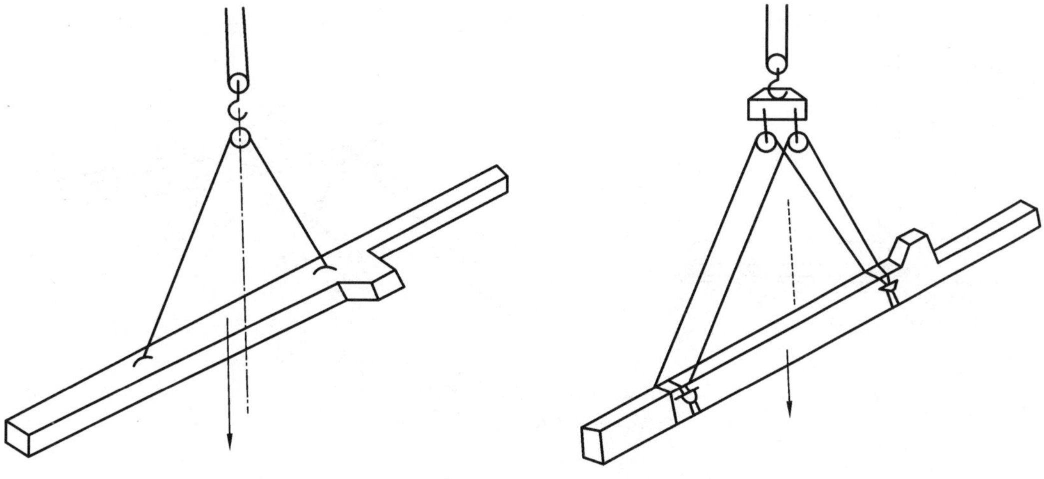

图 6-19 柱的两点绑扎法

(a)柱的两点斜吊绑扎;(b)柱的两点直吊绑扎

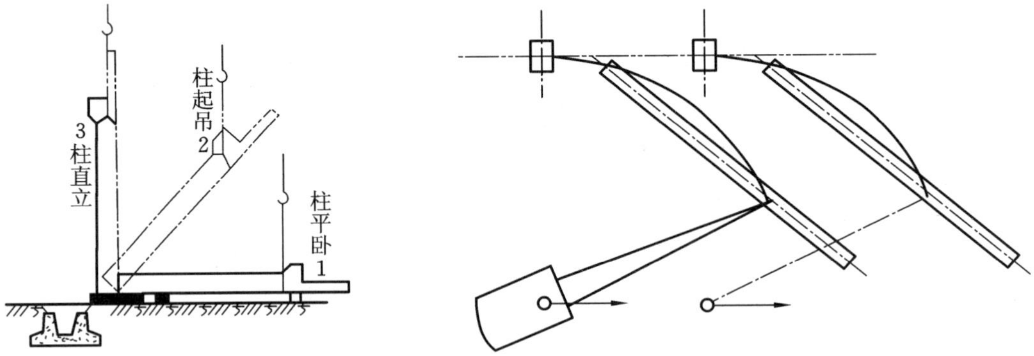

图 6-20　旋转法吊柱

(a)旋转过程;(b)平面布置

旋转法的特点是柱吊升过程中振动较小,但构件布置要求高,占地较大,对起重机的机动性要求高,起重机应具有一定回转半径和机动性,要求能同时进行起升与回转两个动作,故一般适用于自行杆式起重机吊装。其优点是,柱在吊装过程中振动小、生产率较高。

② 滑行法

起重机只升吊钩,起重杆不动,使柱脚沿地面滑行逐渐立起而插入杯口的方法称为滑行法。

采用滑行法吊柱时,绑扎点应布置在杯口附近,并与杯口中心两点共圆弧,如图 6-21 所示。其特点是起重机只需起升钩即可将柱吊直,然后稍微转动吊杆,即可将柱子吊装就位,构件布置方便、占地小,对起重机性能要求较低,但滑行过程中柱子振动,故通常在起重机及场地受限时才采用此方法。

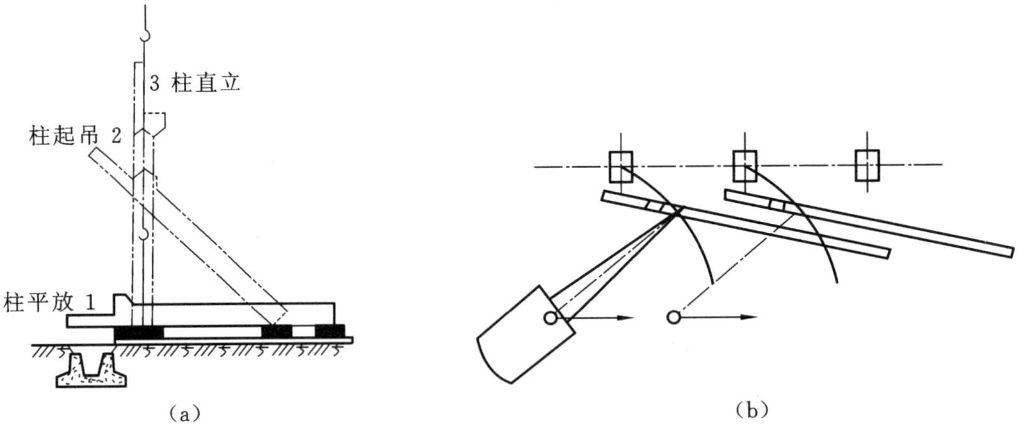

图 6-21　滑行法吊柱

(a)滑行过程;(b)平面布置

(3) 柱的对位和临时固定

柱吊装以后,进行柱的对位与临时固定,如图 6-22 所示。采用直吊法时,柱脚插入杯口后,应将柱在悬离杯底 0~50mm 处对位;采用斜吊法时,则需将柱送至杯底,在吊索的一侧杯口插入两个楔子，再通过起重机回转使其对位。对位时，在柱四周向杯口内放入8只楔子，用撬棍拨动柱脚，使吊装准线对准杯口上的吊装准线。

对位后，应将塞入的8只楔子逐步打紧做临时固定，以防止对好线的柱脚移动。细长柱子的临时固定应增设缆风绳。

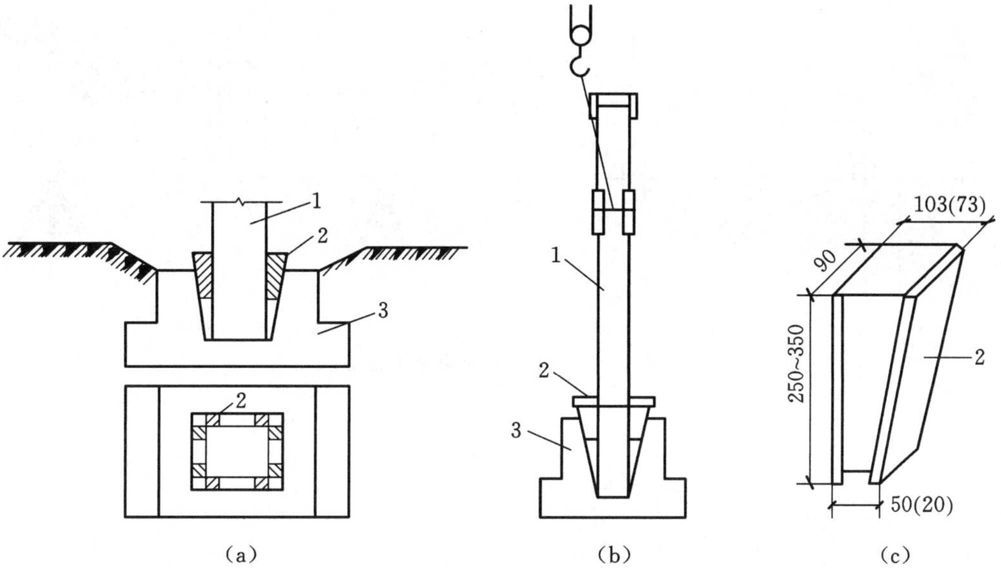

图 6-22　柱的临时固定

1—柱子；2—楔子；3—基础

(4) 柱的校正

柱的校正包括平面位置、垂直度和标高三项。标高的校正已在杯底抄平时进行，平面位置在对位时也已校正好。因此，吊装后则主要是校正垂直度。垂直度的校正直接影响吊车梁、屋架等吊装的准确性，必须认真对待。

当有经纬仪时，可用两台经纬仪从柱相邻的两边，去检查柱吊装中心线的垂直度，一台设置在横轴线上，另一台设置在与纵轴线呈不大于15°角的位置上，如图6-23所示。竖向转动望远镜，从根部向上观察，使柱子的吊装准线始终夹在十字丝双线中，这时柱子即为垂直。

一般柱高为5m或小于5m时，柱垂直偏差的允许值为5mm；大于5m时，柱垂直偏差的允许值为10mm；当柱高为10m及大于10m的多节柱时，柱垂直偏差的允许值为1/1000柱高，但不得大于20mm。

柱垂直度的校正方法：当偏差值较小时，可用打紧或稍放松楔块的方法来纠正；当偏差值较大时，则可用钢管支撑斜顶法和螺旋千斤顶法进行校正，如图6-24所示。

柱经过校正后立即进行最后固定。其方法是在柱脚与杯口的空隙中浇筑比柱子混凝土强度等级高一级的细石混凝土。混凝土的浇筑应分两次进行，第一次浇至楔块底面，待混凝土强度达到25%时，即可拔去楔块，再将混凝土浇满杯口，进行养护，待第二次浇筑混凝土强度达到70%后，方能安装上部构件。

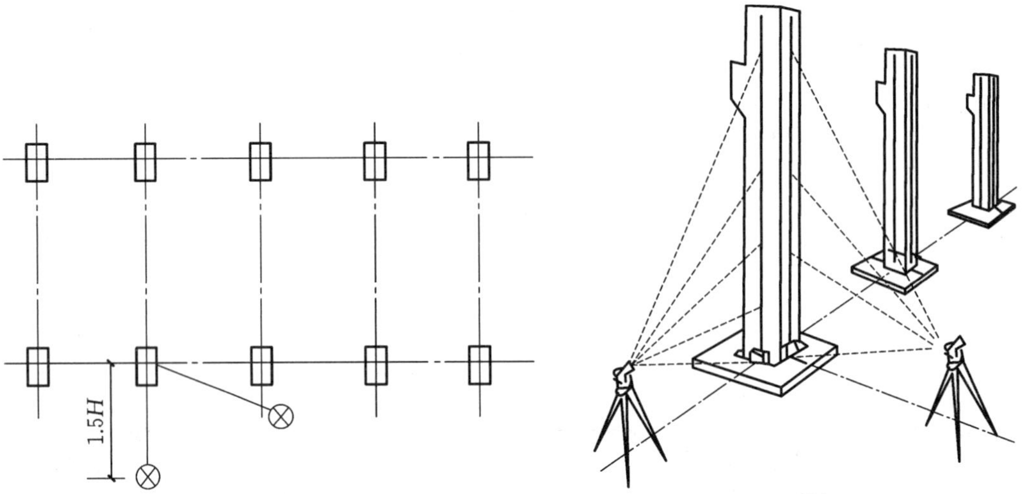

（a）　　（b）

图 6-23　柱垂直度的检查方法

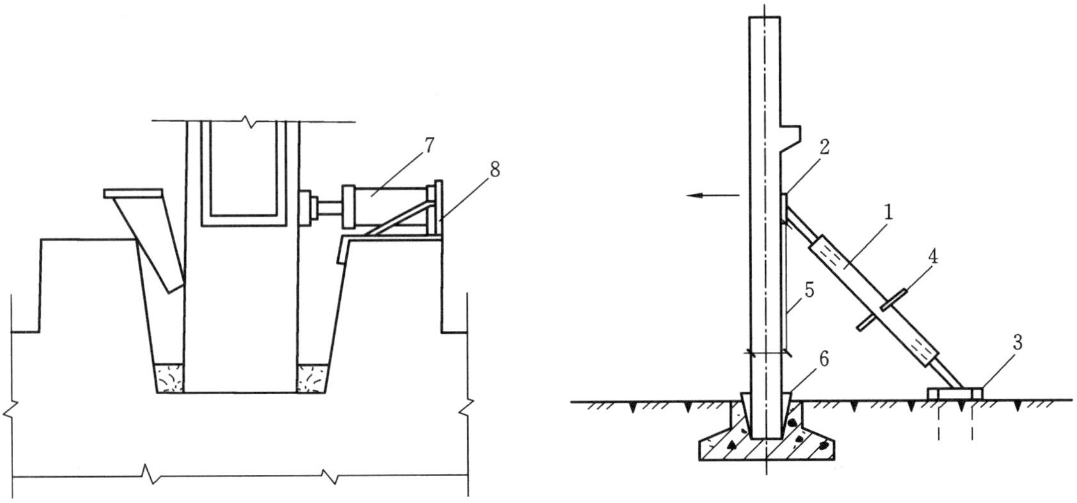

（a）　　（b）

图 6-24　柱的校正

(a)钢管支撑斜顶法；(b)螺旋千斤顶校正法

1—钢管；2—头部摩擦板；3—底板；4—转动手柄；5—钢丝绳；6—卡环；7—螺旋千斤顶；8—千斤顶支座

2. 吊车梁的吊装

吊车梁的吊装必须在基础杯口二次灌浆的混凝土强度达设计强度的75%时方可进行。吊车梁应两点绑扎、对称起吊，两端用溜绳控制，如图6-25所示。吊装后需校正标高、平面位置和垂直度。检查校正吊车梁，可在屋盖吊装前校正，亦可在屋盖吊装后校正。较重的吊车梁，宜在屋盖吊装前校正。

吊车梁的标高主要取决于柱子牛腿的标高，只要牛腿标高准确，其误差就不大。如存在误差，可待安装轨道时加以调整。平面位置的校正，主要是检查吊车梁纵轴线以及两列吊车梁之间的跨度是否符合要求。规范规定轴线偏差不得大于5mm；可用锤球检查吊车梁的垂直度，若发现偏差，可在两端的支座面上加斜垫铁纠正，每叠垫铁不得超过三块。

吊车梁平面位置的校正，常用通线法及平移轴线法。通线法（如图 6-26 所示）是指根据柱轴线用经纬仪和钢尺准确地校正好一跨内两端的四根吊车梁的纵轴线和轨距，再依据校正好的端部吊车梁沿其轴线拉上钢丝通线，逐根拨正即可。平移轴线法（如图 6-27 所示）是指根据柱和吊车梁的定位轴线间的距离，一般为 750mm，逐根拨正吊车梁的安装中心线。

吊车梁校正后，应随即焊接牢固，并在接头处浇筑细石混凝土最后固定。

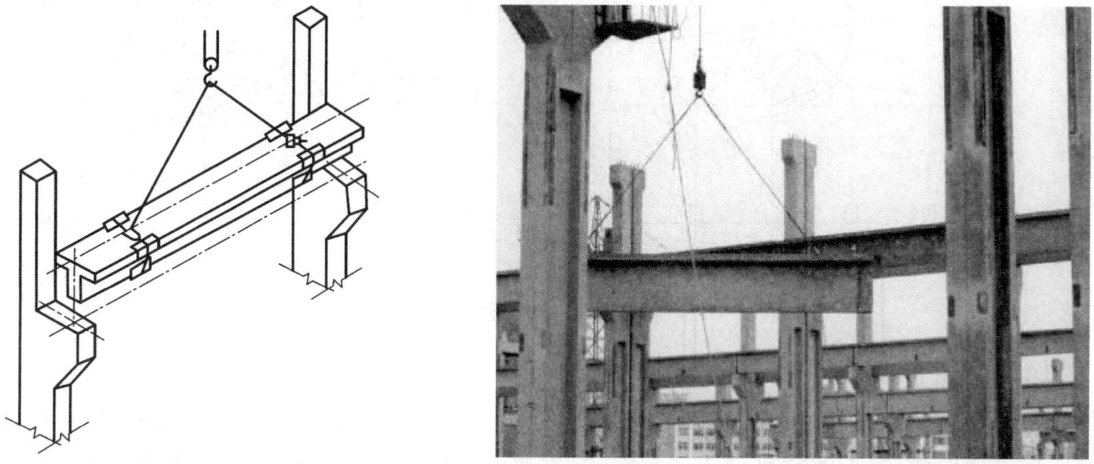

图 6-25 吊车梁的吊装

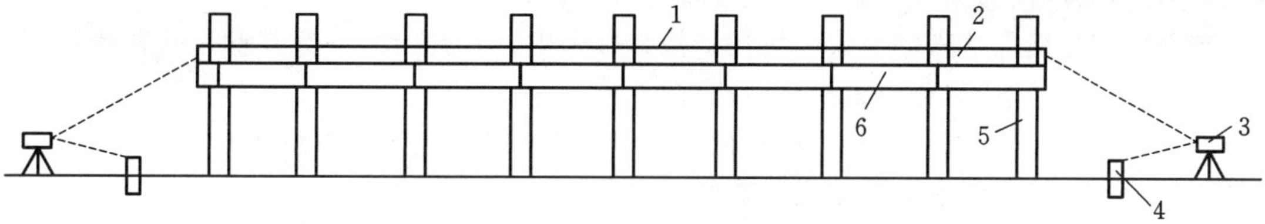

图 6-26 通线法校正吊车梁轴线

1—通线；2—支架；3—经纬仪；4—轴线桩；5—柱；6—吊车梁

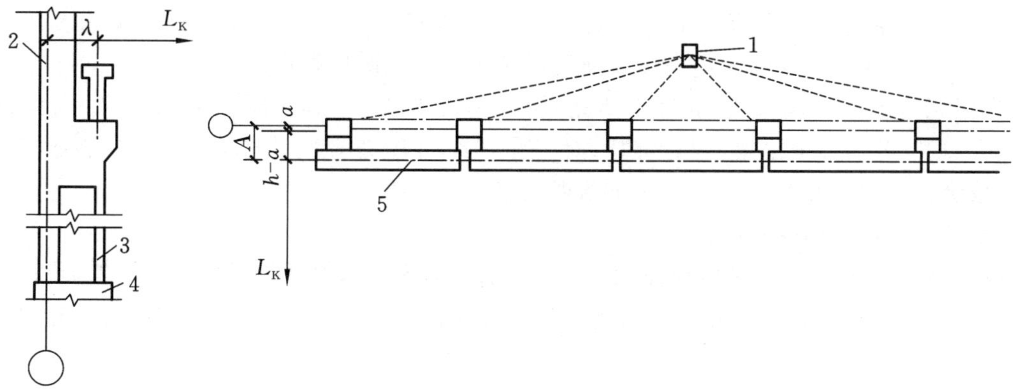

图 6-27 平移轴线法校正吊车梁轴线

1—经纬仪；2—标志；3—柱；4—柱基础；5—吊车梁

3. 屋架的吊装

屋架的吊装包括：屋架的扶直与就位、绑扎、吊升、对位与临时固定、校正与最后的固定。

(1) 屋架的扶直与就位

按照起重机与屋架的相对位置不同，屋架扶直可分为正向扶直与反向扶直，如图 6-28 所示。

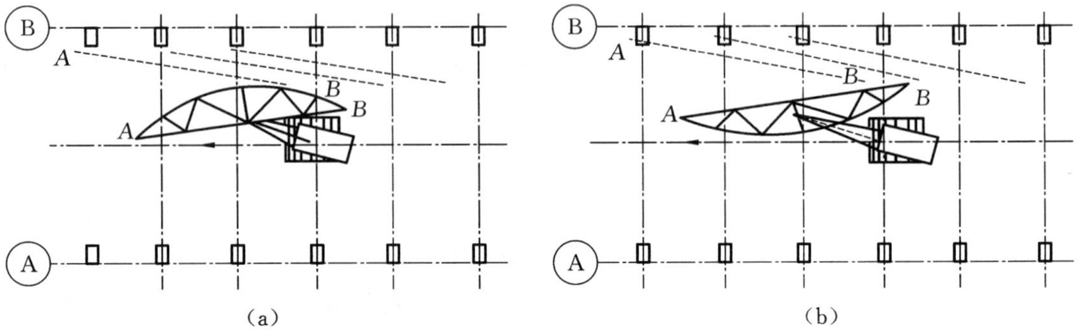

图 6-28 屋架的扶直

(a)正向扶直；(b)反向扶直

正向扶直就是起重机位于屋架下弦一边，首先以吊钩对准屋架中心，收紧吊钩，然后略起臂使屋架脱模，接着起重机升钩并起臂，使屋架以下弦为轴，缓缓转为直立状态。

反向扶直就是起重机位于屋架上弦一边，首先以吊钩对准屋架中心，收紧吊钩，接着起重机升钩并降臂，使屋架以下弦为轴缓缓转为直立状态。

正向扶直与反向扶直的最大区别在于扶直过程中，一为升臂，一为降臂。升臂比降臂易于操作且较安全，故应尽可能采用正向扶直。

屋架扶直后，立即进行就位。就位的位置与屋架安装方法、起重机的性能有关，应少占场地，便于吊装，且应考虑到屋架安装顺序、两端朝向等问题。

(2) 屋架的绑扎

屋架的绑扎点应设在上弦节点处，左右对称。吊点的数目及位置一般由设计确定，设计无规定时应经吊装验算确定。

绑扎时吊索与水平线的夹角 α 不宜小于 45°，以免屋架承受过大的横向压力。当夹角 $\alpha<45°$时，为了减少屋架的起吊高度及所受的横向力，可采用横吊梁。

当屋架跨度≤18m 时采用两点绑扎；屋架跨度为 18～24m 时采用四点绑扎；跨度为 30～36m 时采用 9m 横吊梁、四点绑扎；对三角形组合屋架等刚性较差屋架，下弦不能承受压力，故绑扎时也应采用横吊梁。屋架绑扎方法如图 6-29 所示。

(3) 吊升、对位和临时固定

屋架吊升是先将屋架吊离地面约 300mm，并将屋架转运至吊装位置下方，然后再起钩，将屋架提升超过柱顶约 300mm，最后利用屋架端头的溜绳，将屋架调整对准柱头，并缓缓降至柱头，用撬棍配合进行对位。

屋架对位应以建筑物的定位轴线为准，用经纬仪或其他工具在柱顶放出建筑物的定位轴线。

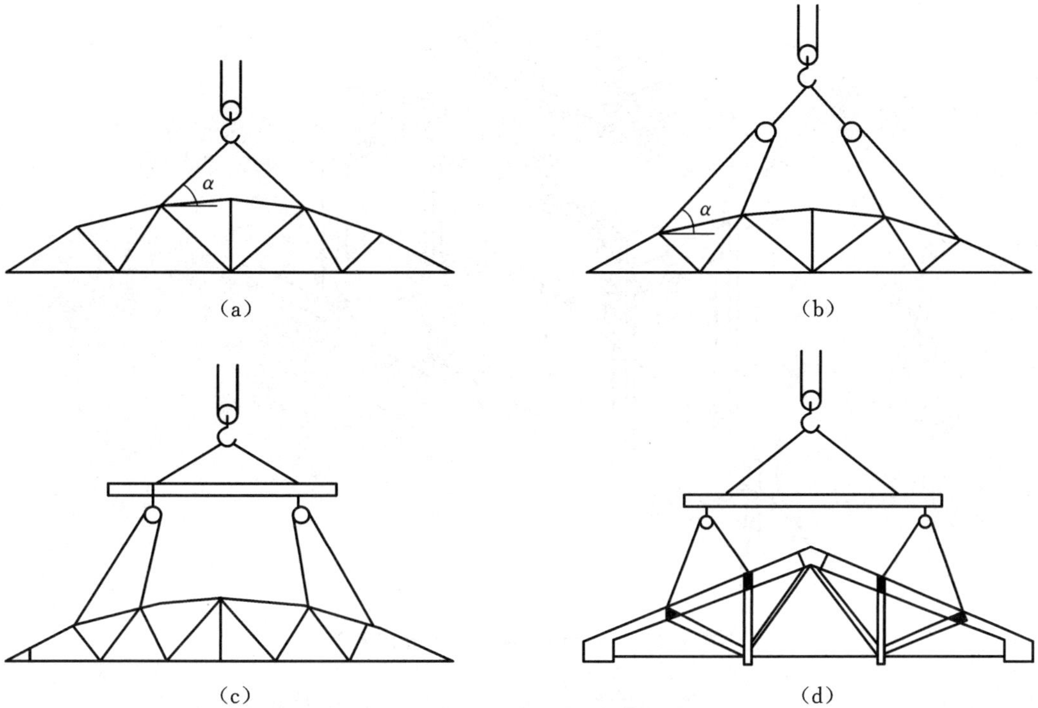

图 6-29 屋架绑扎方法

(a)屋架跨度≤18m;(b)屋架跨度 18～24m;(c)屋架跨度 30～36m;(d)三角形组合屋架

第一榀屋架的临时固定必须十分可靠,第二榀屋架的临时固定以第一榀屋架作支撑。第一榀屋架的临时固定方法,通常是用 4 根缆风绳,从两边将屋架拉牢,也可将屋架与抗风柱连接作为临时固定。第二榀屋架的临时固定,是用工具式支撑撑牢在第一榀屋架上。以后各榀屋架的临时固定,也都是用工具式支撑撑牢在前一榀屋架上。屋架的临时固定如图 6-30 所示。

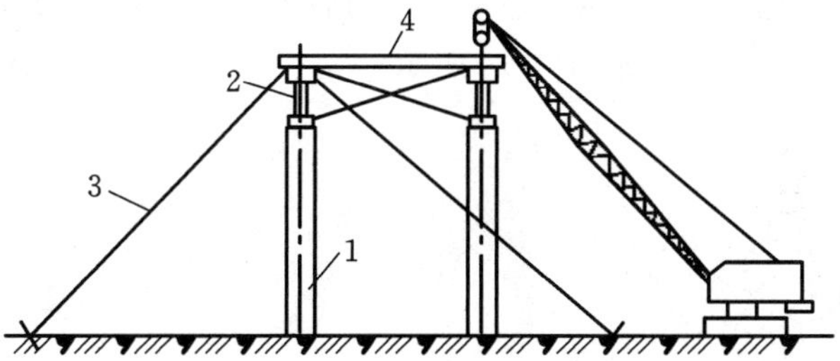

图 6-30 屋架的临时固定

1—柱;2—屋架;3—缆风绳;4—工具式支撑

(4) 屋架的校正与固定

屋架的竖向偏差可用锤球或经纬仪检查。用经纬仪检查方法是在屋架上安装三个卡尺,一个安在上弦中点附近,另两个分别安在屋架两端,如图 6-31 所示。

自屋架几何中心向外量出一定距离,一般为 500mm,在卡尺上作出标志,然后在距离屋

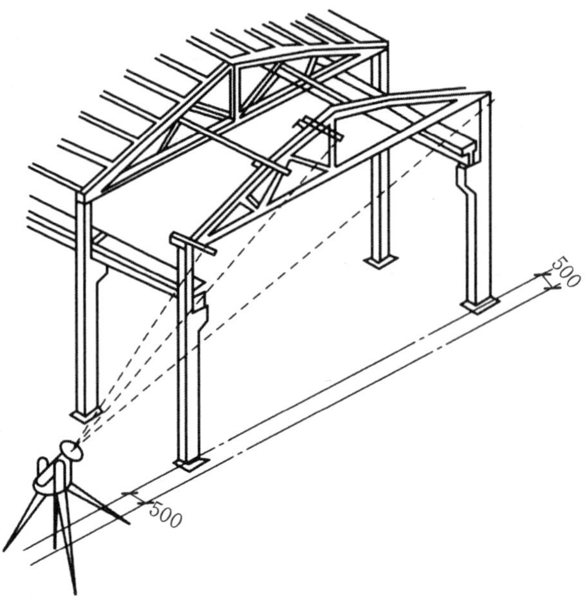

图 6-31 用经纬仪检查屋架竖向偏差

架中线同样距离(500mm)处安置经纬仪,观察三个卡尺上的标志是否在同一垂直面上。

最后固定:屋架校正至垂直后,立即用电焊固定。焊接时,先焊接屋架两端成对角线的两侧边,再焊另外两边,避免两端同侧施焊而影响屋架的垂直度。

4. 天窗架与屋面板的吊装

目前钢筋混凝土天窗架采用单独吊装的方式较多。天窗架单独吊装时,应在天窗架两侧的屋面板吊装后进行,其吊装过程与屋架吊装基本相同。

屋面板一般埋有吊环,用带钩的吊索钩住吊环即可吊装。根据屋面板平面的尺寸大小,吊环的数目一般为 4～6 个。如何保证几根吊索受力均匀,是吊装时应考虑的一个问题。采用横吊梁是解决这一问题的方法之一,如图 6-32 所示。为充分发挥起重机的起重能力,提高生产率,也可采用叠吊的方法,如图 6-33 所示。

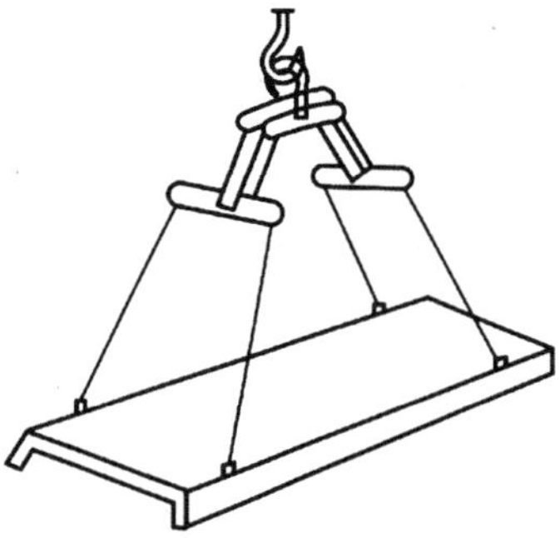

图 6-32 用横吊梁吊大型屋面板

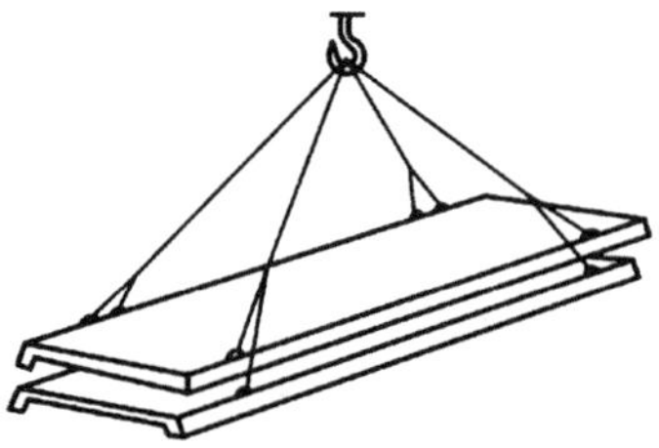

图 6-33 屋面板叠吊

6.3 结构安装方案

单层工业厂房结构的特点是平面尺寸大，承重结构的跨度与柱距大，构件类型少，构件质量大，厂房内还有各种设备基础。因此，在拟定结构吊装方案时，应着重解决结构吊装方法、起重机的选择、起重机开行路线与构件平面布置等问题。其中，吊装机械的选择是主要的环节，所采用的吊装机械不同，施工方案亦各异。

1. 起重机的选择

起重机的选择包括起重机类型选择、起重机型号选择和起重机数量的确定。起重机械选择的原则是：满足最高层构件的吊装高度；满足最远、最重构件的吊装要求；起重臂的回转半径能覆盖整个建筑物。

一般中小型厂房选择自行式起重机；在厂房结构高度和长度较大时，可采用塔式起重机安装屋盖结构；起重量较大且缺乏自行式起重机时，可选用桅杆式起重机；大跨度、重型厂房，应结合设备安装选择起重机；一台起重机不能满足吊装要求时，可考虑选择两台抬吊。

起重机的型号应根据吊装构件的尺寸、质量及吊装位置而定。在具体选择起重机型号时，应使所选起重机的三个工作参数：起重量 Q、起重高度 H、起重半径 R，均满足结构吊装的要求。

(1) 起重量

起重机的起重量必须大于或等于所安装构件的重力与索具的重力之和，即：

$$Q \geqslant Q_1 + Q_2 \tag{6-1}$$

式中 Q——起重机的起重量，kN；

Q_1——构件的重力，kN；

Q_2——索具的重力，kN。

(2) 起重高度

如图 6-34 所示，起重机的起重高度必须满足吊装构件安装高度的要求，即：

$$H \geqslant h_1 + h_2 + h_3 + h_4 \tag{6-2}$$

式中 H——起重机的起重高度，m；

h_1——停机面至安装支座顶面的距离，m；

h_2——安装间隙，视具体情况而定，一般为 0；

h_3——绑扎点至起吊后构件底面的距离，m；

h_4——索具高度，m。

(3) 起重半径

起重半径的确定一般有两种情况。第一种情况：起重机可以不受限制地开到吊装位置附近去吊装构件时，对起重半径 R 没有要求，根据计算的起重量 Q 及起重高度 H 来选择起重机的型号及起重臂长度。根据 Q、H 查得相应的起重半径 R，即为起吊该构件时的起重半径。第二种情况：起重机不能开到构件吊装位置附近去吊装构件时，就要根据实际情况确定起吊时的起重半径 R，并根据此时的起重量 Q、起重高度 H 及起重半径 R 来选择起重机型号及起重臂长度。

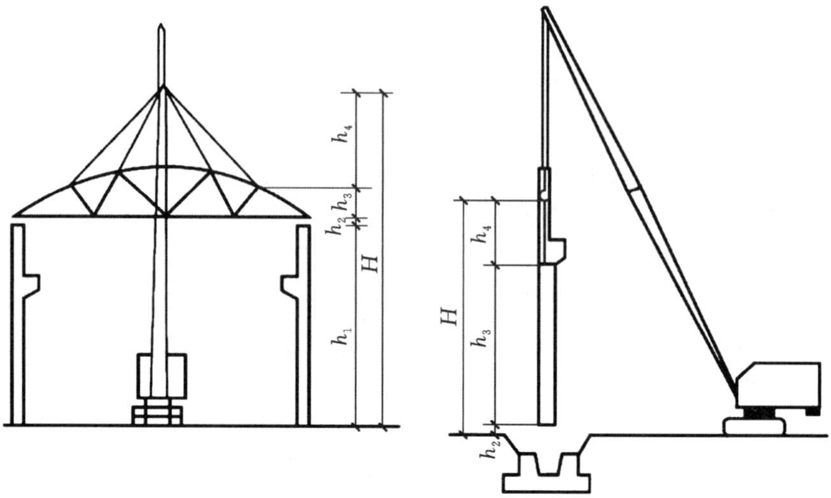

（a）　　（b）

图 6-34　起重高度示意图

（a）安装屋架；（b）安装柱子

如图 6-35 所示，吊装柱时起重机的起重半径 R 按下式进行计算：

$$R_{\min}=F+D+0.5b \tag{6-3}$$

式中　F——起重机枢轴中心距回转中心的距离，m；

b——构件宽度，m；

D——起重机枢轴中心距所吊构件边沿的距离，m。

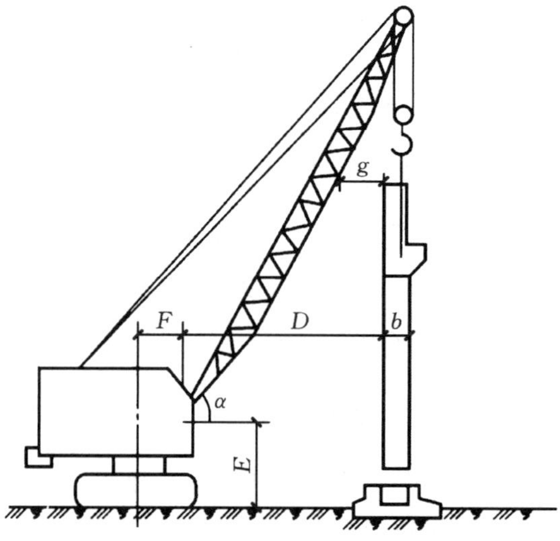

图 6-35　起重半径 R 的计算简图

2. 结构安装方法

单层工业厂房的结构吊装有分件吊装法和综合吊装法两种。

(1) 分件吊装法(又称为大流水法)

分件吊装法是单层厂房结构安装的常用方法。分件吊装时的构件吊装顺序如图6-36所示,起重机每开行一次,仅吊装一种或两种构件。第一次开行,吊装全部柱子,并完成校正和最后固定工作;第二次开行,安装吊车梁、连系梁及柱间支撑等;第三次开行,吊装屋架、天窗架、屋面支撑及屋面板等。

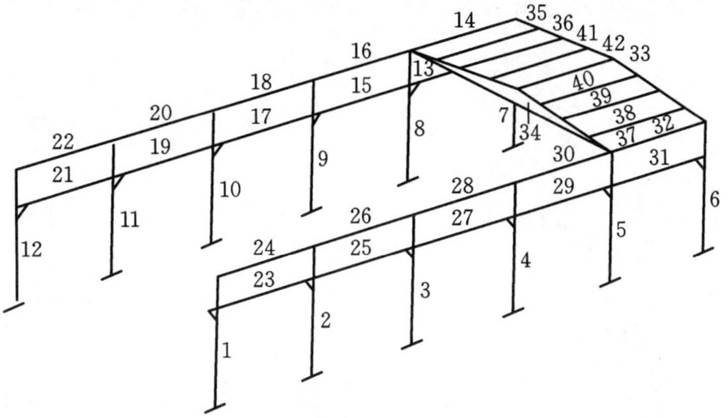

图 6-36 分件吊装时的构件吊装顺序

分件吊装法的主要优点如下:

① 构件便于校正。

② 构件可以分批进场,供应亦较单一,吊装现场不会过分拥挤。

③ 对起重机来说,一次开行只吊装一种或两种构件,使吊具变换次数减少,而且操作容易熟练,有利于提高安装效率。

④ 可以根据不同构件类型,选用不同性能的起重机,有利于发挥机械效率,减少施工费用。

分件吊装法的缺点是不能为后续工程及早地提供工作面,起重机开行路线长。

(2) 综合吊装法

综合吊装法是将多层房屋划分为若干施工层,起重机在每一施工层只开行一次,先吊装一个节间的全部构件,再依次安装其他节间等,待一层全部安装完再安装上一层构件,吊装顺序如图6-37所示。

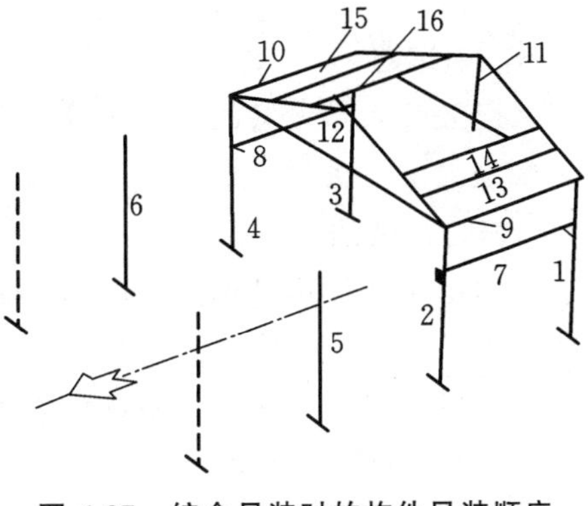

图 6-37 综合吊装时的构件吊装顺序

综合吊装法的主要优点如下:①由于是以节间为单位进行吊装,因此其他后续工种可以进入已吊装完的节间内进行工作,有利于加速整个工程的进度。②起重机开行路线短。

综合吊装法的缺点:由于同时吊装多种类型构

件，机械不能发挥最大效率；构件供应现场拥挤，校正困难。故目前很少采用综合吊装法，只在吊装轻型厂房结构、钢结构或采用桅杆起重机时才可能采用，一般中型以上的厂房用得较少。

3. 起重机的开行路线及停机位置

开行路线直接关系到现场预制构件的平面布置与结构的吊装方法，因此在构件预制之前就应设计好起重机的开行路线及吊装方法。吊装柱时，则应视跨度大小、构件尺寸、构件质量及起重机性能，沿跨中开行或跨边开行。当柱布置在跨外时，起重机一般沿跨外开行，停机位置与沿跨边开行相似。吊装屋架及屋面板时，起重机大多沿跨中开行，如图 6-38 所示。

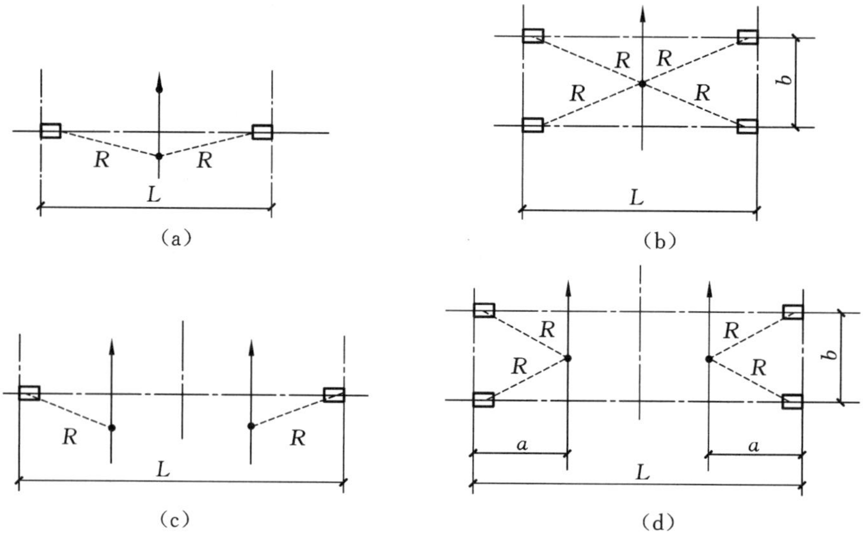

图 6-38　起重机吊装柱时的开行路线及停机位置

(a)跨中开行一；(b)跨中开行二；(c)跨边开行一；(d)跨边开行二

练　习　题

一、单选题

1. 已安装大型设备的单层工业厂房，其结构吊装方法应采用(　　)。

A.分件吊装法　　B.分层分段流水安装法

C.综合吊装法　　D.分层大流水安装法

2. 单层工业厂房结构安装时，柱采用旋转法吊装时，柱斜向布置中三点共弧是指(　　)三点共弧。

A.停机点、杯形基础中心点、柱脚中心点　　B.柱吊点、停机点、杯形基础中心点

C.柱吊点、柱脚、停机点　　D.柱吊点、杯形基础中心点、柱脚中心点

3. 单层厂房结构安装施工方案中，起重机开行路线短，停机点位置少，可为后续工作创造工作面的是(　　)。

A.分件吊装法　B.综合吊装法　C.一般吊装法　D.滑行吊装法

4. 工作幅度 R 以及起升高度 H 三者之间的关系是（　　）。

A.R 减小，则 Q 增大，H 增大　B.R 减小，则 Q 减小，H 增大

C.R 增大，则 Q 增大，H 增大　D.R 减小，则 Q 增大，H 减小

5. 下列各种起重机中能负载行走的是（　　）。

A.桅杆式起重机　B.汽车式起重机

C.轮胎式起重机　D.轨道式塔式起重机

6. 当屋架跨度 $l=32$m 时，屋架绑扎方法可选择（　　）。

A.采用横吊梁，两点绑扎法　B.两点绑扎法

C.采用横吊梁，四点绑扎法　D.四点绑扎法

二、名词解释

1. 滑行法
2. 屋架正向扶直
3. 屋架反向扶直
4. 斜吊绑扎法
5. 直吊绑扎法

三、简答题

1. 试述综合安装法的优缺点。
2. 请简述如何计算吊装柱时起重机的起重半径。

7 防水工程

【本章主要内容】

屋面防水工程：卷材防水、涂膜防水常用材料的种类、性能；常用的卷材防水屋面、涂膜防水屋面、刚性防水屋面的施工工艺和方法。

地下防水工程：钢筋混凝土结构自防水和卷材防水层、砂浆防水层的构造、施工工艺和方法；防、排水结合法的构造。

【学习目标】

掌握柔性防水屋面的构造及各构造层的作用；掌握柔性防水屋面各构造层的施工方法及技术要求。了解刚性防水屋面的概念及刚性防水屋面的材料要求；掌握刚性防水屋面的构造及施工方法。掌握地下防水工程的施工构造及施工方法。

防水工程是房屋建筑重要的组成部分，不仅关系到建筑物的使用寿命，而且直接影响人们的生产、生活。防水工程质量的优劣，涉及材料、设计、施工和使用保养等各方面，在工程施工中，必须严格把好质量关，以保证结构的耐久性和正常使用。

根据防水工程使用材料的性状不同，防水工程分为柔性防水和刚性防水两大类。柔性防水一般包括卷材防水和涂膜防水，具有质量轻、施工方便、延展性好、防水效果好等特点。刚性防水一般包括砂浆防水和混凝土刚性层防水，具有较好的耐久性，它可以和柔性防水共同使用，同时作为柔性防水层的保护层。

防水工程按其构造做法分为结构自防水和防水层防水两大类。结构自防水主要是依靠结构构件材料自身的密实性及某些构造措施（如设坡度、埋设止水带等），使结构构件起到防水作用；防水层防水是在结构和构件的迎水面或背水面及接缝处附加防水材料，构成防水层，以此起到防水作用。

根据防水的部位不同，防水工程主要包括屋面防水工程、地下防水工程、室内防水工程等。屋面防水工程主要是防止雨雪对屋面的间歇性浸透作用，地下防水工程主要是防止地下水对建筑物的经常性浸透作用。

根据《建筑与市政工程防水通用规范》（GB 55030—2022）的规定，工程防水应遵循因地制宜、以防为主、防排结合、综合治理的原则。地下工程防水设计工作年限不应低于工程结构设计工作年限；屋面工程防水设计工作年限不应低于 20 年；室内工程防水设计工作年限不应低于 25 年；桥梁工程桥面防水设计工作年限不应低于桥面铺装设计工作年限；非侵蚀性介质蓄水类工程内壁防水层设计工作年限不应低于 10 年。

防水工程按防水功能的重要程度可以分为甲、乙、丙三类，具体划分如表 7-1 所示。

表 7-1 工程防水类别

<table>
<tr><th colspan="2" rowspan="2">工程类型</th><th colspan="3">工程防水类别</th></tr>
<tr><th>甲类</th><th>乙类</th><th>丙类</th></tr>
<tr><td rowspan="4">建筑工程</td><td>地下工程</td><td>有人员活动的民用建筑地下室，对渗漏敏感的建筑地下工程</td><td>除甲类和丙类以外的建筑地下工程</td><td>对渗漏不敏感的物品、设备使用或贮存场所，不影响正常使用的建筑地下工程</td></tr>
<tr><td>屋面工程</td><td>民用建筑和对渗漏敏感的工业建筑屋面</td><td>除甲类和丙类以外的建筑屋面</td><td>对渗漏不敏感的工业建筑屋面</td></tr>
<tr><td>外墙工程</td><td>民用建筑和对渗漏敏感的工业建筑外墙</td><td>渗漏不影响正常使用的工业建筑外墙</td><td>—</td></tr>
<tr><td>室内工程</td><td>民用建筑和对渗漏敏感的工业建筑室内楼地面和墙面</td><td>—</td><td>—</td></tr>
</table>

依据抗浮设防水位和年降雨量，工程防水使用环境类别分为Ⅰ类、Ⅱ类和Ⅲ类，具体划分如表 7-2 所示。

表 7-2 工程防水使用环境类别划分

<table>
<tr><th colspan="2" rowspan="2">工程类型</th><th colspan="3">工程防水使用环境类别</th></tr>
<tr><th>Ⅰ类</th><th>Ⅱ类</th><th>Ⅲ类</th></tr>
<tr><td rowspan="4">建筑工程</td><td>地下工程</td><td>抗浮设防水位标高与地下结构板底标高高差 $H \geqslant 0$m</td><td>抗浮设防水位标高与地下结构板底标高高差 $H < 0$m</td><td>—</td></tr>
<tr><td>屋面工程</td><td>年降水量 $P \geqslant 1300$mm</td><td>400mm $\leqslant$ 年降水量 $P <$ 1300mm</td><td>年降水量 $P < 400$mm</td></tr>
<tr><td>外墙工程</td><td>年降水量 $P \geqslant 1300$mm</td><td>400mm $\leqslant$ 年降水量 $P <$ 1300mm</td><td>年降水量 $P < 400$mm</td></tr>
<tr><td>室内工程</td><td>频繁遇水场合，或长期相对湿度 $RH \geqslant 90\%$</td><td>间歇遇水场合</td><td>偶发渗漏水可能造成明显损失的场合</td></tr>
</table>

工程防水等级应依据工程类别和工程防水使用环境类别分为一级、二级、三级。暗挖法地下工程防水等级应根据工程类别、工程地质条件和施工条件等因素确定，其他工程防水等级不应低于下列规定：

一级防水：Ⅰ类、Ⅱ类防水使用环境下的甲类工程；Ⅰ类防水使用环境下的乙类工程。

二级防水：Ⅲ类防水使用环境下的甲类工程；Ⅱ类防水使用环境下的乙类工程；Ⅰ类防水使用环境下的丙类工程。

三级防水：Ⅲ类防水使用环境下的乙类工程；Ⅱ类、Ⅲ类防水使用环境下的丙类工程。

工程使用的防水材料应满足耐久性要求，卷材防水层应满足接缝剥离强度和搭接缝不透水性要求。防水材料的耐久性应与工程防水设计工作年限相适应，防水材料性能应与工程使用环境条件相适应，即所使用的材料在使用环境下能够保证耐久性和防水要求。每道防水层厚度应满足防水设防的最小厚度要求。防水材料影响环境的物质和有害物质限量应满足要求。外露使用防水材料的燃烧性能等级不应低于 B2 级。

7.1 屋面防水工程

按照防水材料的不同，屋面防水分为卷材防水、涂膜防水和刚性防水。

根据防水等级及屋面种类，采取不同的防水做法。平屋面工程的防水做法应符合表 7-3 的规定。瓦屋面工程的防水做法应符合表 7-4 的规定。金属屋面工程的防水做法应符合表 7-5 的规定。全焊接金属板屋面应视为一级防水等级的防水做法。

表 7-3 平屋面工程的防水做法

防水等级	防水做法	防水层	
		防水卷材	防水涂料
一级	不应少于 3 道	卷材防水层不应少于 1 道	
二级	不应少于 2 道	卷材防水层不应少于 1 道	
三级	不应少于 1 道	任选	

表 7-4 瓦屋面工程的防水做法

防水等级	防水做法	防水层		
		屋面瓦	防水卷材	防水涂料
一级	不应少于 3 道	为 1 道，应选	卷材防水层不应少于 1 道	
二级	不应少于 2 道	为 1 道，应选	不应少于 1 道；任选	
三级	不应少于 1 道	为 1 道，应选	—	

表 7-5 金属屋面工程防水做法

防水等级	防水做法	防水层	
		金属板	防水卷材
一级	不应少于 2 道	为 1 道，应选	不应少于 1 道；厚度不应小于 1.5mm
二级	不应少于 2 道	为 1 道，应选	不应少于 1 道
三级	不应少于 1 道	为 1 道，应选	—

防水施工前应依据设计文件编制防水专项施工方案。雨天、雪天或五级及以上大风环境下，不应进行露天防水施工。

防水材料及配套辅助材料进场时应提供产品合格证、质量检验报告、使用说明书、进场复验报告。防水施工前应确认基层已验收合格，基层质量应符合防水材料施工要求。

当屋面坡度大于 30%时，施工过程中应采取防滑措施。铺贴防水卷材或涂刷防水涂料的阴阳角部位应做成圆弧状或进行倒角处理。施工过程中应采取防止杂物堵塞排水系统的措施。防水层和保护层施工完成后，屋面应进行淋水试验或雨后观察，檐沟、天沟、雨水口等应进行蓄水试验，并应在检验合格后再进行下一道工序施工。防水层施工完成后，后续工序施工不应损害防水层，在防水层上堆放材料应采取防护隔离措施。

7.1.1 卷材防水屋面

卷材防水屋面是目前屋面防水的一种主要方法，尤其是在重要的工业与民用建筑中，应用十分广泛。卷材防水屋面通常是采用胶结材料将沥青防水卷材、高聚物改性沥青防水卷材、合成高分子防水卷材等柔性防水材料粘成一整片能防水的屋面覆盖层。

1. 卷材防水屋面的构造

卷材防水屋面一般由结构层、隔气层、保温层、找平层、结合层、防水层和保护层组成，其一般构造层次如图 7-1 所示，其中隔气层和保温层在一定的气温条件和使用条件下可不设，施工时以设计为依据。

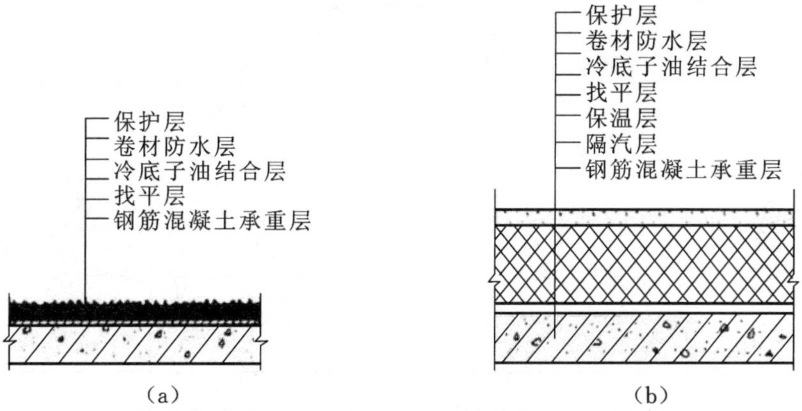

图 7-1 卷材防水屋面构造

(a)不保温卷材屋面；(b)保温卷材屋面

2. 卷材防水屋面的材料

卷材防水屋面用到的材料主要有沥青、卷材、冷底子油等。

沥青是一种有机胶凝材料，具有不透水、不导电、耐酸、耐碱、耐腐蚀等特点，是屋面防水的理想材料。在土木工程中，目前常用的是石油沥青。石油沥青按其用途分为建筑石油沥青、道路石油沥青和普通石油沥青三种。建筑石油沥青黏性较高，多用于建筑物的屋面及地下工程防水。

卷材有石油沥青卷材、高聚物改性沥青卷材、合成高分子防水卷材等。根据当地历年最高气温、最低气温、屋面坡度和使用条件等因素，选择耐热度、柔性相适应的卷材。

冷底子油是用10号或30号石油沥青加入汽油、柴油等挥发性溶剂配制而成的溶液。冷底子油具有较强的渗透性和憎水性，并使沥青胶结材料与找平层之间的黏结力增强。喷涂冷底子油的时间，一般应待找平层干燥后进行。冷底子油可喷涂或涂刷，应薄而均匀，不得有空白、麻点或气泡。待冷底子油油层干燥后，即可铺贴卷材。

沥青胶是用石油沥青按一定配合量掺入填充料混合熬制而成。用于粘贴沥青防水卷材或作为沥青防水涂层以及接头填缝之用。

胶粘剂是高聚物改性沥青卷材和合成高分子卷材的粘贴材料。高聚物改性沥青卷材有氯丁橡胶改性沥青胶粘剂、CCTP抗腐耐水冷胶料等。高分子卷材的胶粘剂主要有氢丁系胶粘剂、丁基胶粘剂等。

在防水施工中，根据不同防水材料的性质，对防水卷材的厚度要求也不尽相同。对于最小厚度的确定，一要考虑材料自身的强度和耐久性，二要考虑材料的耐水性。最终综合各方面的因素确定防水卷材的最小厚度。卷材防水层最小厚度应符合表7-6的规定。

表7-6　卷材防水层最小厚度

防水卷材类型			卷材防水层最小厚度/mm
聚合物改性沥青类防水卷材	热熔法施工聚合物改性防水卷材		3.0
	热沥青黏结和胶粘法施工聚合物改性防水卷材		3.0
	预铺反粘防水卷材(聚酯胎类)		4.0
	自粘聚合物改性防水卷材(含湿铺)	聚酯胎类	3.0
		无胎类及高分子膜基	1.5
合成高分子类防水卷材	均质型、带纤维背衬型、织物内增强型		1.2
	双面复合型		主体片材芯材0.5
	预铺反粘防水卷材	塑料类	1.2
		橡胶类	1.5
	塑料防水板		1.2

当在屋面金属板基层上采用聚氯乙烯(PVC)防水卷材、热塑性聚烯烃(TPO)防水卷材、三元乙丙(EPDM)防水卷材等外露型防水卷材单层使用时，防水卷材的厚度，一级防水不应小于1.8mm，二级防水不应小于1.5mm，三级防水不应小于1.2mm。

防水卷材进场复验报告应包含无处理时卷材接缝剥离强度和搭接缝不透水性检测结果。

3. 卷材防水屋面的施工要点

(1) 卷材施工顺序

卷材铺贴应按“先高后低，先远后近”的顺序施工。高低跨屋面，应先铺高跨屋面，后铺低跨屋面；在同高度大面积的屋面，应先铺离上料点较远的部位，后铺较近部位。卷材大面积铺贴前，应先做好节点密封处理、附加层和屋面排水较集中部位的处理，然后由屋面最低标高处向上施工。铺贴天沟、檐沟卷材时，宜顺天沟、檐沟的方向铺贴，从水落口处向分水线方向铺贴，以减少搭接。为了保证防水的整体性，减少漏水的可能，屋面防水工程尽量不划分施工段；当需要划分施工段时，施工段的划分宜设在屋脊、天沟、变形缝等处。

(2) 卷材铺贴方向

卷材铺贴应平整顺直，不应有起鼓、张口、翘边等现象。屋面防水卷材的铺贴方向，应根据屋面的坡度、防水卷材的种类及屋面工作条件确定。当坡度在3%以内时，卷材宜平行于屋脊方向铺贴；坡度在3%～15%时，卷材可根据当地情况决定平行或垂直于屋脊方向铺贴，以免卷材下滑。上下两层卷材不得相互垂直铺贴。

(3) 卷材与基层的连接方式

卷材与基层的连接主要有满粘、条粘、点粘、空铺四种。在工程应用中，可根据建筑部位、使用条件、施工情况选用其中一种或两种，且应在图纸上注明其适用条件与具体施工方法。

(4) 卷材的搭接

同层相邻两幅卷材短边搭接错缝距离不应小于500mm。卷材双层铺贴时，上下两层和相邻两幅卷材的接缝应错开至少1/3幅宽，且不应互相垂直铺贴。同层卷材搭接不应超过3层。卷材收头应固定密封。

平行于屋脊的搭接缝，应顺流水方向搭接；垂直屋脊的搭接缝应顺主导风向搭接。坡度超过25%的拱形屋面和天窗下的坡面，应尽量避免短边搭接，如必须短边搭接时，搭接处应采取防止卷材下滑的措施。

(5) 防水层施工方法

卷材防水层的施工方法主要有冷粘法、自粘法、热熔法三种。

冷粘法是指在常温下采用胶粘剂等材料进行卷材与基层、卷材与卷材间黏结的施工方法。施工要点：在构造节点部位(排水口、管子根部、烟囱底部等)及周边200mm范围内，均匀涂刷一层不小于1mm厚度的弹性沥青胶粘剂，随即粘贴一层聚酯纤维无纺布，并在布上涂一层1mm厚度的胶粘剂。基层胶粘剂的涂刷可用胶皮刮板进行，要求涂刷均匀，不漏底、不堆积，厚度约为0.5mm。胶粘剂涂刷后，掌握好时间，由两人操作，其中一人推赶卷材，确保卷材下无空气，粘贴牢固。卷材铺贴应做到平整顺直，搭接尺寸准确，不得扭曲、皱折。搭接部位的接缝应满涂胶粘剂，用溢出的胶粘剂刮平封口。接缝口应用密封材料封严，宽度不小于10mm。

自粘法施工是采用带有自粘胶的防水卷材，不用热施工，也不需涂刷胶结材料而进行黏结。施工要点：清理基层，涂刷基层处理剂，节点除增强处理、定位、弹线工序外均同冷粘法和热熔法铺贴卷材；铺贴卷材一般三人操作；铺贴时，应按基线的位置，缓缓剥开卷材背面的防粘隔离纸，将卷材直接粘贴于基层上，随撕隔离纸，随即将卷材向前滚铺；卷材搭接部位宜用热风枪加热，加热后粘贴牢固，溢出的自粘胶刮平封口；大面积卷材铺贴完毕，所有卷材接缝处应用密封膏封严，宽度不应小于10mm；铺贴立面、大坡度卷材时，应加热后粘贴牢固；采用浅色涂料作保护层时，应待卷材铺贴完成，并经检验合格，清扫干净后涂刷。

热熔法施工是采用火焰加热器将热熔型防水卷材底面的热熔胶熔化后，卷材直接与基层粘贴，而不需涂刷胶粘剂。这种方法施工时受气候影响小，对基层表面干燥程度的要求相对较宽松，但烘烤时对火候的掌握必须适度。热熔卷材可采用满粘法和条粘法铺贴，铺贴时要稍紧一些，不能太松弛。施工要点：清理基层上的杂质，涂刷基层处理剂，要求涂刷均匀，厚薄一致，待干燥后，按设计节点构造做好处理，按规范要求排布卷材定位、画线，弹出基线；热熔时，应将卷材沥青膜底面向下，对正粉线，用火焰喷枪对准卷材与基层的结合面，同时加热卷材与基层，喷枪距加热面 50～100mm，当烘烤到沥青熔化，卷材表面熔融至光亮黑色，应立即滚铺卷材，并用胶皮压辊辊压密实，排除卷材下的空气，粘贴牢固。

(6) 保护层施工

卷材铺设完毕经检查合格后，应立即进行保护层的施工，以免卷材防水层受到损伤。保护层施工的质量对防水层的使用年限有很大影响，施工时必须认真对待。

① 绿豆砂保护层：该种保护层广泛应用于沥青卷材防水屋面。因绿豆砂材料价格低廉，不但对沥青卷材起到保护作用，还有一定的降低辐射热的作用。施工时，应将清洁的绿豆砂预热至 100℃左右，随刮涂热玛碲脂，随铺撒热绿豆砂。绿豆砂应铺撒均匀，并滚压使其与玛碲脂黏结牢固。未黏结的绿豆砂应清除。

② 云母或蛭石保护层：该种保护层也主要用于沥青防水卷材屋面。云母或蛭石应先筛去粉料，再随刮涂冷玛碲脂随撒铺云母或蛭石。撒铺应均匀，不得露底，待溶剂基本挥发后，再将多余的云母或蛭石清除。

③ 浅色反射涂料保护层：该种保护层主要用于高聚物改性沥青和合成高分子防水卷材屋面。保护层施工时，应待卷材铺贴完成，并经检验合格后进行。涂刷前应清扫防水层表面的浮灰，涂层应与卷材黏结牢固、厚薄均匀，不得漏涂。

④ 预制块体材料保护层：该种保护层可用于各种防水卷材屋面。块体材料的结合层宜采用砂或水泥砂浆，采用水泥砂浆时应设置隔离层。铺设块体材料时，应根据结构情况用木板条或泡沫条设置分隔缝，其纵横间距不宜大于 10m，分隔缝宽度不宜小于 20mm。块体材料铺砌时应根据屋面排水坡度的要求挂线，铺砌的块体应横平竖直。上人屋面的预制块体材料，应按楼地面工程质量的要求选用，结合层应选用 1∶2 水泥砂浆。

⑤ 水泥砂浆保护层：该种保护层可用于各种防水卷材屋面。铺抹水泥砂浆时，应设表面分隔缝，分隔缝面积宜为 $1m^2$。保护层表面应抹平压光，排水坡度应符合设计要求。

⑥ 细石混凝土保护层：该种保护层可用于各种防水卷材屋面。浇筑细石混凝土时，应按设计要求留设分格缝，设计无要求时，其纵横间距不宜大于 6m，分格缝宽为 10～20mm。一个分格缝内的混凝土应连续浇筑，不留施工缝，混凝土应振捣密实，表面抹平压光。细石混凝土保护层浇筑完毕后应及时进行养护，养护时间不应少于 7d。

(7) 隔离层施工

当采用预制块体材料、水泥砂浆、细石混凝土等刚性材料作保护层时，保护层与防水层之间应设置隔离层，使刚性保护层与防水层的变形互不受约束。隔离层可采用干铺塑料膜、土工布、卷材或涂刷石灰水等薄质低黏结力涂料。采用刚性材料作保护层时，保护层与女儿墙之间应预留宽度为 30mm 的缝隙，并用密封材料嵌填严密。

7.1.2 涂膜防水屋面

涂膜防水屋面是指直接在屋面基层上通过涂布一定厚度的高分子防水材料，形成一层不透水的薄膜层，达到防水目的的一种屋面做法。其优点是：自重轻，温度适应性良好；操作简单，施工速度快；大多采用冷施工，改善了劳动条件；易于修补且价格低廉。但其缺点是涂膜的厚度在施工中较难保持均匀一致。

1. 涂膜防水屋面的构造

涂膜防水屋面一般由结构层、保温层、找平层、结合层、防水层和保护层等组成，其构造如图 7-2 所示。

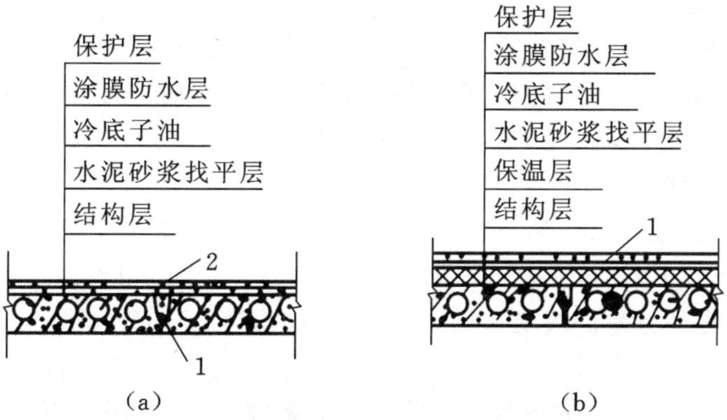

图 7-2 涂膜防水屋面构造图

(a)无保温涂膜屋面；(b)有保温涂膜屋面

1—细石混凝土；2—油膏嵌缝

2. 涂膜防水屋面的材料

防水涂料按其组成材料可分为沥青基防水涂料、高聚物改性沥青防水涂料、合成高分子防水涂料、水泥基防水涂料等。

高聚物改性沥青防水涂料是以沥青为基料，用合成高分子聚合物进行改性，配制而成的水乳型、溶剂型或热熔型防水涂料。高聚物改性沥青防水涂料在柔韧性、抗裂性、强度、耐高低温性能、使用寿命等方面均优于沥青基防水涂料。常用的品种有氯丁橡胶改性沥青涂料、SBS 改性沥青涂料等。

合成高分子防水涂料是以合成橡胶或合成树脂为主要成膜物质配制而成的水乳型或溶剂型防水涂料。高分子防水涂料有较高的强度和延伸率，优良的柔韧性、耐高低温性能、耐久性和防水性能。常用的品种有丙烯酸防水涂料、聚氨酯防水涂料等。

聚合物水泥基防水材料分为通用型 GS 防水材料和柔韧性 JS 防水材料两种。通用型 GS 防水材料是由丙烯酸乳液和助剂组成的液料与由特种水泥、级配砂及矿物质粉末组成的粉料按特定比例组合而成的双组分防水材料。产品突出黏结性能，适用于室内地面、墙面的防水。柔韧性 JS 防水材料是由丙烯酸乳液及助剂(液料)和水泥、级配砂及胶粉(粉料)按比例组成的双组分、强韧塑胶改性聚合物水泥基防水材料。产品突出柔韧性能，能够抵御轻微的震动及一定程度的位移，主要适应于土建施工环境。

反应型高分子类防水涂料、聚合物乳液类防水涂料和水性聚合物沥青类防水涂料等涂料防水层最小厚度不应小于 1.5mm，热熔施工橡胶沥青类防水涂料防水层最小厚度不应小于 2.0mm。当热熔施工橡胶沥青类防水涂料与防水卷材配套使用作为一道防水层时，其厚度不应小于 1.5mm。外涂型水泥基渗透结晶型防水材料的性能应符合现行国家标准《水泥基渗透结晶型防水材料》(GB 18445—2012)的规定，防水层的厚度不应小于 1.0mm，用量不应小于 1.5kg/m^2。

3. 涂膜防水屋面的施工要点

防水涂料涂布应均匀，厚度应符合设计要求，且不应起鼓；防水层接槎宽度不应小于 100mm；当遇有降雨时，未完全固化的涂膜应覆盖保护；当设置胎体时，胎体应铺贴平整，涂料应浸透胎体，且胎体不应外露。

涂膜防水层的施工应按“先高后低，先远后近”的原则进行。遇高低跨屋面时，一般先涂布高跨屋面，后涂布低跨屋面；对相同高度屋面，要合理安排施工段，先涂布距离上料点远的部位，后涂布近处；对同一屋面上，先涂布排水较集中的水落口、天沟、檐沟、檐口等节点部位，再进行大面积的涂布。

防水涂膜应分层分遍涂布，第一层一般不需要刷冷底子油。待先涂的涂层干燥成膜后，方可涂布后一遍涂料，干燥时间视当地温度和湿度而定，一般为 4～24h。

在板端、板缝、檐口与屋面板交接处，先干铺一层宽度为 150～300mm 塑料薄膜缓冲层。

铺贴玻璃丝布或毡片应采用搭接法，长边搭接宽度不小于 70mm，短边搭接宽度不小于 100mm，上下两层及相邻两幅的搭接缝应错开 1/3 幅宽，但上下两层不得互相垂直铺贴。

铺加衬布前，应先浇胶料并刮刷均匀，然后立即铺加衬布，再在上面浇胶料刮刷均匀，纤维不露白，用辊子滚压实，排尽布下空气。

涂膜防水屋面应设涂层保护层。涂膜防水层在未做保护层前，不得在其上进行其他施工作业或直接堆放物品。

7.1.3 刚性防水屋面

刚性防水屋面是用防水砂浆、细石混凝土、补偿收缩混凝土、纤维混凝土、预应力混凝土等材料作屋面防水层，依靠混凝土密实性并采取一定的构造措施，以达到防水的目的。这种刚性防水与卷材和涂膜防水相比具有材料易得，价格低廉，耐久性好，施工和维修方便等优点；但材料的表观密度大，抗拉强度低，易受混凝土的温度变形、干湿变形和结构变形的影响而产生裂缝。故其主要适用于Ⅲ级防水屋面，也可用作Ⅰ、Ⅱ级防水屋面多道防水设防中的一道防水层。本节重点介绍普通细石混凝土防水屋面的施工。

1. 刚性防水屋面的构造

刚性防水屋面一般包括结构层、隔离层、细石混凝土防水层，其屋面构造如图 7-3 所示。

2. 刚性防水屋面的材料

防水混凝土的施工配合比应通过试验确定，其强度等级不应低于 C25，试配混凝土的抗渗等级应比设计要求提高 0.2MPa。防水混凝土除应满足抗压、抗渗和抗裂要求外，尚应满

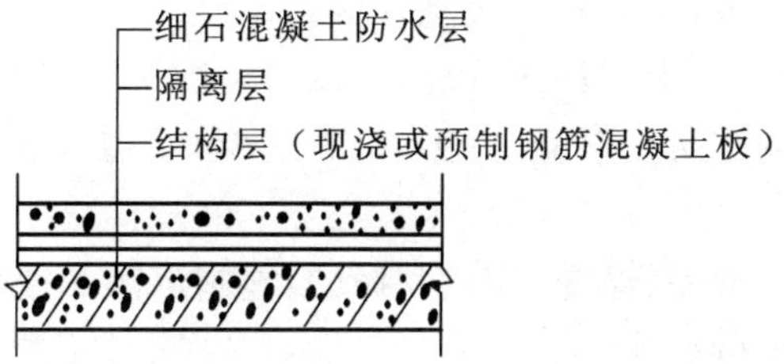

图 7-3 刚性防水屋面构造

足工程所处环境和工作条件的耐久性要求。

细石混凝土刚性防水屋面，一般是在屋面板上浇筑一层厚度不小于 40mm 的细石混凝土，作为屋面防水层。刚性防水屋面的坡度宜为 2%～3%，并应采用结构找坡，其混凝土强度等级不得低于 C25，水灰比不大于 0.55，每立方米水泥最小用量不应小于 330kg，灰砂比为 1∶2～1∶2.5。为使其受力均匀，有良好的抗裂和抗渗能力，在混凝土中应配置直径为 4～6mm，间距为 100～200mm 的双向钢筋网片，且钢筋网片在分格缝处应断开，其保护层厚度不小于 10mm。

细石混凝土防水层宜用普通硅酸盐水泥，当采用矿渣硅酸盐水泥时应采取减小泌水性措施；水泥强度等级不低于 42.5 级，防水层的细石混凝土和砂浆中，粗集料的最大粒径不宜大于 15mm，含泥量不应大于 1%；细集料应采用中砂或粗砂，含泥量不应大于 2%，拌合水应采用不含有害物质的洁净水。

3. 刚性防水屋面的施工要点

(1) 隔离层施工

为了减小结构变形对防水层的不利影响，可将防水层和结构层完全脱离，在结构层和防水层之间增加一层厚度为 10～20mm 的黏土砂浆或铺贴卷材的隔离层。黏土砂浆隔离层施工，按石灰膏∶砂∶黏土＝1∶2.4∶3.6 的比例均匀拌和，铺抹厚度为 10～20mm，压平抹光，待砂浆基本干燥后，进行防水层施工。卷材隔离层施工，用 1∶3 水泥砂浆找平结构层，在干燥的找平层上铺一层干细砂后，再在其上铺一层卷材隔离层，搭接缝用热沥青黏结。

(2) 分格缝留置

留置分格缝是为了减少温差、混凝土干缩、徐变、荷载、振动、地基沉陷等变形所造成的刚性防水层开裂。分格缝应按设计要求设置。如无明确规定时，可按下述原则设置：分格缝应设在屋面板的支承端、屋面转折处、防水层与突出层面结构的交接处，其纵横间距不宜大于 6m。一般为一间一分格，分格面积不超过 $20m^2$；分格缝上口宽为 30mm，下口宽为 20mm，应嵌填密封材料。砂浆防水层分格缝嵌填密封材料前应清理干净，密封材料应嵌填密实。

(3) 防水层细石混凝土浇捣

运输与浇筑过程中严禁加水；在混凝土浇捣前，应清除隔离层表面浮渣、杂物，先在隔离层上刷水泥浆一道，使防水层与隔离层紧密结合，随即浇筑细石混凝土。混凝土的浇捣按先远后近、先高后低的原则进行。施工时，一个分格缝范围内的混凝土必须一次浇完，不得留施工缝；分格缝做成直立反边，并与板一次浇筑成型。

防水混凝土在浇筑和养护中应加强管理，应及时进行保湿养护，养护期不应少于14d；采取加强振捣、二次抹面等措施防止混凝土的开裂。减少开裂能有效地保证防水的效果。

(4) 分格缝的做法

为了减少温差、混凝土干缩、徐变、荷载和振动、地基沉陷等变形所造成的刚性防水层的开裂，应按设计要求设置分格缝。

如设计无要求时应按下述原则留置：分格缝应设在屋面板的支撑端、屋面转折处、防水层与突出屋面结构的交接处，并应与板缝对齐；分格缝的纵横间距不宜大于6m，或"一间一分格"，其面积不超过36m^2，分隔缝的宽度宜为5～30mm。可采用木板在浇筑混凝土之前支设，混凝土初凝后取出，起条时不得损坏分隔缝处的混凝土；当采用切割法施工时，其切割深度宜为防水层厚度的3/4。分隔缝内应嵌填密封材料，上部应设置保护层。分格缝构造做法见图7-4。

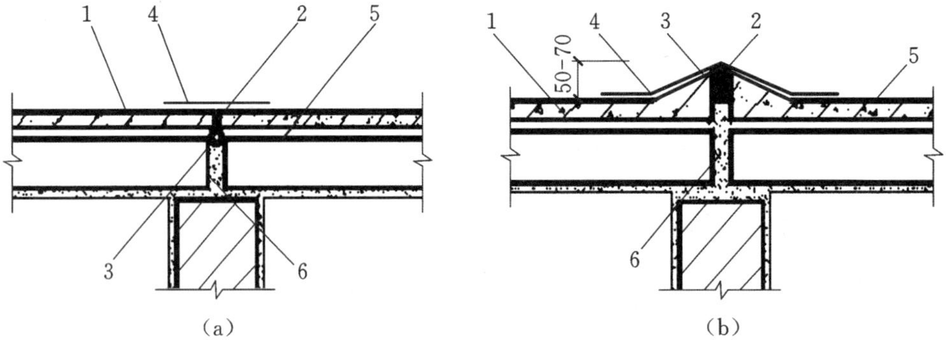

图7-4　分格缝构造

1—刚性防水层；2—密封材料；3—背衬材料；4—防水卷材；5—隔离层；6—细石混凝土

7.2　地下防水工程

地下防水工程是指对工业与民用建筑地下工程、防护工程、隧道及地下铁道等建(构)筑物，进行防水设计、防水施工和维护管理等各项技术工件的工程实体。由于地下工程常年受到潮湿和地下水的有害影响，所以，对地下工程防水的处理比屋面的要求更高更严，防水技术难度更大，设计、施工必须认真对待，确保良好的防水效果，以满足使用方面的要求。

地下工程的防水方案，大致可分为以下三类：

(1) 采用防水混凝土结构

防水混凝土结构是利用提高混凝土结构本身的密实度和抗渗性来进行防水。它既是防水层，又是承重、围护结构，具有施工简便、成本较低、工期较短、防水可靠等优点。防水混凝土结构是解决地下工程防水的有效途径，因而应用广泛。

(2) 设置附加防水层

附加防水层是在地下结构物的表面另加防水层,使地下水与结构隔离,以达到防水的目的。常用的附加防水层有水泥砂浆、卷材、沥青胶结材料和金属防水层等。可根据不同的工程对象、防水要求及施工条件选用。

(3) 采取渗排水层排水措施,即"以防为主,防排结合"

利用盲沟、渗排水层等措施,把地下水排走,以达到防水要求。此法多用于重要的、面积较大的地下防水工程。

根据《地下工程防水技术规范》(GB 50108—2008)的规定,地下工程防水等级分为四级,各级标准应符合表 7-7 的规定。地下工程不同防水等级的适用范围见表 7-8。

表 7-7 地下工程防水等级标准

防水等级	防水标准
一级	不允许渗水,结构表面无湿渍
二级	不允许漏水,结构表面可有少量湿渍。 工业与民用建筑:湿渍总面积不大于总防水面积的 0.1%,单个湿渍面积不大于 $0.1m^2$,任意 $100m^2$ 防水面积不超过 2 处。 其他地下工程:湿渍总面积不大于防水面积的 0.2%,单个湿渍面积不大于 $0.2m^2$,任意 $100m^2$ 防水面积不超过 3 处,其中隧道工程还要求平均渗水量不大于 $0.05L/(m^2 \cdot d)$,任意 $100m^2$ 防水面积上的渗水量不大于 $0.15L/(m^2 \cdot d)$
三级	有少量漏水点,不得有线流和漏泥砂。 单个湿渍面积不大于 $0.3m^2$,单个漏水点的漏水量不大于 2.5L/d,任意 $100m^2$ 防水面积不超过 7 处
四级	有漏水点,不得有线流和漏泥砂。 整个工程平均漏水量不大于 $2L/(m^2 \cdot d)$,任意 $100m^2$ 防水面积的平均漏水量不大于 $4L/(m^2 \cdot d)$

表 7-8 地下工程不同防水等级的适用范围

防水等级	适用范围
一级	人员长期停留的场所;因有少量、偶见湿渍会使物品变质、失效的贮物场所及严重影响设备正常运转和危及工程安全的部位;极重要的战备工程、地铁车站
二级	人员经常活动的场所;在有少量湿渍的情况下不会使物品变质、失效的贮物场所及基本不影响设备正常运转和工程安全运营的部位;重要的战备工程
三级	人员临时活动的场所;一般战备工程
四级	对渗漏水无严格要求的工程

7.2.1 防水混凝土

根据《地下工程防水技术规范》(GB 50108—2008)的规定，混凝土的抗渗等级划分为P4、P6、P8、P10、P12等五个等级，相应表示混凝土抗渗试验时一组6个试件中4个试件未出现渗水时的最大水压力。防水混凝土是指抗渗等级大于或等于P6级别的混凝土。防水混凝土是以调整结构混凝土的配合比或掺外加剂的方法来提高混凝土的密实度、抗渗性、抗蚀性，满足设计对地下建筑的抗渗要求，达到防水的目的。防水混凝土具有施工简便、工期短、造价低、耐久性好、工程造价低等优点，在地下工程中得到了广泛的应用。目前常用的防水混凝土主要有普通防水混凝土、外加剂防水混凝土等。

普通防水混凝土是在普通混凝土集料级配的基础上，调整配合比，控制水灰比、水泥用量、灰砂比和坍落度来提高混凝土的密实性，从而抑制混凝土中的孔隙，达到防水的目的。

外加剂防水混凝土是在普通混凝土中加入适量外加剂，如加气剂、减水剂、防水剂等，改善混凝土内部组织结构，增加混凝土的密实性，提高混凝土的抗渗能力。

1. 防水混凝土的材料要求

防水混凝土水泥强度等级不应低于42.5MPa；砂宜用中砂，含泥量不得大于3%，泥块含量不得大于1.0%；石子的粒径宜为5～40mm，含泥量不得大于1.0%，泥块含量不得大于0.5%；用水采用一般饮用水或天然洁净水；外加剂的技术性能，应符合国家或行业标准一等品及以上的质量要求。

2. 防水混凝土的配合比

防水混凝土的配合比应根据设计要求确定。水泥用量不少于300kg/m^3，水灰比不宜大于0.55，砂率宜为35%～40%，灰砂比宜为1∶2～1∶2.5，混凝土的坍落度不宜大于50mm。防水混凝土的配合比不仅要满足结构的强度要求，还要满足结构的抗渗要求，需通过试验确定，而且一般按设计抗渗等级提高0.2MPa来选定施工配合比。

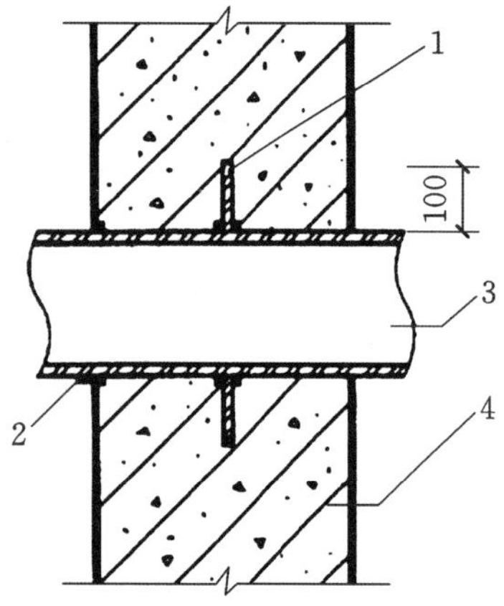

图7-5 固定式穿墙管防水构造

1—止水环；2—密封材料；3—主管；4—混凝土结构

3. 防水混凝土的施工要点

防水混凝土的施工要点如下：

① 模板应平整且拼缝严密不漏浆，模板构造应牢固稳定，通常固定模板的螺栓或铁丝不宜穿过防水混凝土结构，以免水沿缝隙渗入。当墙较高需要对拉螺栓固定模板时，或当管件穿越有防水要求的结构时，应在预埋套管或螺栓上加焊止水环，阻塞渗水通路。套管止水环与套管应满焊。穿管后应将套管与管道之间的缝隙填塞密实，端口周边应填塞密封胶。穿结构管道、埋设件等应在防水层施工前埋设完成。固定式穿墙管防水构造做法见图7-5。

② 防水混凝土的搅拌符合一般普通混凝土搅拌原则。防水混凝土应采用机械搅拌，不得用人工搅拌，搅拌时间不应少于2min。对掺外加剂混凝土，应根据外加剂的技术要

求确定搅拌时间。运输运输中防止出现漏浆和离析泌水现象，如果发生泌水离析，应在浇筑前进行二次搅拌。

③ 浇筑前应清理模板内的杂质、积水，模板应浇水润湿。防水混凝土应分层浇筑，每层厚度不宜超过 30cm，相邻两层浇筑时间间隔不超过 2h，夏季可适当缩短。浇筑混凝土的自由下落高度不得超过 1.5m，否则应使用串筒、溜槽等工具进行浇筑。防水混凝土应采用机械振捣，严格控制振捣时间（以 10～30s 为宜），并不得漏振、欠振和超振。当掺有加气剂或减水剂时，应采用高频插入振捣器振捣，以保证防水混凝土的抗渗性。

④ 防水混凝土的养护对其抗渗性能影响很大，必须加强养护，特别是早期湿润养护更为重要，如果早期失水，将导致防水混凝土的抗渗性大幅度降低。一般混凝土进入终凝即应进行覆盖，浇水湿润养护不少于 14d。防水混凝土不宜采用电热养护和蒸气养护。

⑤ 施工缝是防水较薄弱的部位，应不留或少留施工缝。施工缝的防水做法如图 7-6 所示。混凝土构件内置止水板或遇水膨胀止水条，迎水面外贴防水材料。为使接缝严密结实，新混凝土浇筑前，应将施工缝处原有混凝土表面凿毛，清除浮粒和杂物，用水清洗干净并保持湿润，再铺上一层厚 20～50mm、与混凝土成分相同的水泥砂浆，然后再浇筑混凝土。

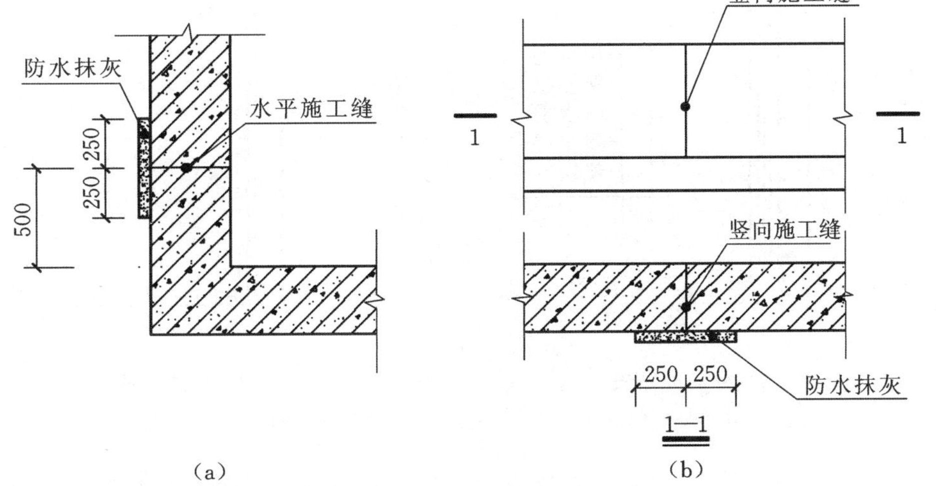

图 7-6 施工缝防水做法

(a)水平施工缝止水做法；(b)竖向施工缝止水做法

7.2.2 卷材防水层

1. 卷材防水层材料

地下工程卷材防水选用高聚物改性沥青类或合成高分子类卷材，这种防水层具有良好的韧性和延伸性，可以适应一定的结构振动和微小变形，防水效果较好，目前仍作为地下工程的一种防水方案而被广泛采用。施工中所用的基层处理剂、胶粘剂、密封材料等配套材料，均应与铺贴卷材材性相适。

由于卷材吸水率大、耐久性差、机械强度低，直接影响防水层质量，而且材料成本高、施工工序多、操作条件差、工期较长，发生渗漏后修补困难。因此，卷材防水层只适用于形式简单的整体钢筋混凝土结构基层和以水泥砂浆、沥青砂浆或沥青混凝土为找平层的基层。

2. 卷材防水层的铺贴方式

地下防水工程一般把卷材防水层设在建筑结构的外侧，称为外防水；卷材受压力水的作用紧压在结构上，防水效果好。外防水的卷材防水层铺贴方式，按卷材与防水结构施工的先后顺序，分为外防外贴法和外防内贴法两种。

外防外贴法如图 7-7 所示，是在底板垫层上先铺贴好底板卷材防水层，并应在底板四周留出接头与后期铺贴的墙体卷材搭接，然后进行混凝土底板与墙体施工，待墙体侧模拆除后，再铺贴墙面卷材防水层，最后砌保护墙。

外防内贴法是浇筑混凝土垫层后，在垫层四周先砌筑永久保护墙，将卷材防水层铺贴在垫层与永久保护墙上，然后进行混凝土底板与墙体施工，如图 7-8 所示。这种方法适用于防水结构层高小于 3m 的地下结构防水工程。

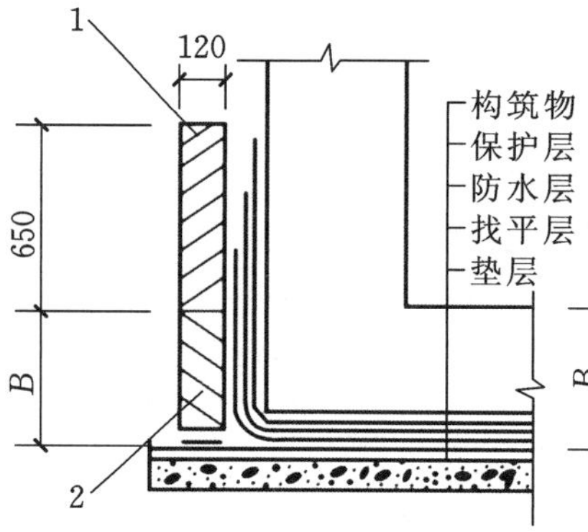

图 7-7　外防外贴法

1—临时保护墙；2—永久保护墙

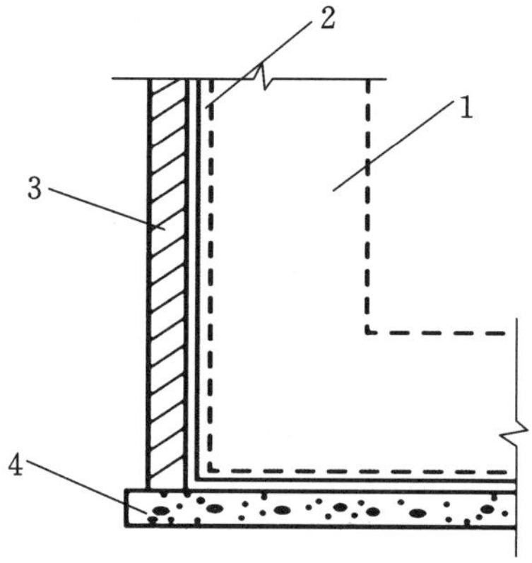

图 7-8　外防内贴法

1—地下室外墙；2—防水层；3—保护墙；4—垫层

外防内贴法与外防外贴法相比，其优点是：卷材防水层施工较简便，底板与墙体防水层可一次贴完，不必留接槎，施工占地面积较小，但也存在着结构不均匀沉降对防水层影响大、易出现渗漏水现象、修补较难等缺点。工程上只有当施工条件受限时，才采用外防内贴法施工。

3. 卷材防水层的铺设要求

卷材防水层是依靠结构的刚度由多层卷材铺贴而成的，要求结构层坚固、形式简单，粘贴卷材的基层面要平整干燥。

主体结构侧墙和顶板上的防水卷材应满贴，侧墙防水卷材不应竖向倒槎搭接。

支护结构铺贴防水卷材施工，应采取防止卷材下滑、脱落的措施；防水卷材大面不应采用钉子固定；卷材搭接应密实。

当铺贴预铺反粘类防水卷材时，自粘胶层应朝向待浇筑混凝土；防粘隔离膜应在混凝土浇筑前撕除。外贴法铺贴卷材应先铺平面，后铺立面，平立面交接处应交叉搭接；内贴法先铺立面，后铺平面；铺贴立面卷材时，应先铺转角后铺大面；所有转角处均应铺贴附加层。附加层可用两层同样的卷材或一层抗拉强度较高的卷材。卷材的搭接长度，长边不应小于100mm，短边不应小于150mm。上下两层和相邻两幅卷材的接缝应相互错开1/3幅宽，并不得相互垂直铺贴。墙面上铺贴的卷材接长时应用阶梯形接缝相连接，上层卷材盖过下层卷材不应少于150mm，见图7-9所示。

基坑回填时应采取防水层保护措施。

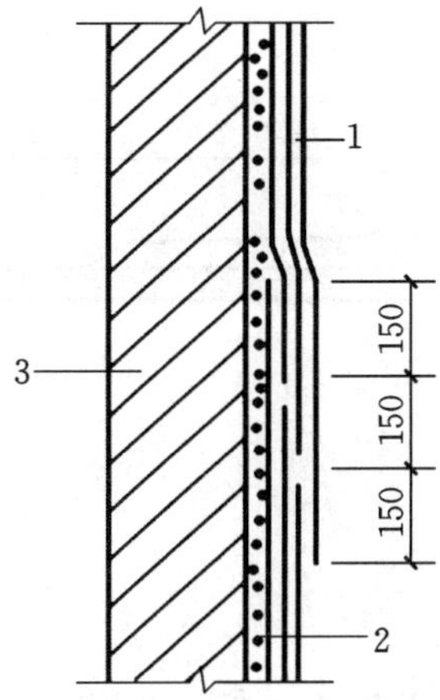

图7-9 阶梯形接缝

1—卷材防水层；2—找平层；3—墙体

7.2.3 水泥砂浆防水层

水泥砂浆防水层是一种刚性防水层，即在构筑物的底面和两侧分层涂抹一定厚度的水泥砂浆，利用砂浆本身的憎水性和密实性来达到抗渗防水的效果。这种防水层抵抗变形能力差，故不适用于受振动荷载影响的工程或结构上易产生不均匀沉陷的工程，亦不适用于受腐蚀、高温及反复冻融的砖砌体工程。

常用的水泥砂浆防水层主要有普通水泥砂浆防水层、掺外加剂的防水砂浆防水层、膨胀水泥或无收缩性水泥砂浆防水层等。

1. 水泥砂浆防水层的材料要求

水泥宜用强度等级为32.5以上的普通硅酸盐水泥、膨胀水泥或矿渣硅酸盐水泥，如有侵蚀介质作用时，应按设计要求选用。砂宜用中砂，不含杂质，含泥量应小于3%，配合比按工程需要确定。水泥净浆的水灰比宜控制在0.37～0.40或0.55～0.60范围内。水泥砂浆灰砂比宜为1∶2.5，其水灰比为0.60～0.65，稠度宜控制在7～8cm，如掺外加剂或采用膨胀水泥时，其配合比应执行专门的技术规定。

地下工程使用时，聚合物水泥防水砂浆防水层的厚度不应小于6.0mm，掺外加剂、防水剂的砂浆防水层的厚度不应小于18.0mm。

2. 水泥砂浆防水层基层要求

水泥砂浆铺抹前，基层的混凝土和砌筑砂浆强度不低于设计值的80%；基层表面应坚实、平整、粗糙、洁净，并充分湿润，无积水；基层表面的孔洞、缝隙应用与防水层相同的砂浆填塞抹平。

3. 水泥砂浆防水层施工要点

水泥砂浆防水层，在迎水面基层的防水层一般采用“五层抹面法”；背水面基层的防水层一般采用“四层抹面法”。防水层的施工缝需留斜坡阶梯形槎；一般留在地面上，具体要求如图7-10所示。阴阳角应做成圆弧或钝角。水泥砂浆防水层施工完毕后应立即进行养护，对于地上防水部分应浇水养护，地下潮湿部位不必浇水养护。

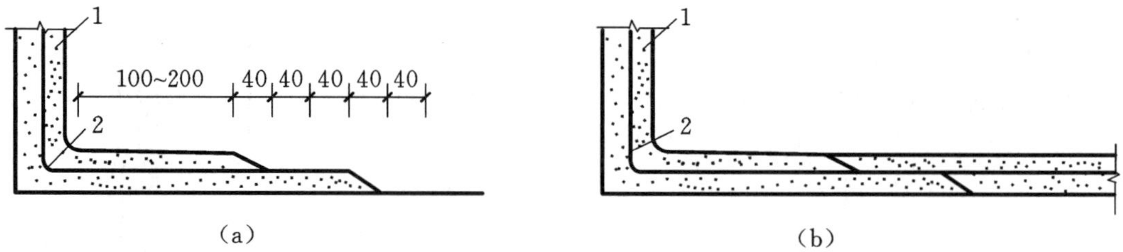

图 7-10　刚性防水层施工缝的处理

(a)留头方法;(b)接头方法

1—砂浆层;2—素灰层

7.2.4　防、排结合法施工

防、排结合法是在防水的同时,利用疏导的方法将地下水有组织地经过排水系统排走,以削弱地下水对结构的压力,减小水的渗透作用,从而辅助地下防水工程达到防水目的。

1. 渗排水

渗排水层设置在工程结构底板下面,由粗砂过滤层与集水管等组成,如图 7-11 所示。渗排水层总厚度一般不小于 300mm,如较厚时应分层铺填,每层厚度不得超过 300mm,并拍实铺平。在粗砂过滤层与混凝土垫层之间应设隔浆层,可采用 30～50mm 的水泥砂浆或干铺一层卷材。集水管可采用无砂混凝土管,或选用壁厚为 6mm、内径为 100mm 的硬质塑料管,沿管周按六等分、间隔 150mm、隔行交错钻 12mm 直径的孔眼制成透水管,集水管的坡度不宜小于 1%,其间距宜为 5～10m。

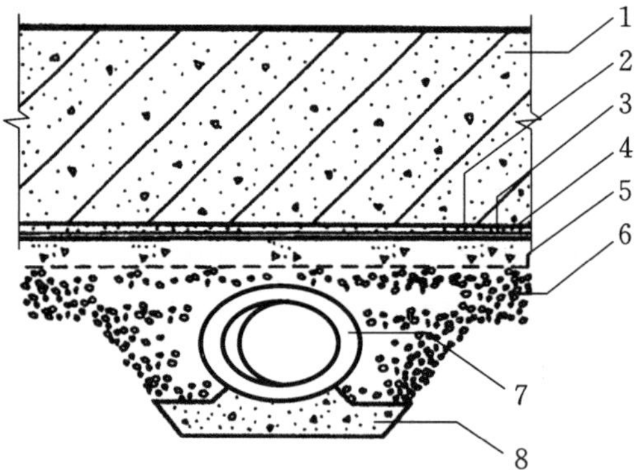

图 7-11　渗排水层构造

1—结构底板;2—细石混凝土;3—底板防水层;4—混凝土垫层;

5—隔浆层;6—粗砂过滤层;7—集水管;8—集水管座

2. 盲沟排水

盲沟排水是尽可能利用自流排水条件,使水排走;当不具备自流排水条件时,水可经过集水管流至集水井,用水泵抽走。盲沟排水构造如图 7-12 所示,其集水管采用硬质塑料管,做法与渗排水相同。

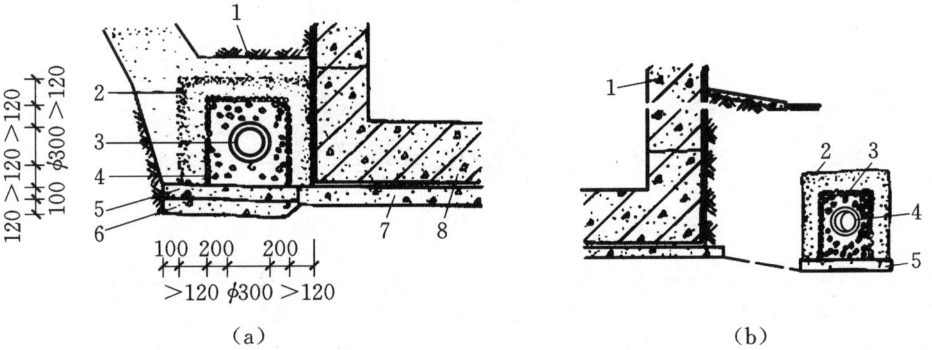

图 7-12 盲沟排水构造

(a)贴墙盲沟;(b)离墙盲沟

(a)1—素土夯实;2—中砂反滤层;3—集水管;4—卵石反滤层;5—水泥、砂、碎砖层;6—碎砖夯实层;7—混凝土垫层;8—主体结构;(b)1—主体结构;2—中砂反滤层;3—卵石反滤层;4—集水管;5—水泥、砂、碎砖层

8 装饰装修工程

【本章主要内容】

本章主要内容：一般抹灰的分类、组成和施工工艺；装饰抹灰的施工要求；饰面板（砖）的主要镶贴方法；涂饰工程分类及施工顺序；幕墙分类及施工工艺；裱糊工程施工工序。

【学习目标】

通过本章学习，掌握一般抹灰的施工工艺；了解一般抹灰的组成、作用和做法；了解装饰抹灰的施工要求；掌握抹灰工程的质量标准及检验方法；了解饰面板（砖）的种类；掌握饰面板（砖）的主要镶贴方法；熟悉玻璃幕墙；了解金属幕墙和石材幕墙施工；熟悉涂料涂饰施工；了解裱糊施工。

建筑装饰装修工程是指为保护建筑物的主体结构、完善建筑物的使用功能和美化建筑物，采用装饰装修材料或饰物，对建筑物的内外表面及空间进行的各种处理过程。装饰装修工程包括抹灰、门窗、玻璃、吊顶、隔断、饰面、涂饰、裱糊、刷浆和花饰等内容。

装饰装修工程的特点是：项目繁多，涉及面广，工程量大，工序复杂，工期长（一般占项目总工期的30%～50%），质量要求高。因此，为了加快施工进度、降低工程成本、满足装饰功能、增强装饰效果，应该进一步提高装饰装修工程工业化施工水平，实现结构与装饰合一，大力发展新型装饰材料，优化施工工艺。

8.1 抹灰工程

将水泥、砂、石灰膏、水等一系列材料拌和起来，直接涂抹在建筑物的表面，形成连续均匀抹灰的做法称为抹灰工程。

抹灰工程包括室内抹灰和室外抹灰。按使用材料和装饰效果不同，可分为一般抹灰和装饰抹灰两大类；按工程部位可分为墙面抹灰（内墙、外墙）、顶棚抹灰和地面抹灰。

8.1.1 抹灰工程材料要求

抹灰工程常用材料有水泥、石灰膏或石灰、石膏等胶结材料，砂、石粒等集料，麻刀、纸筋、稻草等纤维材料。

抹灰用的水泥应采用不小于32.5级的普通硅酸盐水泥、矿渣硅酸盐水泥以及白水泥。不同品种水泥不得混用，出厂超过3个月的水泥应经试验合格后方可使用。抹灰用的石灰膏可用块状生石灰熟化，熟化时须用孔径不大于3mm的筛子过滤，并储存在沉淀池中，常温下熟化时间不应少于15d；罩面用的磨细生石灰粉的熟化期不应少于3d。石膏宜采用乙级建筑石膏，并应磨成细粉无杂质。

抹灰用砂最好是中砂，或者粗砂与中砂混合掺用。砂子使用前应过筛，不能含有泥土及杂质。装饰抹灰用的集料，如彩色石粒、彩色瓷粒等，应耐光坚硬，使用前须冲洗干净。

纤维材料在抹灰中起拉结和骨架作用。麻刀应均匀、坚韧、干燥、不含杂质，其长度以20～30mm为宜。纸筋应洁净、捣烂，并用清水浸透，罩面用纸筋宜用机碾磨细。稻草、麦秸切成长度不大于30mm的段，并经石灰水浸泡15d后使用较好。

8.1.2 一般抹灰

一般抹灰是指使用有石灰砂浆、水泥砂浆、水泥混合砂浆、聚合物水泥砂浆、麻刀灰、纸筋灰和石膏灰等材料的抹灰工程。

1. 一般抹灰的分类及组成

一般抹灰工程根据主要工序和表面质量的不同，又可分为普通抹灰和高级抹灰。

普通抹灰：由一遍底层、一遍中层、一遍面层组成。其质量要求为表面应光滑、洁净、接槎平整，分格缝应清晰，阳角方正。普通抹灰适用于一般居住、公用和工业建筑（住宅、宿舍、教学楼等）以及建筑物中的附属用房（车库、仓库等）。

高级抹灰：由一遍底层、数遍中层、一遍面层组成。其质量要求为表面应光滑、洁净、颜色均匀、无抹纹，分格缝和灰线应清晰美观，阴阳角方正。高级抹灰适用于大型公共建筑物、纪念性建筑物（剧院、礼堂、展览馆等）以及有特殊要求的高级建筑等。

抹灰层一般分为底层、中层（或几遍中层）和面层。为了保证抹灰质量，做到表面平整、避免裂缝，一般抹灰工程施工是分层进行的。分层抹灰是为了黏结牢固、控制平整度和保证质量。如果一次涂抹太厚，会由于内外收水快慢不同而产生裂缝、起鼓或脱落，造成材料浪费。抹灰层的组成如图8-1所示。

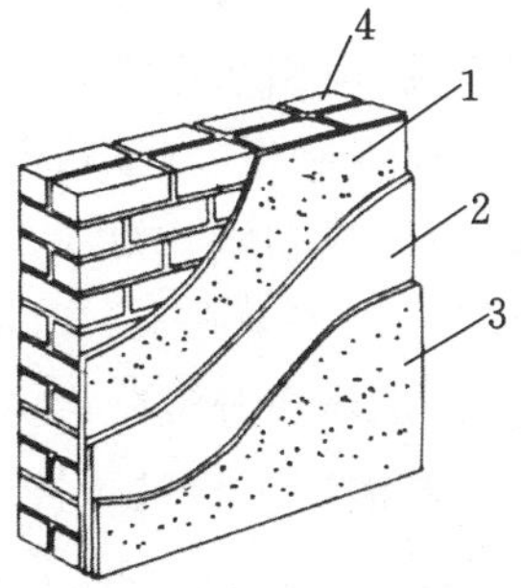

图8-1 抹灰层的组成

1—底层；2—中层；3—面层；4—基层

底层主要起与基层黏结的作用，所用材料应根据基层的不同而不同。基层为砌体时，由于黏土砖、砌块与砂浆的黏结力较好，又有灰缝存在，一般采用水泥砂浆打底；基层为混凝土时，为了保证黏结牢固，一般应采用混合砂浆或水泥砂浆打底；基层为木板条、苇箔、钢丝网时，由于这些材料与砂浆的黏结力较低，特别是木板条容易吸水膨胀、干燥收缩，底层砂浆中应掺入适量的麻刀等材料，并在操作时将砂浆挤入基层缝隙内，使之拉结牢固。

中层主要起找平作用，根据质量要求不同，可一次或几次涂抹。所用材料与底层基本相同，砖墙则采用麻刀灰，厚度为 5～9mm。

面层亦称罩面，主要起装饰作用，必须仔细操作，确保表面平整光滑、无裂痕。室内墙面及顶棚抹灰常采用麻刀(玻璃纤维)灰、纸筋灰或石膏灰，也可采用大白腻子。室外抹灰可采用水泥砂浆、聚合物水泥砂浆或各种装饰砂浆，厚度为 2～5mm。

各抹灰层厚度根据基层材料、砂浆种类墙面平整度、抹灰质量以及气候、温度条件而定。抹灰层平均总厚度应根据基层材料和抹灰部位而定，均应符合表 8-1 的要求。

表 8-1　不同部位抹灰层平均总厚度

部位	平均总厚度(不大于)
顶棚	板条、空心砖、现浇混凝土为 15mm，预制混凝土板为 18mm，金属网为 20mm
内墙	普通抹灰为 18～20mm，高级抹灰为 25mm
外墙	砖墙面为 20mm，勒脚及突出墙面部分为 25mm，石材墙面为 35mm

装配式混凝土大板和大模板建筑的内墙面和大楼板底面，如果平整度较好，垂直偏差小，其表面可以不抹灰，用腻子分遍刮平，待各遍腻子黏结牢固后，进行表面刮浆即可，总厚度为 2～3mm。

2. 一般抹灰施工工艺

一般抹灰的施工程序为：基层处理→润湿基层→阴阳角找方→设置标筋→抹护角→抹底层灰→抹中层灰→检查修整→抹面层灰并修整→表面压光。其施工要点如下：

(1) 基层处理

为使抹灰砂浆与基层表面黏结牢固，防止抹灰层产生空鼓现象，抹灰前应对基层进行必要的处理。对基层表面的凸凹不平处，要先剔平或用 1∶3 水泥砂浆补齐，表面太光滑时要凿毛，或用掺 108 胶的水泥浆薄抹一层。

墙面脚手眼孔洞应堵塞严密，门窗口与墙体交接的缝隙处、水暖或通风管道通过的墙洞和楼板洞，应用水泥砂浆或水泥混合砂浆(加少量麻刀)嵌填密实。基层表面的尘土、污垢、油渍等应清除干净(油污严重的应用 10%浓度的碱水洗刷)，并应洒水湿润。两种不同基层材料(如砖或砌块与混凝土结构)交接处应先铺钉一层金属网或纤维布，搭接宽度从交接处起每侧不小于 100mm，以免抹灰层因基层温度变化而胀缩不一时产生裂缝。对砖砌体的基层，应待砌体充分沉降后方可抹底层灰，以防砌体沉降而拉裂抹灰层。

钢筋混凝土板的顶棚抹灰前，应用清水湿润并刷水泥浆一道，必要时水泥浆中可掺入 108 胶，以使抹灰层与基层黏结牢固。

(2) 弹线、设置标筋和抹护角

为了控制抹灰层的厚度和平整度，在抹灰前还须先找好规矩，即四角规方、横线找平、竖线吊直。墙面上应弹出各准线，并做出标志(灰饼)和标筋(冲筋)，以便找平，如图 8-2 所示。顶棚抹灰前应在四周墙顶弹出水平线，以此线作为抹顶棚的依据，易受碰撞的室内墙面柱面和门洞口的阳角做法应符合设计要求，设计无要求时，应采用 1∶2 水泥砂浆做暗护角，其高度不应低于 2m，每侧宽度不应小于 50mm。

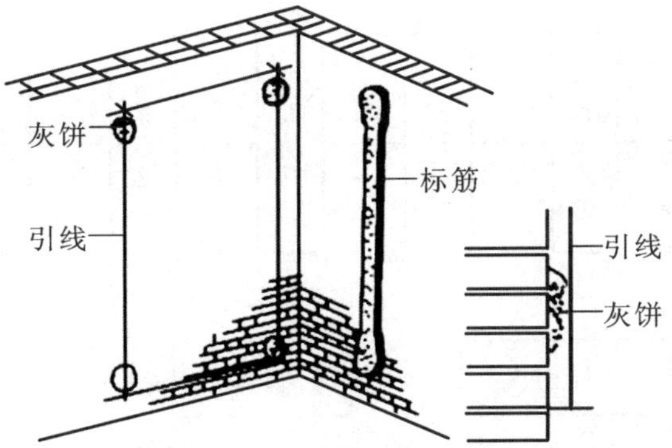

图 8-2 灰饼、冲筋做法示意图

(3) 抹灰施工

抹灰层施工采用分层涂抹，多遍成活，抹灰层与基层之间及各抹灰层之间必须黏结牢固。如采用水泥砂浆或混合砂浆时，应待前一抹灰层凝结后再涂抹后一层；如采用石灰砂浆，则应待前一层达到七八成干后再抹后一层。中层砂浆凝固前，可在层面上每隔一定距离交叉画出斜痕，以增强与面层的黏结。采用水泥砂浆面层时，应注意接槎，表面压光不得少于两遍，罩面后次日进行洒水养护；采用纸筋灰或麻刀灰罩面时，宜在石灰砂浆或混合砂浆底灰达五六成干时进行，若底灰过干应浇水湿润，罩面灰一般分两遍抹平压光；采用石灰膏罩面时宜在石灰砂浆或混合砂浆底灰尚潮湿的情况下刮抹石灰膏，刮抹后约 2h，待石灰膏尚未干时压实赶光，使表面光滑不裂。各种砂浆抹灰层，在凝结前应防止快干、水冲、撞击和振动，在凝结后应采取措施防止玷污和损坏。

顶棚抹灰时应先抹顶棚四周，依水平线圈边找平，再抹顶棚中部。顶棚表面应平顺，并压实压光，不应有抹纹、气泡和接槎不平现象，顶棚与墙面相交的阴角线应顺直。

冬期抹灰时，应采取保温防冻措施。抹灰时砂浆的温度不宜低于 5℃。气温低于 5℃时，室外不宜抹灰。做涂料墙面的抹灰砂浆内，不得掺入食盐和氯化钙来降低冰点。室内抹灰的环境温度也不应低于 5℃，抹灰时可采取加温措施以加速干燥，若采用热空气加温时，应注意通风，排除湿气。

(4) 机械喷涂抹灰

机械喷涂抹灰能提高功效、减轻劳动强度和保证工程质量。施工时，应根据所喷涂的部位、材料确定喷涂顺序和路线，一般可按先顶棚后墙面，先室内后过道、楼梯间的顺序进行喷涂。机械喷涂前墙面亦需设置灰饼和标筋。喷涂厚度一次不超过 8mm，当超过时应分遍进行。

机械喷涂抹灰目前只用于底层和中层，而喷涂后的找平、修补、罩面和压光等工艺性较强的工序仍需手工操作。机械喷涂抹灰工艺流程如图 8-3 所示。其工作原理是利用灰浆泵和空气压缩机把灰浆和压缩空气送入喷枪，在喷嘴前形成灰浆射流，将灰浆喷涂在基层上。

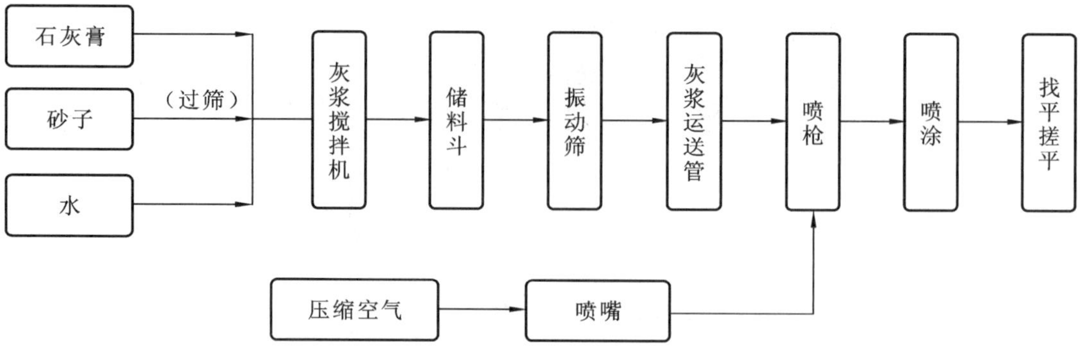

图 8-3　机械喷涂抹灰工艺流程图

8.1.3　装饰抹灰

装饰抹灰的种类很多，有水刷石、水磨石、干黏石、假面砖、喷涂饰面、弹涂饰面、滚涂饰面等。装饰抹灰除具有与一般抹灰相同的功能外，主要是装饰艺术效果更加鲜明。装饰抹灰的底层和中层的做法与一般抹灰基本相同，均为 1∶3 水泥砂浆打底，仅面层的材料和做法不同。

1. 水刷石

水刷石是一种饰面人造石材，美观、效果好、施工方便。其做法为：先将 1∶3 水泥砂浆底层湿润，再薄刮厚为 1mm 的水泥浆一层，随即抹厚为 8～12mm，稠度为 50～70mm，配合比为 1∶1.25 的水泥石渣，并注意抹平压实，待其达到一定强度（用手指按无指痕）时，用刷子刷掉面层水泥浆，使石子表面全部外露，然后用水冲洗干净。水刷石可以现场制作，也可以工厂预制。

2. 水磨石

水磨石花纹美观、润滑细腻。其做法为：在 1∶3 水泥砂浆底层上洒水湿润，刮水泥浆一层（厚 1～1.5mm）作为黏结层，找平后按设计要求布置并固定分格嵌条（铜条、铝条、玻璃条），随后将不同色彩的水泥石子浆（水泥∶石子＝1∶1～1∶1.25）填入分格中，厚为 8mm（比嵌条高出 1～2mm），并抹平压实。待罩面灰半凝固（1～2d）后，用磨石机浇水开磨，磨至光滑发亮为止。每次磨光后，用同色水泥浆填补砂眼，每隔 3～5d 再按同法磨第二遍或第三遍。最后，有的工程还要求用草酸擦洗和进行打蜡。水磨石可以现场制作，也可以工厂预制。二者工序基本相同，只是在预制时要按尺寸、形状制成模框，并在底层中加入钢筋。

3. 干黏石

干黏石施工方便、造价较低，且美观、效果好。其做法为：先在已经硬化的厚为 12mm 的 1∶3 水泥砂浆底层上浇水湿润，再抹上一层厚为 6mm 的 1∶（2～2.5）的水泥砂浆中层，随即抹厚为 2mm 的 1∶0.5 水泥石灰膏浆黏结层，同时将配有不同颜色的（或同色的）石渣略掺石屑后拍平压实在黏结层上。拍平压实石子时，不得把灰浆拍出，以免影响美观，待有一定强度后洒水养护。

有时可用喷枪将石子均匀有力地喷射于黏结层上，用铁抹子轻轻压一遍，使表面搓平。如在黏结砂浆中掺入108胶，可使黏结层砂浆抹得更薄，石子粘得更牢。

4. 假面砖

假面砖抹灰是用水泥、石灰膏配合一定量的矿物颜料制成彩色砂浆涂抹面层而成。

假面砖的施工过程是：面层砂浆涂抹前，要浇水湿润中层，并弹出水平线；然后在中层上抹厚度为3mm的1：1水泥砂浆垫层，随即抹3～4mm厚的砂浆面层；面层稍收水后，用铁梳子沿靠尺板由上向下竖向画纹，深度不超过1mm；再根据设计假面砖的宽度，用铁钩子沿靠尺板横向画沟，深度以露出垫层砂浆为准；最后清扫墙面。

假面砖的质量要求是：表面应平整、沟纹清晰、留缝整齐、色泽一致，应无掉角、脱皮、起砂等缺陷。

5. 喷涂饰面

喷涂饰面是用喷枪将聚合物水泥砂浆均匀喷涂在底层上形成面层装饰效果。施工时通过调整砂浆的稠度和喷射压力的大小，可喷成砂浆饱满、波纹起伏的“波面”，或表面不出浆而布满细碎颗粒的“粒状”，也可在表面涂层上再喷以不同色调的砂浆点，形成“花点套色”。

喷涂饰面的施工过程是：首先用1：3水泥砂浆打底10～13mm厚；在喷涂前，先喷或刷一道胶水溶液（108胶：水＝1：3），以保证喷涂层黏结牢固；然后喷涂3～4mm厚饰面层，饰面喷涂必须连续操作，粒状喷涂应连续三遍成活；待饰面层收水后，按分格位置用铁皮刮子沿靠尺板刮出分格缝，缝内可涂刷聚合物水泥浆；面层干燥后，再喷罩一层有机硅憎水剂，以提高涂层的耐久性，减少对饰面的污染。

喷涂饰面的质量要求是：表面应平整，颜色一致，花纹均匀，无接槎痕迹。

6. 弹涂饰面

弹涂饰面是用电动弹涂机分几遍将聚合物水泥色浆弹到墙面上，形成1～3mm大小的扁圆状色点。由于色浆一般由2～3种颜色组成，不同色点在墙面上相互交错、相互衬托，犹如水刷石、干黏石的效果；也可做成单色光面、细麻面、小拉毛拍平等多种形式。

弹涂饰面施工可在墙面上抹底灰，再做弹涂饰面；也可直接弹涂在基层较平整的混凝土板、加气混凝土板、石膏板、水泥石棉板等板材上。其施工程序为：基层找平修整或抹水泥砂浆底灰→喷刷底色浆一道（掺108胶）→弹涂第一道色点→弹涂第二道色点→局部补弹均匀→喷涂树脂罩面防护层。

7. 滚涂饰面

滚涂饰面施工时，先将带颜色的聚合物砂浆均匀涂抹在底层上，随即用平面或带有拉毛、刻有花纹的橡胶、泡沫塑料滚子，滚出所需的图案和花纹。其分层做法为：①10～13mm厚水泥砂浆打底，木抹搓平；②粘贴分格条（施工前在分格处先刮一层聚合物水泥浆，滚涂前用涂有108胶水溶液的电工胶布贴上，等饰面砂浆收水后揭下胶布）；③3mm厚色浆罩面，随抹随用轮子滚出各种花纹；④待面层干燥后，喷涂有机硅水溶液。

8.1.4 抹灰工程质量控制与检验

1. 一般抹灰工程

(1) 主控项目

① 抹灰前基层表面的尘土、污垢、油渍等应清除干净,并应洒水湿润。

② 一般抹灰材料的品种和性能应符合设计要求。水泥凝结时间和安定性应合格。砂浆的配合比应符合设计要求。

③ 抹灰工程应分层进行,抹灰层与基层之间的各抹灰层之间必须黏结牢固,抹灰层无脱层、空鼓,面层无爆灰和裂缝。

(2) 一般项目

一般抹灰工程的表面质量应符合下列规定:

① 普通抹灰表面应光滑洁净,接槎平整,分格缝应清晰。

② 护角孔洞、槽、盒周围的抹灰应整齐光滑,管道后面抹灰表面平整。

③ 抹灰层总厚度应符合设计要求,水泥砂浆不得抹在石灰砂浆上,罩面石灰膏不得抹在水泥砂浆层上。

一般抹灰层平均总厚度的允许偏差和检验方法应符合表 8-2 的规定。

表 8-2 一般抹灰层平均总厚度的允许偏差和检验方法

项次	项目	允许偏差/mm		检查方法
		普通抹灰	高级抹灰	
1	立面垂直度	4	3	用 2m 垂直检查尺检查
2	表面平整度	4	3	用 2m 靠尺和塞尺检查
3	阴阳角方正	4	3	用直角检查尺检查
4	分隔条(缝)直线度	4	3	拉 5m 线,不足 5m 拉通线,用钢直尺检查
5	墙裙、勒脚上口直线度	4	3	拉 5m 线,不足 5m 拉通线,用钢直尺检查

注:①普通抹灰,本表第 3 项阴角方正可不检查;

②顶棚抹灰,本表第 2 项表面平整度可不检查,但应平顺。

(3) 施工中常出现的质量通病

① 门窗洞口、墙面等处抹灰空鼓、裂缝。

主要原因如下:

a. 门窗框两边塞灰不严,墙体预埋木砖间距过大或木砖松动,经门窗开关振动,在门窗框周边处产生空鼓、裂缝。处理办法:设专人负责门窗框缝堵塞。

b. 基层清理不干净或处理不当,墙面浇水不透,抹灰后,砂浆中的水分很快被基层(或底灰)吸收。处理办法:认真清理和提前浇水。

c. 基底偏差较大,一次抹灰过厚,干缩率较大。处理办法:分层找平,每遍厚度宜为 7~9mm。

d. 配制砂浆和原材料质量不好或使用不当，必须针对不同基层配制不同的砂浆，同时加强对原材料的使用管理。

② 抹灰面层起泡，有抹纹、开花(爆灰仔)。

主要原因如下：

a. 抹完面层灰后，灰浆还未收水就压光，因而出现起泡现象。处理办法：适时掌握压光时间。

b. 底灰过分干燥，又没有浇透水，抹面层灰后，水分很快被底层吸去，因而来不及压光，故残留抹纹。

c. 淋制石灰膏时，对过大灰颗粒及杂质没有过滤好，石灰膏熟化时间短。抹灰后，继续吸收水分熟化，体积膨胀，造成抹灰面出现开花(爆灰)现象。

③ 抹灰表面不平，阴阳角不垂直，不方正。

主要原因是工作人员抹灰前吊垂直、套方以及作灰饼不认真。

2. 装饰抹灰工程

装饰抹灰工程质量控制要求如下：

① 抹灰的品种厚度等应符合设计要求。

② 各抹灰层之间及抹灰层与基层之间，必须黏结牢固，抹灰层应无脱层、空鼓和裂缝。

③ 干黏石表面应色泽一致，不露浆、不漏黏，石粒应黏结牢固，分布均匀，阳角处应无明显黑边。

④ 分格条(缝)的宽度和深度应均匀，表面应平整光滑，棱角应整齐。

装饰抹灰工程允许偏差和检验方法如表 8-3 所示。

表 8-3 装饰抹灰工程允许偏差和检验方法

项次	项目	允许偏差/mm						检验方法
		水刷石	斩假石	干黏石	水磨石	喷涂	弹涂	
1	立面垂直度	5	4	5	2	4	4	用 2m 垂直检查尺检查
2	表面平整度	3	3	5	3	5	5	用 2m 靠尺和塞尺检查
3	阴阳角方正	3	3	4	2	4	4	用直角检查尺检查
4	分隔条(缝)直线度	3	3	3	2	3	3	拉 5m 线，不足 5m 拉通线，用钢直尺检查
5	墙裙、勒脚上口直线度	3	3	—	3	—	—	拉 5m 线，不足 5m 拉通线，用钢直尺检查

注：抹灰工程施工一般以方便施工且不致被后续工程损坏和玷污为原则，即先外墙后内墙，先上层后下层，先顶棚、墙面后地面的顺序施工，具体工程可根据实际情况的不同而调整抹灰的先后顺序。

8.2 饰面板(砖)工程

饰面板(砖)工程是将饰面板(砖)铺贴或安装在基层上的一种装饰方法。按面层材料和施工工艺的不同，分为饰面砖粘贴工程和饰面板安装工程。

8.2.1 饰面砖粘贴工程

饰面砖粘贴工程适用于内墙饰面砖的粘贴，和高度不大于 100m、抗震设防烈度不大于 8 度、采用满粘法施工的外墙饰面砖粘贴。目前常用于内墙饰面的为釉面内墙砖；用于外墙饰面的为陶瓷外墙面砖。面砖按其表面处理方式不同，可分为彩色釉面陶瓷砖和无釉陶瓷砖，此外还有一些新品种面砖，如劈离砖、麻面砖、玻化砖、渗花砖等。

1. 饰面砖抹浆粘贴法施工

饰面砖抹浆（水泥砂浆、水泥浆）粘贴法为传统施工方法，主要工序为：基层处理、湿润基层表面→水泥砂浆打底→选砖、浸砖→放线和预排→粘贴面砖→勾缝→清洁面层。其施工要点如下：

① 基层处理和打底：基层表面应平整而粗糙，粘贴面砖前应清理干净并洒水湿润。然后用 1∶3 水泥砂浆打底，厚 7～10mm，表面需找平划毛。底灰抹完后一般养护 1～2d 方可粘贴面砖。

② 选砖和浸砖：铺贴的面砖应进行挑选，即挑选规格一致、形状平整方正、无缺陷的面砖。饰面砖应在清水中浸泡，釉面内墙砖需浸泡 2h 以上，陶瓷外墙面砖则要隔夜浸泡，然后取出阴干备用。

③ 放线和预排：铺贴面砖前应进行放线定位和预排，接缝宽一般为 1～1.5mm，非整砖应排在次要部位或墙的阴角处。常见内墙面砖的排列方法如图 8-4 所示。预排后用废面砖按黏结层厚度用混合砂浆粘贴标志块，其间距为 1.5m 左右。

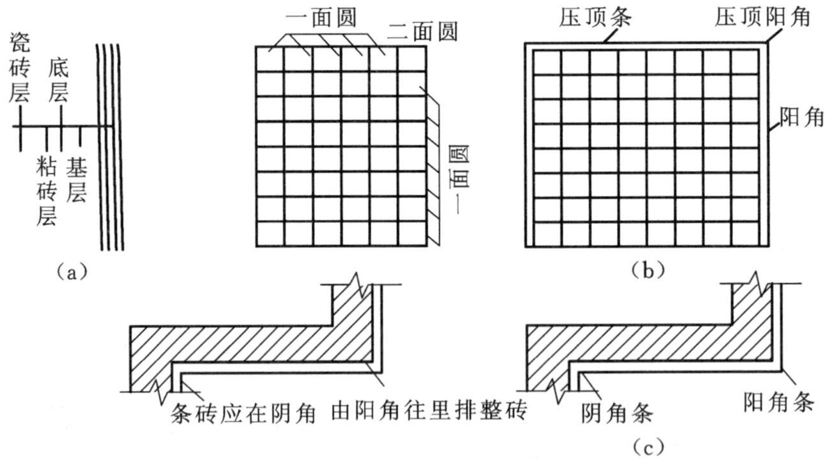

图 8-4 内墙面砖排列示意图

(a)纵剖面；(b)立面；(c)横剖面

④ 粘贴面砖：粘贴面砖宜采用 1∶2 水泥砂浆，厚度宜为 6～10mm，或采用聚合物水泥浆（水泥∶108 胶∶水＝10∶0.5∶2.6）。粘贴面砖时，先浇水湿润墙面，再根据已弹好的水平线，在最下面一皮砖的下口放好垫尺板（平尺板），作为贴第一皮砖的依据，由下往上逐层

粘贴。粘贴时应将砂浆满铺在面砖背面，逐块进行粘贴，一般从阳角开始，使非整砖留在阴角，即先贴阳角大面，后贴阴角、凹槽等部位。粘贴的砖面应平整，砖缝须横平竖直，应随时检查并进行修整。

粘贴后的每块面砖，可轻轻敲击或用手轻压，使其与基层黏结密实牢固。凡遇黏结不密实、缺灰情况时，应取下重新粘贴，不得在砖缝处塞灰，以防空鼓。要注意随时将缝中挤出的浆液擦净。

⑤ 勾缝和清洁面层：面砖粘贴完毕后应进行质量检查。然后用清水将面砖表面擦洗干净，接缝处用与面砖同色的白水泥浆擦嵌密实。全部工作完成后要根据不同污染情况，用棉纱清理或用稀盐酸刷洗，随即用清水冲刷干净。

2. 饰面砖胶粘法施工

饰面砖胶粘法施工即利用胶粘剂将饰面砖直接粘贴于基层上。这种施工方法具有工艺简单、操作方便、黏结力强、耐久性好、施工速度快等特点，是实现装饰工程干法施工的有效措施。

施工时要求基层坚实、平整、无浮灰及污物，饰面材料亦应干净、无灰尘及污垢。粘贴时先在基层上涂刷胶粘剂，厚度不宜大于3mm，然后铺贴饰面砖，揉挤定位。定位后用橡皮锤敲实，使气泡排出。施工时应由下往上逐层粘贴，并随即清除板面上的余胶。粘贴完毕3～4d后便可用白水泥浆进行灌浆擦缝，并用湿布将饰面砖表面擦拭干净。

饰面砖粘贴工程的质量要求是：饰面砖粘贴必须牢固。满粘法施工的饰面砖工程应无空鼓、裂缝。饰面砖表面应平整、洁净、色泽一致，无裂痕和缺损。饰面砖接缝应平直光滑，填嵌应连续、密实，宽度和深度应符合设计要求。

8.2.2 饰面板安装工程

饰面板安装工程适用于内墙饰面板安装，和高度不大于24m、抗震设防烈度不大于7度的外墙饰面板安装。目前常用的饰面板有石材饰面板、金属饰面板、塑料饰面板，还可将墙板结构与饰面结合，一次成型为饰面墙板。

1. 石材饰面板安装施工

石材饰面板，包括天然石材（花岗石、大理石、青石板等）饰面板、人造石材饰面板、预制水磨石饰面板等。采用湿作业法施工的天然石材饰面板，应进行防碱背涂处理，否则会产生泛碱现象，严重影响石材饰面板的装饰效果。

(1) 饰面板湿法安装

饰面板湿法安装是一种传统的安装方法，它适用于普通大规格板材。饰面板湿法安装的工艺如图8-5所示，其施工要点如下：

① 绑扎钢筋：首先按设计要求在基层表面绑扎钢筋网，钢筋网应与结构的预埋件连接牢固，钢筋网中横向钢筋的位置应与饰面板的尺寸相应。

② 钻孔、剔槽：在石材饰面板材上、下边的侧面钻孔，并在石材背面的同位置横向打孔，再轻剔一道槽，同孔眼形成“象鼻眼”，以便与钢筋网连接。

③ 安装饰面板：安装前要按照事先弹好的水平、垂直控制线进行预排，然后由下往上安

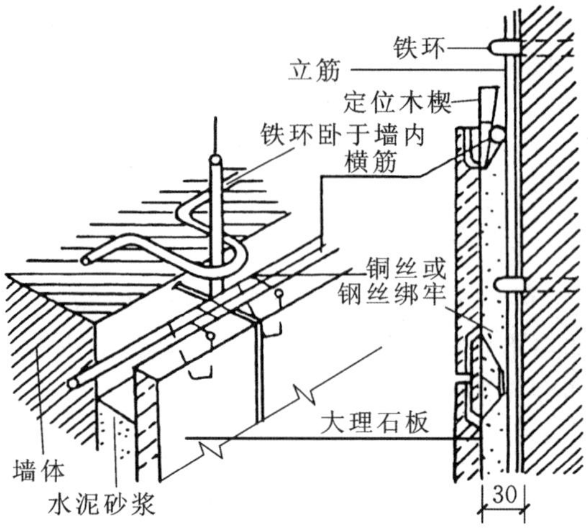

图 8-5 湿法工艺

装。安装时每层从中间或一端开始，用铜丝或不锈钢丝从孔眼中穿过将饰面板与钢筋网绑扎固定。板材与基层间的缝隙一般为 20～50mm。

④ 灌浆：饰面板与基层间需灌浆黏结。灌浆前应先用石膏或泡沫塑料条临时封闭石材板缝，以防漏浆。然后用 1∶2.5 水泥砂浆分层灌注，每层高度为 200～300mm，待下层初凝后再灌上层，直到距上口 50～100mm 处为止。每日安装固定后应将饰面板清理干净，如饰面层光泽受到影响，可以重新打蜡出光。

⑤ 表面擦缝：全部板材安装完毕后，清洁表面，并用与饰面板材相同颜色的水泥浆嵌填缝隙，边嵌边擦，使嵌缝密实、色泽一致。

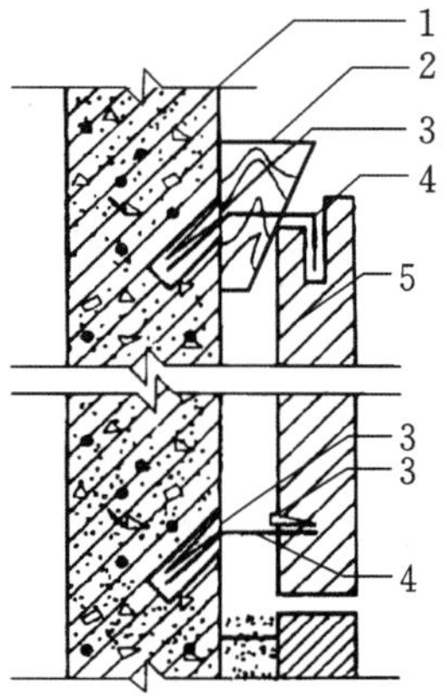

图 8-6 饰面板楔固法安装示意

1—基体；2—大木楔；3—硬木楔；4—不锈钢钉；5—石材饰面板

(2) 饰面板楔固法安装

饰面板楔固法安装是传统的湿作业改进法，其安装工艺如图 8-6 所示。

楔固法工艺是在饰面板材上打直孔，在基体上对应于板材上下直孔的位置，用冲击钻钻出与板材孔数相等的斜孔，斜孔呈 45°角，孔径 6mm，孔深 40～50mm。然后现场制作直径 5mm 的不锈钢钉，不锈钢钉的形式如图 8-6 中的两种形状。不锈钢钉一端钩进石材饰面板内，随即用硬木小木楔楔紧；另一端钩进基体斜孔内，再校正饰面板的上下口及板面的垂直度和平整度，检查与相邻板材结合是否严密后，随即将基体斜孔内的不锈钢钉楔紧。接着用大木楔紧固于饰面板与基体之间，以紧固不锈钢钉。饰面板位置校正准确、临时固定后，即可按传统的湿作业法的灌浆要求分层灌浆及表面擦缝。

(3) 饰面板粘贴法安装

饰面板粘贴法安装适用于薄型小规格板材。其施工要点如下：

① 抹底层灰：在进行基层处理后需抹底层灰，一般采用 1∶2.5 水泥砂浆分两次涂抹，厚度 10～20mm，随即抹平搓实，并吊垂直、找规矩。

② 镶贴石板:底层灰干燥后,在墙面上按设计图纸进行分块弹线,并进行石板试摆和调整。镶贴时在底层灰上用水泥胶粘剂(或专用胶泥)进行拉毛处理,在石板的背面涂抹 2～3mm 水泥胶粘剂(或专用胶泥)进行镶贴,然后用木槌轻敲板面使其黏结牢固,并用靠尺板找平整、找垂直。

③ 表面擦缝:石板安装完成后清洁表面,按设计要求的颜色调制水泥色浆进行擦缝,边嵌缝边擦干净,使缝隙密实、均匀、干净、颜色一致。

2. 金属饰面板安装施工

金属饰面板,常用的有铝合金板、彩色涂层钢板、彩色不锈钢板、镜面不锈钢饰面板、塑铝板等多种,其安装方法主要有木衬板粘贴薄金属面板和龙骨固定金属饰面板两种方法。

(1) 木衬板粘贴薄金属面板

木衬板粘贴法是利用大芯板作为衬板,在其表面用胶粘剂粘贴薄金属板,一般用于室内墙面的装饰,该方法施工的要点是:控制衬板安装的牢固性、衬板本身表面的质量、衬板安装的平整度和垂直度,以及控制表面金属板胶粘剂涂刷的均匀性和掌握好金属板粘贴时间。

(2) 龙骨固定金属饰面板

安装金属饰面板的龙骨一般采用型钢或铝合金型材做支承骨架,以采用型钢骨架较多。横、竖骨架与结构的固定,可采用与结构的预埋件焊接,也可采用在结构上打入膨胀螺栓连接。

饰面板的安装方法按照固定原理可分为以下两种。一种是固结法,多用于外墙金属饰面板的安装,此方法是将条板或方板用螺钉或铆钉固定到支承骨架上,铆钉间距宜为 100～150mm;另一种是嵌卡法,多用于室内金属饰面板的安装,此方法是将饰面板做成可嵌插的形状,与用镀锌钢板冲压成型的龙骨嵌插,再用连接件将龙骨与墙体锚固。

金属饰面板之间的间隙,一般为 10～20mm,需用橡胶条或密封胶等弹性材料嵌填密封。

各种饰面板安装工程的质量要求是:饰面板安装必须牢固。采用湿作业法施工的饰面板工程,石材应进行防碱背涂处理。饰面板与基体之间的灌注材料应饱满、密实。饰面板表面应平整、洁净、色泽一致,无裂痕和缺损。石材表面应无泛碱等污染。饰面板嵌缝应密实、平直,宽度和深度应符合设计要求,嵌填材料色泽应一致。

8.3 涂 饰 工 程

涂饰工程包括油漆涂饰和涂料涂饰。它是将胶体的溶液涂敷在物体表面,使之与基层黏结形成一层完整而坚韧的保护薄膜,以达到装饰、美化和保护基层免受外界侵蚀的目的。

1. 油漆涂饰施工

油漆涂饰可用于木材、金属、抹灰层和混凝土等基层表面。油漆涂饰施工的工序为:基层处理→打底子→抹腻子→涂饰油漆。

(1) 基层处理

为使油漆和基层表面黏结牢固,节约材料,必须对需涂饰的基层表面进行处理,对木材基层表面，应将表面的灰尘、污垢清除干净，对表面上的缝隙、毛刺、节疤和凹陷处进行修整后，需用腻子补平。对金属基层表面，应清除表面的锈斑、尘土、油渍、焊渣等杂物。对抹灰层和混凝土基层表面，要求表面干燥、洁净，不得有起皮和松散等缺陷，粗糙的表面应磨光，缝隙和小孔应用腻子刮平。

(2) 打底子

在处理好的基层表面上刷底子油一遍(可适当加色)，并使其厚薄均匀一致，以保证整个油漆面的色泽均匀。

(3) 抹腻子

腻子是由油料加上填料(石膏粉、大白粉)、水或松香水拌制成的膏状物。抹腻子的目的是使表面平整，待其干燥后用砂纸打磨。对于高级油漆施工，需在基层上全部抹一层腻子，打磨后再抹腻子，再打磨，直至表面平整光滑为止。有时，抹腻子还要和涂饰油漆交替进行。

(4) 涂饰油漆

油漆施工按质量要求不同分为普通、中级和高级三个等级。一般松软木材面、金属面多采用普通或中级油漆；硬质木材面、抹灰面则采用中级或高级油漆。涂饰的方法有刷涂、喷涂、擦涂、揩涂及滚涂等多种。

刷涂法是用棕刷蘸油漆涂刷在物体的表面上。此方法设备简单、操作方便、节省油漆、不受物体形状大小的限制，但工效低，不适于快干型和扩散性不良的油漆施工。

喷涂法是用喷雾器或喷浆机将油漆均匀喷射在物体表面上，一次不能喷得过厚，需分几次喷涂，以达到厚而不流。此方法优点是工效高、漆膜分散均匀、平整光滑、干燥快，但油漆消耗量大，施工时还应采取通风、防火、防爆等安全措施。

擦涂法是用棉花团外包纱布蘸取油漆在物体表面上擦涂几遍，待漆膜稍干后再连续揩擦多遍，直到均匀擦亮为止。此方法漆膜光亮、质量好，但工效低。

揩涂法仅用于生漆的施工，它是用布或丝团浸油漆后在物体表面上来回左右滚动，反复搓揩，以达到漆膜均匀一致。

滚涂法系用羊皮、橡皮或其他吸附材料制成的滚筒滚上油漆后，再滚涂于物体表面上。此方法漆膜均匀，可使用较稠的油料，适用于墙面滚花涂饰。

在整个涂刷油漆的过程中，油漆不得任意稀释，最后一遍油漆不宜加催干剂。涂刷施工中，应待前遍油漆干燥后方可涂刷后一遍油漆。

2. 涂料涂饰施工

涂料涂饰适用于抹灰层、混凝土、加气混凝土板材和纸面石膏板等基层表面。涂料涂饰施工的工序为：基层处理→刮腻子→涂饰涂料。

(1) 基层处理

对基层处理的要求是：①基层应先进行养护，常温下砂浆抹面需养护 7d 以上，现浇混凝土需养护 28d 以上，方可涂饰涂料，否则会出现粉化或色泽不均匀等现象；②基层要求平整，但又不应太光滑，太光滑的表面对涂料黏结性能有影响，太粗糙的表面涂料消耗量大；③基层上的孔洞和不必要的沟槽应提前进行修补，修补材料可采用 108 胶加水泥和适量水调制而成；④新建筑物的混凝土或抹灰基层应涂刷抗碱封闭底漆，旧墙面应清除疏松的旧装修层，并涂刷界面剂。

（2）刮腻子

刮腻子的目的是将表面气孔、裂缝及凹凸不平之处嵌平。腻子材料通常由涂料制造厂配套生产供应，应尽量选用现成的配套腻子。对于普通涂装，应满刮一遍腻子并磨平；中级涂装，除满刮一遍腻子并磨平外，在涂饰第一遍涂料后需再复补腻子并磨平；高级涂装，则应进行两遍满刮腻子和磨平，在涂饰第一遍涂料后亦需复补腻子并磨平。基层腻子应平整、坚实、牢固，无粉化、起皮和裂缝。

（3）涂饰涂料

在涂饰涂料前，一般要先喷、刷一道与涂料体系相适应的稀释乳液，稀释乳液渗透能力强，可使基层坚实、干净，强化黏结性能并节省涂料。外墙面涂饰时，一般均应由上而下、分段分步进行涂饰，风雨天不宜施工，以免涂料被风吹跑或被雨水冲淋掉。内墙面涂饰时，应在顶棚涂饰完毕后进行，由上而下分段涂饰。涂饰的方法有刷涂、喷涂、滚涂、弹涂等。

刷涂法施工时，其涂刷方向和行程长短均应一致，接槎最好在分格缝处。涂刷层次，一般不少于两度，在前一度涂层表干后才能进行后一度涂刷。

喷涂法施工时，对涂料稠度、空气压力、喷射距离、喷枪运行的角度和速度等方面均有一定要求，应按操作规程进行。室内喷涂一般两遍成活，间隔时间约为 2h；外墙喷涂一般亦为两遍，较好的饰面为三遍。

滚涂法施工时，在滚辊上蘸少量涂料后，再在被滚的墙面上轻缓平稳地上下来回滚动，应保证涂层厚度一致、色泽一致、质感一致。

弹涂法施工时，应在基层表面先刷 1～2 度涂料，作为底色涂层。待底色涂层干燥后，才能进行弹涂。弹涂是用电动弹涂机的弹力器分几遍将不同色彩的涂料弹在底色涂层上，形成 1～3mm 大小的扁圆形花点。对于压花型彩弹，在弹涂以后，还应进行批刮压花。

涂饰工程的质量要求：涂饰的颜色、光泽、图案应符合设计要求。涂饰的颜色、光泽应均匀一致、黏结牢固，不得漏涂、透底、起皮、反锈、掉粉。

8.4 建筑幕墙工程

建筑幕墙是由支承结构体系与玻璃、金属、石材等面板组成的，可相对主体结构有一定位移能力，但不分担主体结构荷载与作用的建筑外围护结构或装饰性结构。它装饰效果好、自重小、安装速度快，是建筑物外墙轻型化、装配化的较为理想的形式，因而在现代建筑中得到广泛应用。幕墙的主要结构如图 8-7 所示，由面板构成的幕墙构件连接在横梁上，横梁连接在立柱上，立柱悬挂在主体结构上。为使立柱在温度变化及主体结构变形时可自由伸缩，立柱上下由活动接头连接。

8.4.1 玻璃幕墙施工

1. 玻璃幕墙分类

玻璃幕墙按结构及构造形式不同，有明框玻璃幕墙、全隐框玻璃幕墙、半隐框玻璃幕墙

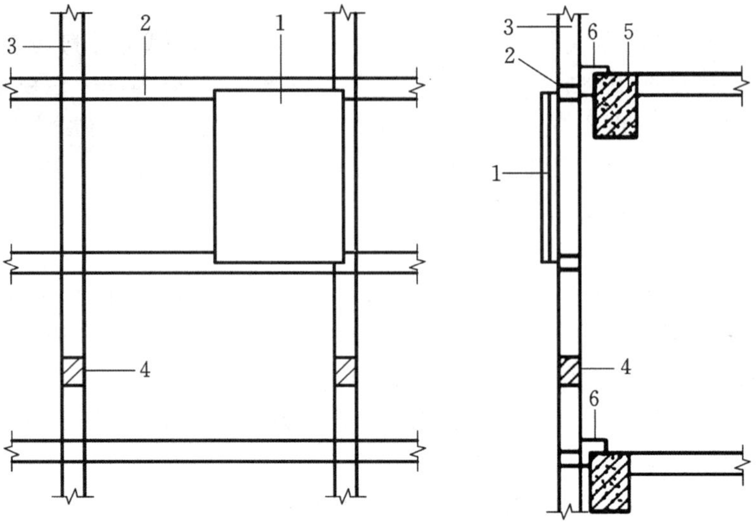

图 8-7　幕墙组成示意图

1—幕墙构件；2—横梁；3—立柱；4—立柱活动接头；5—主体结构；6—立柱悬挂点

和挂架式玻璃幕墙、无金属骨架玻璃幕墙等。

(1) 明框玻璃幕墙

明框玻璃幕墙若采用型钢作为幕墙的骨架，玻璃板镶嵌在铝合金框内，再将铝合金框与骨架固定；若采用特殊断面的铝合金型材作为幕墙的骨架，则玻璃直接镶嵌在骨架的凹槽内。两种做法均形成铝框分隔明显的立面。明框玻璃幕墙是传统的形式，其工作性能可靠，相对于隐框玻璃幕墙更容易满足施工技术水平的要求，应用广泛。

(2) 全隐框玻璃幕墙

全隐框玻璃幕墙是将玻璃面板用硅酮结构密封胶预先黏结在铝合金玻璃框上，铝框固定在骨架上，铝框及骨架体系全部隐蔽在玻璃面板后面，玻璃板之间则用硅酮耐候密封胶密封，形成大面积的全玻璃镜面幕墙。全隐框玻璃幕墙的全部荷载均由玻璃面板通过结构胶传递给铝框，因此，结构胶是保证隐框玻璃幕墙安全的关键因素。

(3) 半隐框玻璃幕墙

半隐框玻璃幕墙分为横隐竖不隐和竖隐横不隐两种类型。此种幕墙是将玻璃的两对边粘贴在铝合金玻璃框上，而另外两对边镶嵌在铝框的凹槽中，铝框固定在骨架上，则形成半隐框玻璃幕墙。其中，立柱外露、横梁隐蔽的称横向半隐框玻璃幕墙；横梁外露、立柱隐藏的称竖向半隐框玻璃幕墙。

(4) 挂架式玻璃幕墙

挂架式玻璃幕墙又称点式玻璃幕墙，采用四爪式不锈钢挂件与立柱相焊接，每块玻璃四角在厂家加工钻 4 个 ϕ20mm 的孔，挂件的每个爪与 1 块玻璃 1 个孔相连接，即 1 个挂件同时与 4 块玻璃相连接，或 1 块玻璃固定于 4 个挂件上。

(5) 无金属骨架玻璃幕墙

前面介绍的 4 种玻璃幕墙，均是采用金属骨架支托着玻璃饰面。而无金属骨架玻璃幕墙的玻璃既是饰面材料，又是承受自重及风荷载的结构构件。这种玻璃幕墙的骨架除主框架外，次骨架是用玻璃制成的玻璃肋骨架，其上下左右用胶固定，且下端采用支点，多用于建筑物首层，与落地窗类似。由于采用大块玻璃饰面，幕墙具有更大的透明性。为了增强玻璃结构的刚度，保证在风荷载下安全稳定。除玻璃应有足够的厚度外，还应设置与面部玻璃呈垂直的玻璃肋。

2. 玻璃幕墙主要材料

玻璃幕墙常用材料包括骨架及配件材料、面板材料、黏结材料、密封嵌缝材料和其他材料等，幕墙作为建筑物外围护结构，经常受自然环境不利因素的影响，因此，要求幕墙材料有足够的耐候性和耐久性。

玻璃是玻璃幕墙的主要材料之一，它直接影响幕墙的各项性能，同时也是幕墙艺术风格的主要体现者。幕墙所采用的玻璃通常有：钢化玻璃、夹层玻璃、双层中空玻璃、热反射玻璃、吸热玻璃、夹丝玻璃和防火玻璃等。幕墙玻璃应具有防风雨、防日晒、防撞击和保温隔热等功能。

玻璃幕墙所采用密封胶有两种：一种是硅酮结构密封胶（也称结构胶），它用于玻璃板材与金属骨架、板材与板材、板材与玻璃肋等结构之间的黏结，应具有较高的强度、延性和黏结性能；另一种是硅酮耐候密封胶（也称建筑密封胶），它用于各种幕墙面板之间的嵌缝，也用于幕墙面板与结构面、金属框架之间的密封，应具有较强的耐大气变化、耐紫外线、耐老化性能。两者不得相互代用。

3. 玻璃幕墙安装施工

玻璃幕墙现场安装施工有单元式和分件式两种方式：单元式是将立柱、横梁和玻璃面板在工厂拼装成一个安装单元（一般为一个楼层高度），然后到现场整体吊装就位；分件式是将立柱、横梁、玻璃面板等分别运到工地，在现场逐件进行安装。

分件式安装的施工程序为：测量放线定位→检查预埋件→安装骨架→安装玻璃面板→密封处理→清洗维护。

（1）测量放线定位

测量放线定位是将骨架的位置线弹到主体结构上。放线工作应根据施工现场提供的结构轴线及标高控制点进行。对于由立柱、横梁组成的幕墙骨架，一般先在结构上弹出立柱位置线，再确定立柱的锚固点，待立柱通长安装完后，再将横梁线弹到立柱上。如果是全玻璃幕墙安装，则应先将玻璃的位置线弹到地面上，再根据外缘尺寸确定锚固点。

（2）检查预埋件

为保证幕墙与主体结构连接可靠，幕墙的金属框架与主体结构应通过预埋件连接，预埋件应在主体结构混凝土施工时，按设计要求的数量、规格、位置和防腐处理进行埋设。安装骨架前，应检查各连接位置预埋件是否齐全，位置是否准确。若有遗漏、倾斜、位置偏差过大等情况时，应采取补救措施。当没有条件采用预埋件连接时，应采用其他可靠的连接措施，并应通过试验确定其承载力。

（3）安装骨架

骨架的安装依据放线位置进行。为使立柱与主体结构的连接具有一定的相对位移能力，立柱应先用螺栓与连接件（角码）连接，连接件再与主体结构预埋件固定。凡是两种不同金属的接触面之间，除不锈钢外，都应设绝缘隔离柔性垫片，以防止不同金属接触后产生双金属腐蚀。上、下立柱之间应留有不小于 15mm 的缝隙，并通过活动接头连接，缝隙间打注硅酮耐候胶。

横梁一般分段与立柱连接。横梁与立柱间的连接可采用不锈钢螺栓、螺钉等连接紧固件。为防止幕墙构件连接部位产生摩擦噪声，横梁与立柱连接处应设置柔性垫片或预留 1～2mm 的缝隙，缝隙内填塞耐候密封胶。

(4) 安装玻璃面板

各种幕墙玻璃面板的安装要点如下：

① 明框玻璃幕墙的玻璃面板镶嵌在铝框内，安装时玻璃不得与框构件直接接触，其四周与构件凹槽底部应保持一定的空隙。每块玻璃下部应至少放置两块宽度与槽口相同、长度不小于 100mm 的弹性定位垫块。玻璃四周与框空隙间嵌入橡胶条，橡胶条镶嵌应平整、密实。

② 半隐框、隐框玻璃幕墙的玻璃板块应在工厂制作，即应将玻璃面板与铝框之间打注结构胶黏结，并经过抽样剥离试验和质量检验合格后，方可运至现场。

③ 固定半隐框、隐框玻璃幕墙的玻璃板块应采用压块或勾块，其规格和间距应符合设计要求，固定点的间距不宜大于 300mm。不得采用自攻螺钉固定玻璃板块。

④ 由于隐框和横向半隐框玻璃幕墙的玻璃板块完全依靠结构胶承受玻璃自重，所以安装时为保证安全，应在每块玻璃板块下端设置两个铝合金或不锈钢托条，托条上应设置衬垫。

⑤ 玻璃安装时一般都用吸盘将玻璃吸住，然后提起送入金属框内。故应在玻璃安装前，将玻璃表面尘土和污物擦拭干净，以避免吸盘发生漏气现象。对于隐框玻璃幕墙，在玻璃框安装前应对玻璃及四周的铝框进行清洁，保证嵌缝耐候胶能可靠黏结。

热反射玻璃安装时应将镀膜面朝向室内，非镀膜面朝向室外，否则，不仅会影响装饰效果，且会影响热反射玻璃的耐久性和物理耐用年限。安装前玻璃的镀膜面应粘贴保护膜加以保护，交工前再全部撕去。

(5) 密封处理及清洗维护

玻璃面板安装完毕后，须及时用硅酮耐候密封胶嵌缝密封，以保证玻璃幕墙的气密性、水密性等性能。嵌缝前应将板缝清洁干净，并保持干燥。密封胶注满后应检查胶缝，如有气泡、空心、断裂、夹杂等缺陷，应及时处理。幕墙工程安装完成后，应选择无腐蚀性的清洁剂对幕墙表面及外露构件进行清洗维护。

玻璃幕墙工程的主要质量要求是：玻璃幕墙结构胶和密封胶的打注应饱满、密实、连续、均匀、无气泡，宽度和厚度应符合设计要求和技术标准的规定。玻璃幕墙表面应平整、洁净；整幅玻璃的色泽应均匀一致；不得有污染和镀膜损坏。明框玻璃幕墙的外露框或压条应横平竖直，颜色、规格应符合设计要求，压条安装应牢固。单元玻璃幕墙的单元拼缝或隐框玻璃幕墙的分格玻璃拼缝应横平竖直、均匀一致。幕墙的密封胶缝应横平竖直、深浅一致、宽窄均匀、光滑顺直。

8.4.2 金属幕墙施工

金属幕墙由金属饰面板和骨架组成，骨架的立柱、横梁通过连接件与主体结构固定。铝合金饰面板是金属饰面板中比较典型的一种，因其强度高、质量轻，易加工成型且精度高，防火、防腐性能好，装饰效果典雅庄重、质感丰富，是一种高档次的建筑外墙装饰。铝合金板有各种定型产品，也可按设计要求与厂家协商定做，其断面如图 8-8 所示。

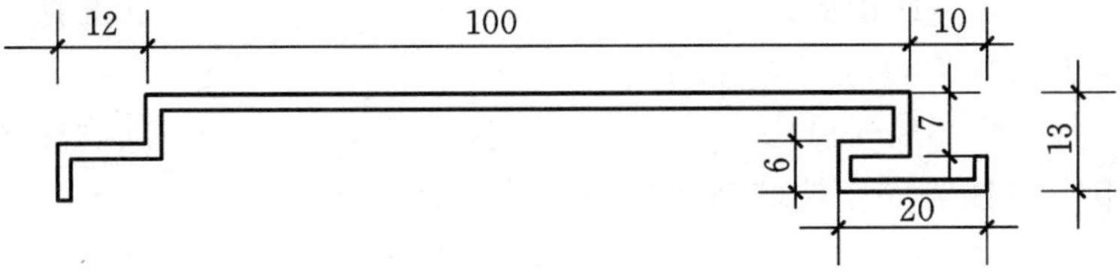

图 8-8 铝板断面示意图

铝合金饰面板幕墙的施工程序为：放线定位→安装连接件→安装骨架→安装饰面板→收口构造处理。

放线定位是指按设计要求将骨架的位置线弹放到墙面基层上，以保证骨架安装的准确性。

幕墙的承重骨架多为铝合金型材或型钢制作，型钢骨架应预先作防腐处理。为使幕墙骨架与主体结构的连接具有一定的相对位移能力，立柱应采用螺栓先与连接件(角码)连接，再通过角码与主体预埋铁件或膨胀螺栓连接；横梁也应通过角码、螺钉或螺栓与立柱连接，使横梁与立柱之间有一定的相对位移能力。

铝合金饰面板与骨架的连接，根据其截面形式，可直接用螺钉将铝板固定到骨架上，也可采用特制的卡具将铝板卡在骨架上。铝板安装要求稳固、平整，无翘曲、卷边现象。铝合金饰面板之间的缝隙一般为 10～20mm，应采用硅酮耐候密封胶或橡胶条等弹性材料嵌缝。

饰面板安装后，对水平部位的压顶、端部的收口、变形缝处以及不同材料的交接处，须采用配套专用的铝合金成型板进行妥善处理，否则会直接影响幕墙的美观和功能。

练 习 题

一、单选题

1. 抹灰工程中的普通抹灰标准是(　　)。

A.一底层，一面层　　B.一底层，一中层，一面层

C.一底层，数层中间，一面层　　D.一底层，一中层，数层面层

2. 抹灰工程中的高级抹灰标准是(　　)。

A.一底层，一面层　　B.一底层，一中层，一面层

C.一底层，数层中间，一面层　　D.一底层，一中层，数层面层

3. 抹灰工程中的底层抹灰主要作用是(　　)。

A.找平　　B.装饰　　C.与基层黏结　　D.填补墙面

4. 抹灰工程中的中层抹灰主要作用是(　　)。

A.找平　　B.与基层黏结　　C.装饰　　D.填补墙面

5. 喷涂抹灰属于(　　)。

A.一般抹灰　　B.中级抹灰　　C.高级抹灰　　D.装饰抹灰

6. 下列哪一种不属于装饰抹灰的种类(　　)。

A.干黏石　　B.斩假石　　C.高级抹灰　　D.喷涂

7. 使用于小规格饰面板的施工方法是(　　)。

A.粘贴法　　B.楔固法　　C.挂钩法　　D.湿挂安装法

8. 下列不属于涂料主要施工方法的是(　　)。

A.抹涂法　　B.喷涂法　　C.滚涂法　　D.刷涂法

9. 不是采用金属骨架支托玻璃饰面的玻璃幕墙种类是(　　)。

A.明框　　B.半隐框　　C.挂架式　　D.无金属骨架式

10. 热反射玻璃安装时应将镀膜面朝向(　　)。

A.室内　　B.室外　　C.都可以　　D.按实际情况

二、问答题

1. 抹灰层由哪几部分组成?

2. 简述一般抹灰的施工程序。

3. 石材饰面板有哪几种安装方法? 金属饰面板有哪两种安装方法?

4. 试述按结构及构造形式不同,玻璃幕墙可分为哪几类。

5. 裱糊工程施工包括哪些工序?

参考文献

[1] 中国建筑科学研究院.混凝土结构设计规范:GB 50010—2010[S].北京:中国建筑工业出版社,2015.

[2] 中国建筑科学研究院.建筑地基基础设计规范:GB 50007—2011[S].北京:中国建筑工业出版社,2011.

[3] 中华人民共和国住房和城乡建设部.工程结构通用规范:GB 55001—2021[S].北京:中国建筑工业出版社,2021.

[4] 中华人民共和国住房和城乡建设部.混凝土结构通用规范:GB 55008—2021[S].北京:中国建筑工业出版社,2021.

[5] 中国建筑科学研究院.混凝土结构工程施工质量验收规范:GB 50204—2019[S].北京:中国建筑工业出版社,2019.

[6] 重庆大学,同济大学,哈尔滨工业大学.土木工程施工[M].4 版.北京:中国建筑工业出版社,2023.

[7] 李慧民,田卫.土木工程施工技术[M].2 版.北京:中国建筑工业出版社,2024.

[8] 张春姝.土木工程施工技术[M].北京:航空工业出版社,2017.

[9] 郑少瑛,周东明.土木工程施工技术[M].2 版.北京:中国电力出版社,2015.

[10] 孙玉龙.建筑施工技术[M].北京:清华大学出版社,2020.

[11] 李文渊.土木工程施工[M].3 版.武汉:华中科技大学出版社,2013.

[12] 王晓琴,周楚兵,韩阳.土木工程施工[M].武汉:华中科技大学出版社,2023.

[13] 张厚先.土木工程施工技术[M].2 版.北京:化学工业出版社,2017.